作物蜂类授粉

Crop Pollination by Bees

[美]基思·S.德拉普拉内　[美]丹尼尔·F.迈尔　著

董　坤　王　玲　主译

中国农业出版社
农村读物出版社
北　京

作者简介

基思·S. 德拉普拉内博士是佐治亚大学（美国佐治亚州阿森斯）昆虫学教授。1983 年毕业于普渡大学，获理学学士学位。1986 年毕业于路易斯安那州立大学，获理学硕士学位，1989 年于该大学获得博士学位。在佐治亚大学期间，他致力于蜜蜂管理和作物授粉的研究、教学及推广。德拉普拉内博士及其妻子玛丽、女儿伊娃生活在佐治亚州博加特。

丹尼尔·F. 迈尔博士是华盛顿州立大学（华盛顿州普罗瑟）农业灌溉研究与推广中心（IAREC）的昆虫研究学家。1970 年毕业于华盛顿州立大学，获理学学士学位。1973 年毕业于西蒙弗雷泽大学，获理学硕士学位。1978 年于华盛顿州立大学获博士学位。1973 年以来，在华盛顿州立大学先后担任研究技术人员、郡县推广代理。1979 年至今在 IAREC 任职。发表学术论文 40 余篇、其他文章数百篇，出版专著 2 本。迈尔博士的研究方向为作物授粉以及杀虫剂对传粉者的影响。

感谢国家现代蜂产业技术体系项目（CARS-44-KXJ13）、国家自然科学基金项目“西方蜜蜂对云南本地传粉蜜蜂多样性的影响及其生态机制”（31572339）、国家自然科学基金项目“腾冲红花油茶有毒花蜜对传粉者偏好的影响及其化学机制”（31460577）和云南省中青年学术和技术带头人后备人才培养项目（2018HB041）的资助。

翻　译　人　员

主　译　董　坤　（云南农业大学）

　　　　　王　玲　（云南农业大学）

译　者　董　坤　（云南农业大学）

　　　　　王　玲　（云南农业大学）

　　　　　赵文正　（云南农业大学）

　　　　　苏　睿　（云南省农业科学院）

　　　　　王晓蕾　（云南农业大学）

　　　　　徐旭艳　（云南农业大学）

　　　　　龚雪阳　（云南农业大学）

　　　　　卿　卓　（云南农业大学）

前言

授粉是蜜蜂对人类经济最重要的贡献。蜜蜂生产蜂蜜和蜂蜡的价值远不如其对水果、蔬菜、种子、油和纤维所做的贡献，因为这些作物在授粉后产量大大增加。蜜蜂授粉的益处曾被轻易地忽略了，而现在在一些地区和植物种植方式中依靠大量的、可持续的人工养殖或自然生长的蜂群。这些地方拥有丰富的授粉源，因此授粉不会限制作物产量。20世纪80年代之前，北美洲许多地区都是这种情况。但现在许多国家的耕种制度发生了很大变化，传粉昆虫数量也大幅减少，对授粉方式放任不管，这一切都导致更加不能满足21世纪对高质量食品充足的需求。

越来越显而易见的是，我们的授粉蜜蜂是宝贵的、有限的自然资源，值得不惜一切代价去保护和支持。这种意识的形成部分源于存在于世界上许多地区的西方蜜蜂（*Apis Mellifera*）的数量明显地减少，其原因不止一个，最直接的原因是20世纪末期寄生瓦螨在世界各地迅速蔓延。瓦螨对其自然宿主中华蜜蜂（*Apis Cerana*）相对无害，但对西方蜜蜂却是致命的。除大洋洲，凡有西方蜜蜂存在的其他各洲都有寄生瓦螨的踪迹，这无疑是对养蜂业最严重的生存威胁（Matheson，1993，1995）。蜜蜂授粉后的作物普遍增产这一事实也使人们意识到授粉危机的存在。有些国家饲养蜜蜂的数量正在减少，而对授粉的需求却不断增加。

所谓的授粉危机激发了人们对授粉蜜蜂管理、饲养和保护的兴趣。我们认为蜜蜂饲养与保护的书籍也正是因此才出现。

十分感激两本权威书籍——《栽培作物的虫媒授粉》（S. E. 麦格雷戈，1976）和《作物的虫媒授粉（第二版）》（J. B. 弗立，1993）。这两本书对作物授粉进行了科学定义，也是学者们综合研究作物授粉的第一站（必读著作）。本书的目标并不是综述相关的论述，而是将最新的科学研究融入作物授粉相关的理论和实践中去。本书适合农业顾问、推广专家、植物和蜜蜂保护者、农作物种植者、养蜂人以及其他对授粉应用感兴趣的人员参考。

我们主要关注的是温带发达国家蜜蜂授粉有重要作用、有大量蜜蜂授粉文献记录、长期以来受蜂类授粉限制的作物。授粉在多个层面影响作物的生产，但这种影响力没有简化为数值化。然而，若想对种植者和养蜂人有所帮助，应该如本书一样提出具有实践性的建议，如蜂群密度。但类似这样的信息很难整合，因为相关文献十分稀缺且常常不一致。稀缺的原因在于，大面积严谨的对照实验研究，或是分析单个蜂种的贡献值不仅十分困难，而且花费极高。文献内容的不一致可能是因为实验地点的差异、研究者们假设不一或测量参数各不相同。考虑到文献综述阅读困难，本书将对多数作物的研究和推广建议以表格形式呈现，并提出平均蜂群建议密度。虽然还会有其他提议，但该方法使得种植者和养蜂人从一开始就有个理性的认识。

过去30年，很多发达国家养蜂行业发生的变化堪比19世纪的工业技术革命。化学对寄生瓦螨的控制已经将养蜂业从无农药变为完全依赖农药。在美洲，一种严防入侵的蜂种——非洲蜜蜂于20世纪50年代由巴西从非洲引入，使得其在热带和亚热带地区蔓延开来，扰乱了当地养蜂业，带来了麻烦和风险，影响了作物授粉，并与本地传粉者竞争粉源。面对这样的问题，许多养蜂人不再从事养蜂业，授粉不复存在。

因此一些非产蜜蜂类引起了人们的关注，其中一些是很好的授粉者。它们被称为非养殖蜜蜂、授粉蜂类、野生蜂类，或非产蜜蜂类。这些独居或群居的蜂类将巢穴建在简单的洞穴、茅草堆、木头、植物的茎上或土壤中。对这些蜂类进行统一大规模饲养是不切实际的，因为人工养殖主要是保护野生蜂群，从而使其大量繁殖。而对蜂类保护的研究还不成熟。在欧洲，蜜蜂保护处于“青春期”；在北美洲，也还处于萌芽阶段。但在本书中，我们突出了这一新兴研究，并对人工养殖非酿蜜蜂类增加的量提出合理的建议。这就涉及蜜蜂生态和保护生物学的探讨，但这里我们的主要目的是增加作物授粉的科学成分。

最后，在本书中，我们希望大家能对所有授粉蜂类（不管是野生的还是饲养的，不管是外来的或是本土的）怀有感激之情，并清晰地认识到各种蜂类的优点和缺点。西方蜜蜂在现处的范围来说是外来物种。它并不是最高效的传粉蜜蜂，但却非常易于饲养。相反，尽管一些本土蜂类传粉效率很高，但群体数量少，难以估算。若一味争论比较不同传粉蜂的优劣，或者仅促长一种或一群传粉蜂，效果将适得其反。事实是，我们需要所有能获得的传粉蜂。这也是本书的目标——促长大型、多样化、可持续的、可靠的传粉蜂蜂群，以应对21世纪食品生产优化所面临的挑战。

基思·S. 德拉普拉内　美国佐治亚州阿森斯
丹尼尔·F. 迈尔　美国华盛顿州普罗瑟

1999年10月

目录

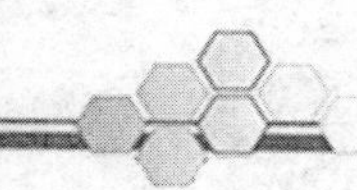

第 1 章

蜜蜂授粉的益处

本书适用于有意利用蜜蜂授粉提高作物产量和品质的读者。蜜蜂授粉可有效促使多种主要农作物获得更高的产量，并能使其果实更大、成熟更快、质量更高。这样带来的益处颇多，不仅能显著提高种植业者的收入，最终还能增加全社会的食物供给量并丰富食品的种类，从而提升人类健康与福祉。在许多发达国家，人们如今所享用食物的数量、品质及多样化程度是历史上任何时期都无法比拟的，这在很大程度上得益于蜜蜂授粉。

西方蜜蜂（*Apis mellifera* L.）是人们最熟知的一种作物授粉蜂。该蜂种的自然分布范围很广，北起欧洲北部，跨越中东地区，一直向南延展至非洲的所有绿洲地区。自 17 世纪开始，欧洲殖民者便开始主动向世界各地传播该蜂种。历经几个世纪，人们发现西方蜜蜂能够很好地适应各种气候条件。该蜂种适应能力强，易于驯化，善于酿蜜，其当之无愧地成为人类最喜爱的蜜蜂。在世界上许多地区都可见到数量庞大的野生蜂群，无论当地种植者对此是否知晓或感激，这些野生蜂群对作物授粉做出了重大的贡献。如今，许多国家拥有发达的养蜂业，主要从事蜂蜜及其他蜂产品的生产，同时还为种植业提供授粉服务。

目前，养蜂业在发展中国家仍是一项有前景的农业项目，但许多发达国家的养蜂业已经萎缩了。近几十年来，国际市场上的蜂蜜价格持续走低，部分原因在于人们可以买到更便宜的甜味剂。加之寄生瓦螨（*Varroa* sp.）和气管螨（*Acarapis woodi*）从自然分布区蔓延开来，杀死了无数饲养蜂群，同时也使当地的野生蜂群几乎消失殆尽。

面对这样的窘境，可用于商业授粉的熊蜂和独居蜂再次引起人们的兴趣。然而，在这些传粉替代蜂种中，仅有少数几个蜂种驯养成功。因此，重点还是保护这些野生蜂的自然种群。关于这些蜂种的保护、培育及授粉利用，仍需开展大量的研究。商业授粉并不能完全依赖野生蜂群，原因在于其自然种群分布不均匀，或是其赖以生存的自然环境及蜜源植物遭到破坏。对一部分非酿蜜型蜜蜂的饲养和管理，目前已具备较完善且实用的方法。而其他蜂种的饲养、管理方法尚不成熟或是仍处于专利机密保护期间。

本书的目标之一在于增进人们对所有蜂类传粉者的认识。不论是人工养殖的还是野生的，传粉蜂对人类来说都是一种珍稀资源。本书主要关注如何管理和保护蜜蜂以实现最佳作物授粉。书中涵盖的蜂种包括酿蜜蜂种、其他可饲养蜂种，以及野生未驯化蜂种。从种植业者的角度看，每个蜂种虽然各具优劣，但都同样值得我们尽最大努力，通过有效的饲养管理方法和保护措施来维持其种群数量。

蜜蜂授粉概述

充足的授粉能够显著提高果实的产量和品质，因此种植业者对这种现象始终抱有兴趣。古代中东文明至少在实践上已认识到授粉的重要性。大约在公元前1500年，亚述国的一座浮雕就描绘了神话生物为海枣（枣椰树）进行人工异花授粉的场景（Real，1983）。公元前8世纪，先知阿摩司（The prophet Amos）是一位"无花果穿刺者"，他所做的是一种至今仍在进行的农事操作：人工穿刺授粉不良的无花果，以促进其成熟（Dafni，1992）。

现在，全世界90%的人均粮食供应来自82种可归为植物品种的商品以及28种不可归为某一品种的一般商品（如氢化油）。在82种植物源商品中，有63种（占77%）可由蜜蜂传粉，并且对于其中至少39种（占48%）而言，蜜蜂是已知最重要的传粉者（R. Prescott-Allen和C. Prescott-Allen，1990；Buchmann和Nabhan，1996）。如果计算一下蜜蜂授粉的粮食作物数量，再想想大量经过加工制成动物饲料并最终转化成为肉、蛋、乳制品的作物，蜜蜂传粉的巨大价值不言而喻。人们反复提到的一项较为准确的估测数据显示，人类1/3的饮食直接或间接地与蜜蜂授粉有关（McGregor，1976）。在发达国家，对人们饮食的这个估测可能更为准确。

虽然风媒谷类作物在人类饮食来源中占据很大比重（Thurston，1969），但与虫媒作物相比，前者意味着吃饱，后者意味着吃好。鉴于此，人们理所当然地将虫媒作物视为美味佳肴。这些作物种植面积小、经济价值高，能为当地农业经济注入数百万美元的产值。同时，虫媒作物还可作为饲料作物，这对于畜牧业生产具有极大的推动作用。人们只需要想想缺少牛排、蓝莓松糕、冰淇淋、泡菜、苹果布丁和西瓜等这些美味食物的生活，就会对蜜蜂授粉心存感激。对于许多人而言，没有了这些美味，生活将无法想象。若要消除世界上富裕与极度贫穷、丰衣足食与营养不良之间的差距，蜜蜂授粉将起到极大的推动作用。

许多发达国家蜂媒作物的种植面积正在逐年增加（Torchio，1990a；Corbet等，1991）。在加拿大，超过17%的耕地用于种植完全或部分依靠昆虫授粉的作物（Richards，1993）。如果发展中国家也效仿的话，预计对蜜蜂授粉的需求将在21世纪出现空前增长。

蜜蜂授粉的益处

在美国约有130种农作物由蜜蜂授粉（McGregor，1976）。蜜蜂授粉每年为美国农业创造的价值估计已超过90亿美元（Robinson等，1989）。近期一项研究将野生蜜蜂的授粉贡献也考虑在内，较为保守地估测蜜蜂授粉创造的价值为16亿～57亿美元（E. E. Southwick和L. Southwick，1992）。

在加拿大，蜜蜂授粉每年创造的价值估计达到4.43亿加元，而每年要租用47 000多个蜂群。在魁北克省，若种植业者在租用蜂群上每花费1加元，则能在蓝莓上收回41加元，在苹果上则能收回192加元（Scott-Dupree等，1995）。

在英国，至少有39种产果或出籽作物接受昆虫授粉。而这些作物的访花昆虫绝大多数都为蜜蜂和熊蜂。一项针对13种主要大田作物和2种温室作物的分析报告表明，昆虫授粉每年为英国创造的价值估计达到2.02亿英镑。其中，蜜蜂为大田作物授粉价值约为1.378

亿英镑（Carreck 和 Williams，1998）。

博耐克（Borneck）和布里库（Bricout）（1984）以及博耐克（Borneck）和默勒（Merle）（1989）研究了欧共体 30 种最重要的虫媒作物。结果发现，昆虫授粉每年创造的价值为 50 亿欧元。其中，43 亿欧元要归功于蜜蜂授粉。

作物对昆虫授粉的依赖程度取决于植物花部构造、自交可育程度及该植株或相邻植株的花朵排列。雌雄异花的作物（即不完全花：单性花），不管雌雄异株还是雌雄同株，都高度依赖昆虫授粉。在这种情况下，传粉昆虫（尤其是蜜蜂）充当着重要的媒介，可将花粉从雄花转移到雌花上。对于雌雄同花的植物（即完全花：两性花），其自花授粉概率往往较高，蜜蜂的传粉作用通常有利于提高这类植物的授粉效果。而对于借助风和重力来传粉的作物，尤其是谷类作物，蜜蜂授粉的作用则较小。

因此，可以按照作物对蜜蜂授粉的依赖程度对其进行分类，依赖程度越高的作物，蜜蜂授粉为其带来的经济价值越高。表 1.1 列出了已发表的部分作物及其对昆虫授粉的依赖程度，其中大部分作物本书均有涉及。

表 1.1　部分作物对昆虫授粉的依赖程度

作物种类	Robinson 等人（1989）	E. E. Southwick 和 L. Southwick（1992）最坏情况	E. E. Southwick 和 L. Southwick（1992）预期损失估计	依赖程度［Williams（1994）］
紫花苜蓿种子 alfalfa（Lucerne）seed	0.6	0.7	0.2	1.0
杏仁 almond	1.0	0.9	0.5	1.0
苹果 apple	0.9	0.8	0.3	1.0
芦笋种子 asparagus seed	0.9	0.9	0.1	1.0
鳄梨 avocado	0.9	0.2	0.1	1.0
利马豆（小菜豆）bean（lima）	NA	NA	NA	0
刀豆（云扁豆）bean（common）	NA	0.1	0.03	0
甜菜种子 beet seed	NA	0.1	0	0.1
蓝莓 blueberry	NA	NA	NA	很大
结球甘蓝种子 cabbage seed	NA	0.9	0.5	1.0
加拿大油菜 canola	NA	NA	NA	中等
甜瓜 cantaloupe	0.7	0.7	0.5	0.8
胡萝卜种子 carrot seed	0.9	0.6	0.1	1.0
樱桃 cherry	0.8	0.6	0.3	0.9
杂三叶种子 clover（alsike）	NA	NA	NA	必不可少
绛三叶种子 clover（crimson）	NA	0.5	0.3	很大
红三叶种子 clover（red）	NA	0.25	0.12	必不可少
白三叶种子 clover（white）	NA	0.2	0.1	必不可少

（续）

作物种类	Robinson 等人（1989）	E. E. Southwick 和 L. Southwick（1992）最坏情况	E. E. Southwick 和 L. Southwick（1992）预期损失估计	依赖程度［Williams（1994）］
甜三叶 clover（sweet）	NA	0.1	0.05	NA
棉花种子 cotton seed	0.2	0.3	0.2	0.2
蔓越橘 cranberry	0.8	0.4	0.3	1.0
黄瓜 cucumber	0.8	0.6	0.3	0.9
猕猴桃 kiwifruit	NA	NA	NA	0.9
洋葱种子 onion seed	0.9	0.3	0.2	1.0
油桃 peach	0.5	0.2	0.1	0.6
鸭梨 pear	0.6	0.5	0.3	0.7
李子、梅子 plum and prune	0.6	0.5	0.3	0.7
覆盆子 raspberry	NA	NA	NA	中等
大豆 soybean	0.1	0.01	0	中等
南瓜、笋瓜、西葫芦 squash	NA	NA	NA	0.9
草莓 strawberry	NA	0.3	0.2	0.4
向日葵 sunflower	0.9	0.8	0.5	1.0
番茄 tomato	NA	NA	NA	中等
西瓜 watermelon	0.6	0.4	0.1	0.7

注：NA 为无数据。0.1～1.0 的数值表示作物对蜜蜂或其他昆虫的依赖程度，数值越大，依赖程度越高。Robinson 等（1989）的研究数据展示了假定没有蜜蜂授粉的情况下美国作物产量的损失比例。E. E. Southwick 和 L. Southwick（1992）估计了最坏情况，前提是假定美国的酿蜜蜜蜂完全消失，且非酿蜜蜜蜂在当前的管理措施下无任何变化。在 E. E. Southwick 和 L. Southwick 预计损失估计中，假定美国北部各州的酿蜜蜜蜂由于寄生虫和疾病损失 50%，非洲化蜜蜂的扩散导致南部各州的欧洲蜜蜂损失 100%，同时，非酿蜜蜜蜂的使用有所增加。表 1.1 中第 5 列数值表示作物对昆虫授粉的依赖度，是由 Williams（1994）针对欧盟的情况提出的。对该列数值的解读必须谨慎，因为这些数值来源于大量公开发表的报告，其中也包括 Robinson 等人（1989）的报告。

我们已从国家和大陆层面探讨了蜜蜂及昆虫授粉的经济效益。但是要在全国范围内进行推广，就得让种植户和养蜂者认识到蜜蜂授粉的好处。关于蜜蜂授粉带来的种植效益，来自北美洲西部的华盛顿及不列颠哥伦比亚等地的一系列研究论文堪称经典。这些研究主要是关于一种新型合成蜜蜂引诱剂的吸引效果，不过他们的试验设计却为比较不同授粉方式下的作物产量提供了一种更方便的途径。研究人员使用人工合成的蜜蜂引诱剂吸引蜜蜂授粉，取得了以下成效：①梨的果实增大了，使农场增收 400～1 055 美元/hm^2（162～427 美元/acre*）；②蔓越橘产量提高了 41%，增收 8 804 美元/hm^2（3 564 美元/acre）；③蓝莓产量提高了 7%，增收 986 美元/hm^2（399 美元/acre）(Currie 等，1992a，1992b；Naumann 等，1994b)。

* 英亩（acre）为非法定计量单位。1acre=4 046.856 422 4m^2。——译者注

在一些发达国家，出租蜂群授粉是养蜂业的重要组成部分。美国西北部地区的一项定期年度调查显示了授粉对当地养蜂业的重要性（Burgett，1997，1999）。1995年和1998年，该地区的商业蜂场主出租蜂群所得收入占该年度总收入的比例分别达到72%、60%以上。租蜂授粉在20世纪90年代的大部分时间段都供不应求，这种市场行情对蜂农十分有利。蜂群的平均租赁价格从1992年的19.25美元增加到1996年的31.55美元。在此期间，蜂群租赁的年平均收入显著增加，从1992年的37 993美元增加到1996年的131 625美元，增长率高达246%。

对于水果或坚果作物，授粉可以说是种植户增产的绝佳途径。授粉的程度和范围决定了最大可收获量。授粉结束后的一切投入，包括植物生长调节剂、除草剂、杀菌剂或杀虫剂，通常不是为了增产，而是为了减少损失。蜜蜂授粉可使作物增产，因而能够在对环境破坏程度最小的情况下有效保障农业的可持续发展与经济效益。如果农作方式的改变大幅降低了作物产量收益率，人们势必将更多荒野开垦为耕地以弥补产量的下降（Knutson等，1990）。可见，通过充足的蜜蜂授粉提升作物产量有助于进一步完善环境管理政策。

此外，蜜蜂授粉的经济价值并不局限于农业生产，因为蜜蜂不仅仅为农作物传粉。蜜蜂能为全世界超过16%的显花植物传播花粉（Buchmann和Nabhan，1996）。蜜蜂传粉维系着本土和引进植物的繁衍，而这些植物可用于防止土壤侵蚀、美化人类生活环境、增加社会财富。蜜蜂为本土植物授粉，本土植物又为野生动物提供食物来源。作为自然生态系统中的一环，蜜蜂体现了其应有的价值。尽管一些人认为这一结论不适用于全球分布的西方蜜蜂（对于西方蜜蜂而言，目前的分布地域大部分并非其原住地），然而大量实验证明，引进的西方蜜蜂对当地生态系统并不会造成明显危害（Butz Huryn，1997）。目前，对引进蜜蜂的负面影响缺乏充分证据，同时这类蜜蜂的授粉价值也有目共睹，再加上它们对植物偏好具有广泛性，故此我们有理由推测：蜜蜂（包括外来蜂种在内）对维持植物种群及依赖植物生存的动物种群发挥着重要的作用（见第3章，15页）。

要将蜜蜂授粉对人类社会的价值进行量化仍然困难重重。正如我们所见，蜜蜂授粉的价值不仅在经济上和生态上存在争议，而且还存在哲学方面的争议。得益于农业部门对生产记录的制度化，我们可以准确地估算出蜜蜂授粉在粮食和纤维生产方面的价值。然而我们认为这仅仅是一小部分。只要依赖蜜蜂授粉的植物与人类生活还有某种联系，无论是为我们提供丰富的食物，还是为我们在城市公园里散步时带来愉悦，人类就依赖于蜜蜂。蜜蜂也许不是人类维持生命所必需的，却是日常生活中必不可少的重要成员。

第 2 章

蜜 蜂 授 粉

授粉是指将花粉从一朵花的雄性部分（花药）传递到自花或异花的雌性部分（柱头）。如果花粉与柱头相亲和，那么胚珠就会受精并形成种子。如果大量的花粉传播到柱头上，那么就可能形成很多种子。同时，种子也能刺激子房周围组织的发育，如种子多的苹果往往会比种子少的苹果个头更大。因此，良好的授粉可以使果实增大并提高产量。花粉可以借助于风、重力、水、鸟类、蝙蝠或者昆虫进行传播，而植物的传粉媒介往往取决于植物自身。热带地区的一些显花植物是由猴子传粉的（Gautier-Hion 和 Maisels，1994），而在日本至少有一家公司饲养并出售一种蝇类，可用于草莓和其他作物授粉（Matsuka 和 Sakai，1989）。蜜蜂为植食性昆虫，具有访花习性，全身布满绒毛，便于收集花粉，这些特点使它们成为世界上最重要的传粉者（见第 3 章）。

花 和 果 实

花朵是植物的有性生殖器官。花序是指花朵在茎上的排列方式。植物花序分为：单朵花序、头状花序、总状花序、圆锥花序、穗状花序和伞形花序等几种类型（图 2.1）。一个花序的主茎是花序轴，单朵花的主茎则称为花梗。

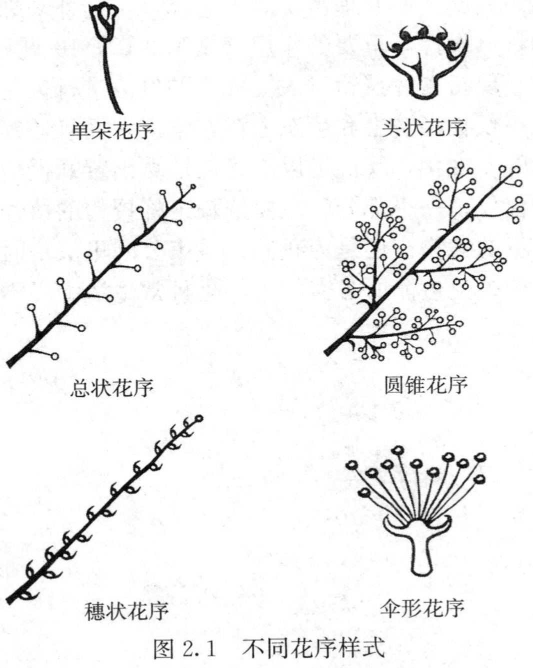

图 2.1 不同花序样式
（图片来源：Darrell Rainey）

外部轮生的花瓣称为花冠，用来保护花朵内部的性器官，阻挡无效传粉者，吸引有效传粉者，并引导其进入花朵内部。在豆科植物的花中，前部的两个花瓣合生形成龙骨瓣，包裹住花的性器官。花的雄性器官称为雄蕊，每枚雄蕊都是由细长的花丝和顶端的花粉囊（花药）组成的。当雄蕊成熟时，花粉囊开裂、散出花粉粒，花粉所含的物质相当于动物的精子。花的雌性部分称为雌蕊，每枚雌蕊都由子房、花柱和柱头组成，子房里含有胚珠，花柱呈茎秆状，顶端的柱头具有黏性（图 2.2）。

同时具有雄蕊和雌蕊的花称为完全花。许多植物的花都是不完全花，它们仅有雄花或雌花。有时同一株植物上可能既有雄花又有雌花。在瓜类作物（甜瓜、黄瓜、葫芦、南瓜、笋瓜、西瓜等）中雌花很容易识别，因为雌花的基部有很大的子房，随后会发育成成熟的果实。

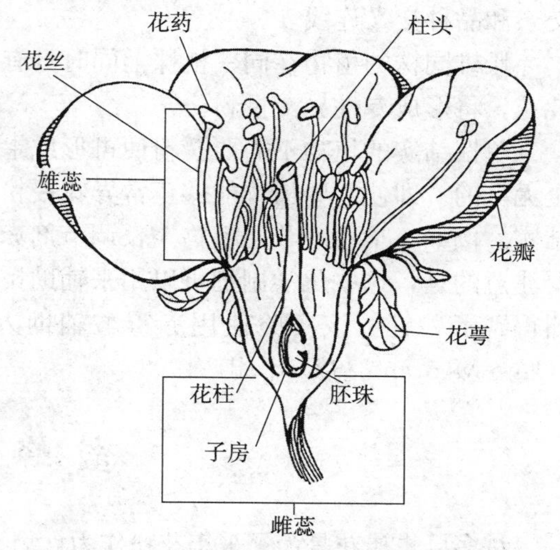

图2.2　完全花的一般形态
（图片来源：Carol Ness）

当花粉粒落在具有可授性的柱头上时，便萌发形成花粉管，且向花柱下方生长进入子房。雄性遗传物质通过花粉管向下运输，使胚珠受精。胚珠形成种子，周围的子房发育成果实。这一过程称为坐果。

一次授粉不一定保证能够坐果。要想成功坐果，必须同时满足以下几个条件：①有充足的花粉落到柱头上；②柱头表面具有可授性；③花粉是亲和的；④花粉管向下生长并穿透胚珠。然而，这些条件往往不能同时满足。如果传粉者的数量很少或者糟糕的天气妨碍传粉者觅食，那么花粉的传播就会受到影响。雌花通常在清晨最容易接受花粉，任何可能干扰蜜蜂清晨访花的因素（如下雨等情况）都可能会影响植物的授粉。即使蜜蜂在一天中其他时间积极访花，授粉仍然会受到影响。如果缺乏正在开花的、具有亲和性的授粉品种（花粉源），也会影响需要种间杂交的植物，如苹果和兔眼蓝莓等的授粉。

植物花部构造差异较大，结的果实类型也各不相同。浆果（如番茄）外面的果肉包裹一粒或多粒细小的种子。而梨果（如苹果）的果肉内包裹着一个含有种子的坚硬果核。核果（如桃）的果肉包裹的是一枚坚硬的种子。而聚合果（如草莓和覆盆子）则是由许多雌蕊发育聚合而成的聚合体。如果含有多个胚珠的子房（如浆果和梨果）或是多个相邻的子房（如聚合果）授粉不良，就只有受精的胚珠周围的子房组织才会发育。这也是许多作物畸形果形成的原因之一。

植物授粉的条件和定义

并非所有显花植物都需要相同的授粉条件。

异交授粉就是将花粉从一个植株转运到相同品种的另一植株或不同品种的植株上。许多作物都需要异花授粉或者受益于异花授粉。

自交可育植物的花粉由花粉囊传递到自花的柱头上或同株异花的柱头上后，便能形成种子和果实。然而，这样的植物并不一定都是自交授粉。它们仍需要依赖昆虫将花粉传到柱头上，或以此改善传粉效果。虽然不一定需要多品种间作，但这样做可以带来好处。例如，对许多自交可育的作物（如甘蓝型油菜和高丛蓝莓）进行异交授粉都会取得较好的效果。

自交不育的植物需要来自另一植株甚至是不同品种植株的花粉。如果植物需要来源于不同品种植株的花粉，那么种植者必须将授粉品种与主栽品种进行套种。杂交亲和的品种能够接受其他品种的花粉，而杂交不亲和的品种则不能。种子和苗木的产品目录中通常都会有杂交亲和品种交叉连线表。

雌雄同株的植物在同一植株上同时具有雄花和雌花。雌雄异株植物在同一植株上只有单性花，将形成专性异交授粉。

单性结实的植物不需要授粉便可形成果实，正因为如此，其结成的果实可能是部分或完全无籽的。即使一些植物能够正常异花授粉，但使用某些植物生长调节剂也可诱导它们单性结实。例如，早春时节用植物生长调节剂赤霉酸喷洒兔眼蓝莓，以增强其自然授粉的效果。要注意的是，这些化学制剂可以用来辅助授粉，但并不能代替授粉。而这一论断在佛罗里达州得到了验证。该实验使用赤霉酸辅助人工补充授粉，使蓝莓的果实产量达到最高值（Cano-Medrano 和 Darnell，1998）。

蜜 蜂 和 授 粉

许多昆虫访花是为了采集花粉作为食物。在它们访花的同时也完成了对植物的授粉。而大部分植物的花朵会给传粉昆虫提供含糖的液体花蜜作为回报。蜜蜂是高效的传粉昆虫，因为它们几乎只以花粉和花蜜为食，单次出勤采集同一物种的花朵数量多，而它们周身布满易于携带花粉的绒毛。显花植物和蜜蜂之间有着密切的联系。世界上超过16%的显花植物（Buchmann 和 Nabhan，1996）以及近400种农作物（Crane 和 Walker，1984）都由蜜蜂授粉。

蜜蜂授粉的生态学原则

虽然蜜蜂和蜂媒授粉的显花植物互相依存，但二者都是“自私的”。对于蜜蜂和植物而言，都存在一个评估成本-获益的公式，而且它们都会努力争取使其偏向自己的利益。对于植物而言，生产花蜜和花粉是有代价的，所以植物必须争取使其生产花蜜和花粉所消耗的能量能获得最大程度的回报（即成功繁殖的最大机会）。例如，单个花朵必须分泌足够的花蜜来吸引传粉者，但花蜜也不能太多，这样才能促使传粉者积极主动地访问更多花朵，从而完成授粉。一些植物采取“只让少数（5%～8%）的花朵能分泌大量花蜜”的策略，以便实现吸引传粉者的目的。而对蜜蜂来说，访问到这些花朵就像是“中奖”一样（Southwick 等，1981），激励着它们一直在这种植物上觅食。蜜蜂的飞行和采集活动会耗费很多能量，因此它们还必须考虑从花蜜和花粉中可获得的热量，进而权衡自身能量的收支。

大量的生态学文献指出，动物觅食时都要讲究效率，称为“最优觅食理论”。它们在觅食地之间的移动以及在觅食地逗留时，都会尽量让自己的付出得到最大的回报。此类假说在田间试验中皆得到了证实。本书的重点并不是要深入讨论这一内容丰富的话题，不过我们会挑选蜜蜂生态学的某些原理进行探讨，这些原理对商业化作物授粉的管理会有所启示。

蜜蜂出巢觅食距离

事实证明，必要时蜜蜂能够飞行几英里*去觅食，但如果食物资源足够丰富的话，蜜蜂则会优先选择在蜂巢附近觅食（Gary 和 Witherell，1977）。这就表明，用于作物授粉的蜂

* 英里（mile）为非法定计量单位。1mile=1 690.344m。——译者注

群应该摆放在距离目标作物相对较近的地方。有趣的是，这对熊蜂来说恰好相反，因为熊蜂喜欢采集距离蜂巢50～631m（164～2 070ft*）远的植物（Dramstad，1996；Osborne等，1999）。然而，这一点与熊蜂的商业化授粉关系不太大，因为熊蜂通常用于温室授粉，其采集范围受到人为限制。

蜜蜂在蜜源丰富或贫乏地区的觅食行为

从传粉的角度讲，蜜蜂在花蜜和花粉丰富的花源处觅食效率通常会更高。有研究表明，与食物资源丰富的生境中的动物相比，食物资源匮乏的生境中的动物在每个觅食点都需要花费更多的时间（Pyke等，1977）。与在少量花上徘徊相对较长的时间相比，在花朵间快速移动对昆虫而言更为有利，这样可以实现更高的传粉效率。Southwick等（1981）证明了蜜蜂的访花频率随着泌蜜花朵数量、花蜜容积以及花蜜糖浓度的增加而增加。

蜜粉丰富的蜜源不仅促使蜜蜂快速访花，而且会使传粉者停留在该点采蜜。有研究表明，如果熊蜂和西方蜜蜂刚拜访了高回报的花朵，那么它们就会飞行较短的距离去拜访另一朵花，但如果它们刚拜访的花朵回报较低，那么它们就会飞行较远的距离访问下一朵花（Pyke，1978；Waddington，1980）。这种习性增加了蜜蜂在某个采集点拜访到另一食物回报较高的花朵的可能性。

这些研究都共同表明，应提高重要的蜂媒作物的花蜜花粉产量。最优觅食理论指出，如果作物的花蜜分泌量较大，蜜蜂就会在一定时间内访问更多花朵，从而提高传粉效率；反之，如果作物泌蜜量较少，蜜蜂的访花速度变慢，一定时间内的访花数量也会减少。

蜜蜂访花的方向性

如遇到一片花蜜丰富的采集区，蜜蜂趋向于沿直线方向访花。这种习性使蜜蜂尽量避免重访花蜜刚被采空的花朵（Pyke，1978；Cresswell等，1995）。对于将主栽品种与其他一个或多个授粉品种间作以实现异交授粉的情况，蜜蜂的这一习性对其具有最直接的指导意义。按照最优觅食理论，果园里的主栽品种与授粉品种应该种在同一行，从而增加蜜蜂进行品种间异花授粉的概率。

鉴别访花价值的信号

蜜蜂利用植物释放的信号来判断访花的价值。有些植物的花朵在授粉前一直保持开放、完整和饱满的状态来吸引传粉者授粉。而已完成授粉的花则不再具有吸引力。这时花朵会出现一些负面信号，包括花蜜和香味不再产生、花色改变、花瓣萎蔫、花朵永久闭合、花瓣掉落等（van Doorn，1997）。甚至花序的差异也会对蜜蜂授粉产生不同的吸引力。通常，花朵开放数量较多的花序会产出更多花蜜，所以蜜蜂就喜欢造访这类花序。蜜蜂着陆到花序上后，会选择较宽较浅的花朵，大概因为这类花朵中的花蜜更容易蒸发和浓缩，从而增加了蜜蜂访花所获得的能量回报（Duffield等，1993）。

这些生态学研究的观察结果为作物授粉提供了实用性建议。种植者应等到作物开始大量开花后再将蜂群引入果园。这样才能给蜜蜂提供丰富的花朵信号，从而诱导蜜蜂专一采集目

---

* 英尺（ft）为非法定计量单位。1ft=0.304 8m。——译者注

标作物，而不是该区域的其他植物。例如，为苹果授粉时，一般要等到大约5%的果树开花时蜂群才能进入授粉场地。

作物吸引蜜蜂的重要性

生态学理论认为，蜜蜂对吸引它们的植物访花频率更高，授粉效果也更好。Pedersen（1953年）的研究就是一个很好的例子。他发现苜蓿的花蜜产量、蜜蜂访花频率与种子产量间呈正相关。同样，对鳄梨的相关研究发现，花蜜质量低以及由此造成的蜜蜂访花率低会影响鳄梨的坐果率（Ish-Am和Eisikowitch，1998）。还有研究表明，西瓜的花蜜糖浓度、蜜蜂访花频率和西瓜的结籽数之间存在着明显的正相关关系（Wolf等，1999）。总之，理论研究和相关的田间试验都明确显示，种植能够吸引蜜蜂的作物才能使种植者获得最大利益。

Shuel（1955）对两种模式植物（杂三叶和金鱼草）的研究表明，植物的泌蜜量受外界环境和栽培方式的影响。在氮素供应量低、植物长势适中、植物组织中糖分较高的条件下，这两种植物的泌蜜量相对较高。相反，如果氮素供应量高、植株生长较快且植物组织中糖分较低，那么植株的泌蜜量则较少。在晴朗的天气里，植物的花蜜量通常较多，因为光合作用能使植物组织中的糖分不断累积。如果植株不是处于生长最快的阶段，那么通过光合作用形成的糖分就会过剩，并分泌出来形成花蜜。然而，如果氮素供应量高，就会促使植物生长，从而将储存的糖分转化成蛋白质以及其他植物组织发育所必需的物质。因此，植物生长迅速时，其花蜜量往往较少。多年生植物若在春天叶子还未长出就先开花，其花蜜量就取决于之前组织中累积的糖分含量（Bürquez，1988）。上述花蜜产生模式并非适用所有植物，如醋巴洛塔（*Ballota acetabulosa*）的花蜜分泌量对太阳光照度变化的反应并不明显（Petanidou和Smets，1996）。

还有证据表明，花蜜的分泌量也会受植物基因的影响。不同属或不同种的作物，花蜜的分泌量都有很大的差异，这一点已经在辣椒（Rabinowitch等，1993）、蔓越橘（Cane和Schiffhauer，1997）和西瓜（Wolf等，1999）中得到了证实。有时候，即使周围环境和种植条件一致，这些差异仍然很明显。此类研究表明，花朵泌蜜量至少在一定程度上受基因调控，而通过选择性的植物育种则可能使泌蜜量增加。

目前，应当重新关注如何增加世界上最重要的蜂媒作物的泌蜜量。特别是如今有证据表明可利用的传粉蜂类种群数量普遍在减少（见第4章），在这种情况下就更有必要关注这个问题了。作物育种者以及农学、园艺方面的研究人员历来都较少关注花蜜的分泌量。在蜜蜂种群较多的地区，泌蜜量不足也许并不是问题，但在蜜蜂数量较少的地区，泌蜜量不足的作物就要面临着有限的传粉者被杂草抢走的危险。

转基因作物

基因工程作物（又称为转基因作物）的培育，是最近农业研究中颇有争议同时又具有潜在突破性的一个领域。转基因生物的基因中插入了其他物种的基因，并使之在其机体内表达相应的性状。在作物中，人们关注的是将苏云金芽孢杆菌（*Bacillus thuringiensis*）中的目的基因插入宿主植物的组织中，从而诱导宿主植物组织产生具有杀虫作用的化合物。已经应用于作物抗虫性的外源基因有将近40种（Schuler等，1998），但是只有转入苏云金芽孢杆菌目的基因的作物用于商业化生产。转基因也被用于提高作物除草剂耐受性、耐旱性和耐盐性，或是用于改变作物的营养特征。作物转基因技术应用中存在与传粉者相关的两大问题：一是转基因作物对传粉者潜在的危害，尤其是具有抗虫性的转基因作物；二是传粉者将转基因传播到野生植物种群中后对环境造成的潜在危害。

转基因作物的抗虫性与常规杀虫剂相比具有较多优势。转基因作物能将更有针对性的毒素传递给害虫，毒素效力不易受天气或其他生物降解形式的影响，降低了农药使用者的接触风险，减少了对常规广谱性杀虫剂的用量，从而降低其对环境的危害（Schuler 等，1998）。但是人们也担心转基因毒素会残留在植物组织或花蜜和花粉中，对蜜蜂造成伤害。幸运的是，目前看来这种危害似乎非常小。大量研究数据表明，不管是常规的还是转基因的苏云金芽孢杆菌毒素对蜜蜂几乎都没有危害（Poppy，1998）。Picard-Nizou 等人（1997）的研究发现，其他替代转基因毒素，如抗虫的几丁质酶、β-1，3-葡聚糖酶和豇豆胰蛋白酶抑制剂（CpTI）等，对蜜蜂的毒性同样也很小。

与这项新技术相关的另一值得关注的问题是，转基因可能从转基因作物上“逃逸”到野生植物类群中，从而产生不明影响或危害作用。其中，最让人担忧的是除草剂耐受性基因可能整合到杂草上，使其更加难以控制。蜜蜂由于具有采集花粉的习性，同时其访花偏好广泛，因此被认为是传播这些转基因的主要载体。解决这个问题的一个方案是设置缓冲区域，即在转基因作物周围种植传统作物。传粉者在转基因作物区访花后，可将身上大部分可利用的花粉留在缓冲区内传统作物的花上，然后再离开这片区域去访问其他种类作物或者返回蜂巢。然而，只靠缓冲区是不可能完全解决这一问题的。在一项研究中，蜂群被放置在距离一块抗除草剂转基因玉米田 250m 的地方，转基因玉米田周围设置了一圈 3m 宽的传统玉米缓冲带。对蜂群身上采集的花粉样本进行分析后，发现其中 52％的花粉含有抗除草剂转基因，这表明 3m 的缓冲区不足以阻止转基因的传播（Reiche 等，1998）。有证据表明，蜜蜂从某一植物上采集的大部分花粉会落在随后其拜访的几朵花上，但是有些花粉则可能会在蜜蜂身上携带更久，最长可至其随后访问的第 20 朵花（Cresswell 等，1995）。未来的研究将集中在转基因作物的基因漂流、转基因植物的竞争力、隔离距离的效果以及蜜蜂访花行为与花粉在植物之间传递的相互作用等方面（Poppy，1998）。

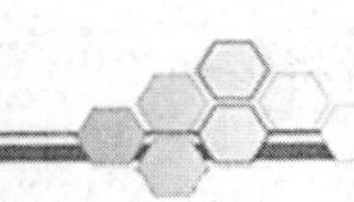

第 3 章

蜂 类 概 述

蜂类的共同生活习性

蜜蜂属于膜翅目昆虫。该目昆虫还包括叶蜂、蚂蚁和胡蜂。与其他膜翅目昆虫不同的是，蜜蜂往往只吃植物。蜜蜂幼虫和成虫都取食植物花粉和花蜜，分别作为蛋白质和能量的来源。一些社会性蜜蜂利用哺育蜂的腺体分泌物饲喂幼虫，从概念来说类似于泌乳的哺乳动物。而这些分泌物也是蜜蜂利用花粉和花蜜进行代谢的产物。一些寿命较长的社会性蜂群能使花蜜脱水酿成蜂蜜，便于长期储存。

蜜蜂具有明显区别于其他昆虫的体态特征。蜜蜂很多体毛有细小分叉，易于黏附花粉颗粒。多数蜂种具有携带花粉的特化外部身体构造。如一些蜂种后足胫节处有一个称为花粉筐或花粉篮的身体构造，用于采集花粉时固着花粉团。部分蜂种利用后足的长绒毛携带花粉。另外一类蜜蜂利用腹部下侧携带花粉团。蜜蜂携带花粉的能力及其访花习性使它们成为全球重要的作物授粉者之一。

蜜蜂个体发育成熟需要经历一个完全变态过程（图 3.1）。每只蜜蜂都是由其雌蜂产下的一粒卵开启整个生命过程的。几天后，卵孵化成幼虫，幼虫为蛴螬型，进入快速生长的取食阶段。随着生长，幼虫要经过多次蜕皮才能发育到更大的幼体阶段或龄期。供蜜蜂产卵和幼虫发育的蜂房复杂程度各不相同，有六边形的蜂蜡巢，也有简单的土质隧道末端。每个幼虫蜂房的食物通常由母亲或同胞成虫提供。有些蜂种会根据幼虫的需要定期为幼虫提供花粉和花蜜；其他的蜂种则会在产卵时一次性预先提供一大团湿润的食物，满足幼虫发育的全部要求。由于蜜蜂幼虫完全生活在它们的食物中，所以排便是一个问题。幼虫解决这个问题的方法是推迟其排便时间直到完成整个进食过程。取食期结束后，幼虫开始排便、伸展（此后称为预蛹）、化蛹。蛹期是一个不吃不动的发育阶段，在此期间幼虫身体组织重组形成成虫器官。最终，蛹蜕皮发育成为具有 3 对足、2 对翅的成虫，然后羽化出房。对于不同的蜂种，幼虫在每个发育阶段所需的时间会有所不同。

雌蜂控制着后代的性别。交尾后，雌蜂将获得的精子储存在一个称为授精囊的器官中。授精囊与输卵管相连，可由雌蜂的肌肉来控制其开合。产卵期间，卵沿输卵管移动，雌蜂打开授精囊，向经过的卵子释放精子，使其受精，受精卵最终发育成雌蜂。未受精的卵子则发育成雄蜂。这种控制后代性别的能力对隧道式筑巢的独居蜂非常重要，因为它们常常在靠近巢管入口处产未受精卵，这样春季羽化时雄蜂才能先于雌蜂出房。对于社会性蜂种而言，根据不同季节食物供应情况来调节雄蜂的孵化量也十分重要。

成年蜂主要致力于寻找新的筑巢地点并繁殖后代。不同种类的蜜蜂具有相应的生存策略

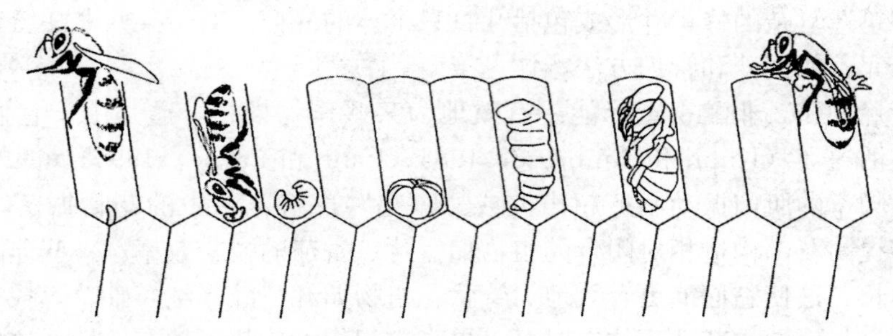

图 3.1　蜜蜂为完全变态昆虫，经历卵、幼虫、蛹和成虫 4 个虫态
（图片来源：Darrell Rainey）

和筑巢习性，有独居性生活方式，也有社会性生活方式，有简单的巢穴，也有构造复杂的巢房。

独居蜂和社会性蜜蜂

世界上已发现的蜜蜂大约有 25 000 种（O'Toole 和 Raw，1991）。大多数种类是独居蜂，这些种类的雌蜂都能独自筑巢并繁殖可育的下一代。大多数独居蜂每年只繁殖 1～2 代。

社会性蜜蜂是由许多相关个体构成的一个共同生活的群体，具有 3 个共同特征：①共同协作饲育幼虫；②或多或少具有一些无生殖能力的雌性工蜂；③留在巢内的后代帮助雌蜂繁育更多的同胞妹妹（弟弟）（Wilson，1971）。

在社会性蜜蜂种群中，同性个体在大小和体型方面存在差异，这种现象称为社会等级分化。蜂王是生殖功能完全的雌蜂，能进行交配并产下受精卵，受精卵随后发育成雌工蜂或蜂王。工蜂是不能进行交配的雌蜂，但偶尔能产下未受精卵并发育成雄性个体。工蜂承担蜂群中的大部分工作，包括清理蜂房、哺育蜂儿、调节巢温、采集食物和蜂群防御等。蜂群中的雄性个体有时又称为雄蜂，与工蜂和蜂王有明显的区别。雄蜂已知的唯一功能是与蜂王交配。独居蜂和社会性蜜蜂都是非常重要的作物传粉者。

酿蜜蜜蜂和其他蜂种

就作物授粉目的而言，可将蜜蜂分为酿蜜蜜蜂和非酿蜜蜜蜂。

采粉蜜蜂（pollen bees）是最近创造的一个术语，用以囊括所有不酿蜜的传粉蜜蜂（Adams 和 Senft，1994）。与采集大量花蜜的酿蜜蜜蜂相比，该类型的蜜蜂专注于采集花粉。从美学的角度看，采粉蜜蜂这个称呼比其他称呼（如非酿蜜蜜蜂）更好听一些，但该术语较为模糊，容易产生歧义。因为酿蜜蜜蜂和采粉蜜蜂都会采集花粉并给作物授粉。此外，由于采粉蜜蜂的生活史和管理多种多样，这个术语很快就失去其描述功能。我们更倾向于使用这些术语：酿蜜蜜蜂（honey bees）、非酿蜜蜜蜂（non-honey bees）（包括人工饲养和野生的各类品种）以及非人工饲养的蜜蜂（non-managed bees）（包括酿蜜蜜蜂的野生种群）。

大多数非酿蜜蜜蜂的生命周期都相对简单，它们常在木头、茅草、中空秸秆或土壤中筑造简单的巢穴，最多只能繁衍几代。但广泛分布于许多温带发达国家的社会性熊蜂是一个例外，它们能够筑造复杂的蜂巢并形成包括几百只个体的蜂群。对于某些非酿蜜蜜蜂，目前已经形成了一套完善的饲养和管理方法，详见第8～12章。

与酿蜜蜜蜂相比，非酿蜜蜜蜂能更有效地为某些作物授粉，这是由于它们具有特殊习性、形态和生活习惯（Kuhn和Ambrose，1984；Cane和Payne，1990）。熊蜂和其他一些蜂种可通过高频率的肌肉振动制造超声波或“嗡嗡”声将花朵中的花粉振落，从而实现授粉；这样能够提高花部构造相对闭合的植物如蓝莓、番茄的授粉效率。一些非酿蜜蜜蜂的吻比酿蜜蜜蜂更长，这使它们能更有效地为管状花植物如红三叶（红车轴草）授粉。许多独居蜂的生活史具有很强的季节性，这有时可以提高它们作为传粉者的有效性。这些独居蜂生命周期简单，在它们所处区域进入盛花期的短短几周内，成虫即可完成羽化、觅食、婚飞交配、产卵并在巢房供养蜂儿。因此，许多独居蜂是那些在其短暂活动期内开花的植物的特化传粉者。如果种植者栽培的正是这些开花的作物，那么独居蜂的这种特化传粉特性就对种植者十分有利。而社会性蜜蜂和熊蜂在整个活动季节内会拜访多种开花植物，它们是泛化传粉者，并非特化传粉者，更容易受到引诱而离开目标作物。独居蜂在它们短暂的活动季节里必须抓紧时间工作，这种紧迫性对种植者也有利。与酿蜜蜜蜂相比，非酿蜜蜜蜂通常每天工作时间更长、工作更快、访花数量更多，在恶劣天气时也更愿意外出活动。

与社会性蜜蜂和熊蜂相比，独居蜂蜇人的可能性一般较小。养蜂人在养殖独居蜂（如彩带蜂、苜蓿切叶蜂和果园壁蜂等）时通常很少穿或根本不穿防护服。

非酿蜜蜜蜂和非人工饲养的蜜蜂在授粉方面也存在不足之处和不确定性。首先，从单只蜜蜂的授粉效率看，非酿蜜蜜蜂为几种作物授粉时比酿蜜蜜蜂更有效；但是酿蜜蜜蜂授粉时却具有压倒性的个体数量优势，但是针对这一方面的优势人们还没有开展相关研究。在所有种类的蜜蜂中，酿蜜蜜蜂拥有最大的种群数量。因此不难想象，一个具有成千上万只低效传粉者（从论证的角度所做的假设）的蜂群完全能赶上或超过许多窝传粉效率高的独居蜂（确定某一蜂种授粉价值的实验设计详见Corbet等，1991）。而非人工饲养蜜蜂的种群数量通常太少，不能满足商业授粉的需要（Morrissette等，1985；Parker等，1987；Scott-Dupree和Winston，1987），而其种群数量也会随年份和地域的不同而发生变化（Cane和Payne，1993）。与酿蜜蜜蜂一样，非酿蜜蜜蜂也会受到疾病、捕食者和寄生者的威胁，从而限制其自然种群数量的增长。而对于人工饲养种群，蜂农就必须及时采取相应的控制手段。然而，不管是因为适宜的栖息地、大量引入还是人工培育，使其增长到足够数量后，非酿蜜蜜蜂就可替代或辅助酿蜜蜜蜂对某些作物进行商业授粉。

在本书中，我们将介绍温带发达国家，特别是北美洲主要的7类传粉蜜蜂，分别是：酿蜜蜜蜂（见第5～7章）、熊蜂（见第8章）、黑彩带蜂（见第9章）、其他土中筑巢蜜蜂（见第10章）、苜蓿切叶蜂（见第11章）、壁蜂（见第12章）和木蜂（见第13章）。

外来蜂种的影响

人类有意或无意地把许多蜂种携带到其自然分布区以外的其他地方，其中最主要的是西方蜜蜂（*A. mellifera*），同时还有其他一些有名的传粉蜂种，如欧洲熊蜂（*Bombus terrestris*）（见第8章）和苜蓿切叶蜂（*Megachile rotundata*）（见第11章）。

在大部分引种的温带栖息地，蜜蜂（honey bees）成功地建立起强大的野生种群。这些野生蜜蜂过去一直是作物授粉的主力军，直到近几年寄生虫（主要是瓦螨）的蔓延暴发，使得蜂群数量严重减少。一些研究者也认为外来蜜蜂可为本地植物授粉，而本地植物的繁荣则有助于维持本地野生动物的群体数量，这从本质上肯定了外来蜜蜂对于当地生态系统具有一定的价值（Barclay 和 Moffett，1984）。另有学者也表示了担忧，认为外来蜜蜂并非完全无害，事实上它们有可能会取代本地蜜蜂，干扰本地植物授粉，而且还会助长外来杂草的传播（Butz Huryn，1997）。虽然这两种观点都能找到相关证据，但是大量的实验证据仍未证明外来蜜蜂具有任何普遍的、大范围的危害（Butz Huryn 和 Moller，1995；Butz Huryn，1997；Horskins 和 Turner，1999）。酿蜜蜜蜂的采集行为与许多其他蜜蜂类群并无本质的区别（Butz Huryn，1997），这表明酿蜜蜜蜂可以有效地为许多本地植物授粉，该结论可参考 Horskins 和 Turner（1999）有关澳大利亚本土黄色桉树（*Eucalyptus costata*）的研究数据。

自 19 世纪以来，欧洲熊蜂已从其自然分布区输出到多个国家（包括澳大利亚、新西兰、菲律宾、南非、墨西哥、日本、中国、韩国），用于改善这些国家的作物授粉情况。用于温室授粉的人工饲养熊蜂出口市场不断扩大，因此近年来欧洲熊蜂的扩张已开始加速。如此一来，部分欧洲熊蜂种群已经逃离作物商业种植区入侵到自然生境，目前已知的地区有日本和塔斯马尼亚岛（Dafni，1998）。正如引入西方蜜蜂一样，人们关于引入欧洲熊蜂对本土动植物的影响也持有不同观点。Donovan（1980）认为欧洲熊蜂并不是新西兰本土蜜蜂的主要竞争对手，因为其发生密度相对较低并且在本土植物上访花的时间也较少。然而，在塔斯马尼亚岛上的研究却显示欧洲熊蜂的确会采集各种各样的本地开花植物，而其种群密度也足以在竞争中取代本地蜜蜂（Hingston 和 McQuillan，1998，1999）。同样，在以色列也有证据表明欧洲熊蜂正在从该国北部自然分布范围内向外扩散，并与本土蜜蜂竞争有限的蜜源（Dafni，1998）。

1987 年，为增加澳大利亚南部紫花苜蓿的授粉，澳大利亚人从新西兰引进了苜蓿切叶蜂。调查者在 1988—1989 年的苜蓿生长季节做过一项调查，结果表明在引进地附近的本土植物上并未发现引进的苜蓿切叶蜂，也未发现该蜂种从释放点明显向外扩散。因此，苜蓿切叶蜂对本地自然生态系统的影响几乎可以忽略不计（Woodward，1996）。

评价引进传粉者的好处和危害并不容易，同时也是一个引起争议的话题。它不可避免地将蜜蜂作为作物授粉者带来的经济效益与其作为外来物种带来的生态危害进行比较。不能天真地认为引进蜜蜂对本土动植物没有任何影响，但是大量的实验性证据表明这种影响总体而言相对不明显。若对此进行更充分的研究，也许会得出相反的结果。不过，应当说明的是，当今世界上种植的许多重要作物本身也是外来物种，其生长范围早已超出其自然分布区域。由此而论，作物传粉者的输出似乎并没有那么可怕。

第 4 章

蜜 蜂 保 护

蜂类是一种有限的自然资源

20世纪末，很多科学家和其他观察者断言，植物和动物中许多物种正以惊人的速度不断灭绝（Wilson，1992）。虽然这个观点不具有普遍性（Simon和Wildavsky，1992），但有研究表明某些地方的蜂类物种多样性已经丧失。这应当引起注意，尤其是考虑到蜂类对人类经济和健康所具有的重要价值（见第1章）。蜂类对几乎所有陆地生态系统功能维持都具有至关重要的作用，因而它们种群数量稳定和物种丰富度可以作为衡量区域环境状态的生物指标（Kevan，1999）。无论是蜜蜂或者是其他生物，导致其物种灭绝的原因可能有上百种，如森林砍伐、环境污染、非法狩猎、使用杀虫剂、城市化进程、外来物种入侵等。栖息地破坏、蜜源植物的减少、寄生虫和疾病的传播等环境变化都可能会对蜜蜂产生不良的影响。

近年来，北美洲野生西方蜜蜂的种群数量空前锐减。在美国亚利桑那州南部，冬季野生蜜蜂群的消亡数量从1991—1992年间的13%上升到1994—1995年间的61%（Loper，1995）。加利福尼亚州萨克拉门多附近地区的野生蜂群数量在1990—1993年减少了75%（Kraus和Page，1995）。这些地区蜂群锐减的主要原因是20世纪80年代进入美国的两种外来蜜蜂寄生螨：气管螨和瓦螨。

一些发达国家的人工饲养蜂群数量也在不断减少。1943—1996年，英国人工饲养的蜂群数量从大约429 000群下降到200 000群（Butler，1943；Carreck和Williams，1998）。近年来，由于养蜂人屡屡受挫，北美洲养蜂业不断萎缩，这已威胁到蜜蜂授粉行业的长远发展。由于美国政府削减了对蜂农的补贴，导致蜂农利润下滑。气管螨和瓦螨每年导致数以千计的蜂群消亡，且控制它们需要的成本很高。攻击性很强的非洲化蜜蜂也会入侵北美洲部分地区并使蜂群非洲化，迫使很多养蜂者不得不离开这一行业。因此，美国养蜂者的数量在1990—1994年减少了大约20%，这也不足为奇（Watanabe，1994）。西方蜜蜂的数量也可能会越来越难以满足商业化授粉的需求。目前，加利福尼亚州的杏仁（Burnham，1994）和鳄梨（Mussen，1994）、佛罗里达州的柑橘（Sanford，1994）以及华盛顿的木本果树（D. F. Mayer，个人观察）已经出现这种情况。

在欧洲，除了波兰西部的蜂类物种数量自20世纪40年代以来无明显变化（Banaszak，1992）之外，许多国家都有文献报道熊蜂和其他非酿蜜蜂类物种数量在减少，如英国（Williams，1982，1986）、立陶宛（Monsevičius，1995）、土耳其（Özbek，1995）、比利时和法国北部（Rasmont，1995）及波兰部分区域（Ruszkowski和Biliński，1995）。

不管是野生还是驯养的非酿蜜蜂类，其数量都容易因各种原因影响而下降。自然植被区域的蜂类物种和数量通常都高于人为干扰的农业区域，这已在不列颠哥伦比亚（MacKenzie和Winston，1984）和马萨诸塞州（MacKenzie和Averill，1995）得到了证实。人类活动破坏了蜂类的栖息地，使其不能正常采集觅食。大面积单一种植的外来作物（尤其是不产花蜜的谷类作物）很可能会取代本土蜂种的原有蜜源植物。而在开花植物、阔叶林或蜜蜂筑巢区喷洒的农药也会导致当地蜂类种群数量的减少。例如，在加拿大新不伦瑞克，由于周边林地使用杀螟硫磷消灭云杉蚜虫，致使当地蜂种数量3年后才得以恢复（Wood，1979）。而在美国华盛顿州，使用二嗪农之后，当地人工饲养的黑彩带蜂（*Nomia melanderi*）数量同样花了3年时间才恢复过来（D. F. Mayer，个人观察）。

美国西部和加拿大人工饲养的苜蓿切叶蜂（*M. rotundata*）易受真菌、捕食者、寄生虫的危害。一种与之类似的顶切叶蜂（*Megachite apicalis*）不采食紫花苜蓿，且有时会抢占有重要经济价值的苜蓿切叶蜂的蜂巢（Peterson等，1992）。但幸运的是，人们可以通过烟熏、改善环境卫生和喷洒杀虫剂等方法来防治这些病虫害（Goerzen和Watts，1991；Mayer等，1991，1992；Goerzen和Murrell，1992；Goettel等，1993）。

有研究发现，外来的酿蜜蜂类（西方蜜蜂）也可能导致本地非酿蜜蜂类种群数量的减少（Buchmann和Nabhan，1996）。的确，西方蜜蜂引入北美洲地区的3个世纪以来，已经成功地抢占了当地传粉者的食物资源，因为它们擅长在栖息地寻找最优质的蜜源，并抢先采食，最后留给非酿蜜蜂类的花蜜已寥寥无几（Ginsberg，1983；Schaffer等，1983）。据估计，一群西方蜜蜂在其觅食区域内通过这种竞争方式，大概可以使熊蜂蜂群产生的蜂王及雄蜂的数量减少38 400只（Heinrich，1979）。然而，要通过实验证明外来蜜蜂对环境的负面影响却并不容易（见15页）。

熊蜂偶尔会被酿蜜蜜蜂的蜂巢吸引，一旦它们误入其中通常就会被杀死（Thoenes，1993）。而这些被杀死的入侵者中有很多都是具有生殖功能的熊蜂蜂王和雄蜂（Morse和Gary，1961）。

蜜蜂数量之所以感觉匮乏也可能是因为在全球范围内，人们将原来大量种植谷类作物的耕地改为栽培依赖蜜蜂授粉的农作物（Osborne等，1991）。随着人口的不断膨胀，即使蜂群不受任何外界因素和疾病的干扰，其数量也恐怕难以满足人类对授粉蜂类的巨大需求。

显然，要给社会带来最大的效益，就要尽可能增加作物传粉者的种群数量和多样性。这涉及所有的授粉蜂类，包括酿蜜蜂种和非酿蜜蜂种。对于酿蜜蜂种而言，人们还需要开展更多的研究来提高寄生螨的防治水平、提高蜂农盈利能力以及控制生产成本。酿蜜蜂种具有许多不可否认或忽视的优势，如易于管理、适应性强、产蜜多、对多种作物授粉效果较好等。对于非酿蜜蜂种而言，为了实施保护项目，人们需要开展更多研究来了解其基本生活史、掌握并不断完善饲养方法、确定适宜的蜜源植物和筑巢区域。最后，私人和公共的赞助机构也必须认识到保护传粉者多样性的重要性，并为实现该目的而对相关的研究项目和科普教育项目给予适当的资助。

在欧洲，蜜蜂栖息地的保护和改善已受到了广泛关注，但在北美洲，人们对此还缺乏足够的认识。然而，增加传粉者种群数量目前经济有效的方法之一就是进行保护。通过采取保护措施，如建立栖息地保护区和多年生的蜜源植物基地，所带来的改变是长期性的，通过分期不断建设也可将成本分摊到多个年份。此外，固定的筑巢地点和蜜源植物基地会促进种群大量集中繁衍，从而带来长远的好处。本章将重点介绍一些蜜蜂保护的原则和方法。这里主要结合野生非酿蜜蜂种的保护进行说明，但其中所介绍的方法对非酿蜜蜂种和酿蜜蜂种都同样适用。

栖 息 地 保 护

该部分内容主要介绍如何评估蜜蜂栖息地的保护价值，以及如何选择和执行相应措施来改善蜜蜂栖息地。

一个繁衍不息的种群需要长期固定的、不受干扰的筑巢点，以及每年能在蜜蜂筑巢期产生花蜜和花粉的植物。这是任何蜜蜂保护项目都需要具备的基本条件。此外，还需要为蜂群建立抵御捕食者、寄生虫和疾病的生态庇护区。在实际操作中，保护人员主要只是加强对筑巢地点和蜜源植物的保护，因为他们针对野生蜂种的捕食者和寄生者可做的并不多。但人工饲养的蜂种并非如此。

良好蜜蜂栖息地的特征

Osborne 等人（1991）按照对蜜蜂的适宜程度，将位于欧洲中部以及大西洋沿岸地区的部分栖息地进行了排名（表 4.1）。他们依据栖息地内蜜蜂筑巢地点和周围可采食植物的类型进行排名，以此说明对蜜蜂保护具有普遍意义的栖息地通常应具备的特征。

表 4.1　欧洲一些适合蜜蜂采集筑巢的栖息地排名

（Osborne 等，1991）

排名	欧洲大西洋沿岸地区	欧洲中部地区
1（最佳）	石灰质草原	湿草甸
	野草丛生的荒野[a]	
2	沼泽[b]	沼泽
	树篱区[c]	野草丛生的荒野
	荒地	新鲜草原
	中性草原	
	林地边缘	
3	湿地[d]	
	沼泽	
	荒地	
4	橡树林	橡树林
	灰烬林地	桤木林
	高沼泽地[e]	部分山毛榉林
5（最差）	山毛榉林	山毛榉林
	针叶林	针叶林

注：a. 开阔的酸性贫瘠地，土壤排水较差，灌木丛生。
b. （如果不排水）部分或者有水的洼地。
c. 农田边缘茂密的灌木林。
d. 潮湿疏松的酸性土地，含有特定植物区系。
e. 开阔、起伏的沼泽荒地，植被以禾本科和莎草科草本植物为主。

表 4.1 说明了蜜蜂栖息地保护的一些重要原则和措施。首先，选择开阔、向阳并且蜜源植物丰富多样的栖息地对蜜蜂的活动和繁殖非常有利；反之，郁闭、阴暗、蜜源植物匮乏的栖息地则最为不利。温暖、阳光充足、地面相对开阔的地方更适宜于蜂类筑巢，其部分原因是温暖的条件会加快幼虫的发育，也使成年蜂的飞行更为活跃。这对于每年筑巢的独居蜂和熊蜂来说尤为重要，这也是在土壤里筑巢的蜂类往往会选择在最向阳的南面土壤下挖洞筑巢

的原因（Potts 和 Willmer，1997）。其次，蜜粉源植物种类的多样化也会使栖息地内蜂种多样性随之增加（Banaszak，1983）。然而不幸的是，现代农业通常会推崇与之完全相反的栖息地：大面积种植单一作物，主要为谷类或其他泌蜜量较少的作物。如果单一种植的作物恰好适合蜜蜂采集，那么某一蜂种数量可能会很庞大，但蜜蜂种类通常较少。这种情况下，酿蜜蜜蜂可能是单一种植作物上最常见的访花蜂种，因为它们擅长利用大宗蜜源（Schaffer 等，1983）。与此情况相反的是自然栖息地，每种植物的密度可能较低，但植物种类丰富，可以维持一个更多样化的蜜蜂区系。

在北美洲地区，单一种植的松树林面积增加后，如果在当地没有泌蜜较多的下层植物和林缘植物（如山莓、光滑冬青和美洲蒲葵等），就会对蜜蜂十分不利。红花槭、酸叶石楠和鹅掌楸等树木是良好的蜜粉源植物，但即使在这些类型的森林中，蜜蜂也更喜欢在森林边缘筑巢，因为森林边缘光照充足，还有各种各样的筑巢地点和开花植物。

现在我们来总结一下，针对在土壤里筑巢的独居蜂和熊蜂，栖息地保护工作的重点应该放在阳光充足、开阔且未受扰动的草地和田边，或阳光充裕且未受扰动的裸露土地、路边、沟沿以及林地边缘等地带。每年农场上都有大面积的此类闲置土地，将其作为蜜蜂的栖息地基本不需要任何成本，只需要土地的所有者愿意长期使其闲置且不受扰动。这里不受扰动是指不对土地进行排水、喷洒除草剂、翻耕或是用重型机械压实。保留此类不受扰动的区域将会增加蜜蜂筑巢地点和农场内开花植物的物种多样性。Banaszak（1992）对于波兰西部农业区的蜂种多样性之所以可以维持长达 40 多年给出的原因之一就是该地区存在着这类蜜蜂栖息地保护区。而另一个原因则是当地种植了蜜粉丰富的农作物，如紫花苜蓿、三叶草、油菜和向日葵等。这些农作物可以在一定程度上弥补当地植物多样性的缺失。

永久栖息地的重要性

在不受扰动的休耕地中，植物和蜜蜂种类的丰富度会随着时间的推移逐渐增加（Gathmann 等，1994）。这意味着人们应该规划长期的蜜蜂栖息地。随着时间的推移，土地管理者会看到栖息地内植物和蜜蜂种类的不断增加。然而，像翻耕土地这样的行为，只要一次便会带来灾难性的影响，能让多年的成果功亏一篑。

修剪管理

最有效的蜜蜂栖息地是长有丰富的、多年生草本植物的中级演替植物群落，且其内基本没有木本植物（Dramstad 和 Fry，1995）。一年应当进行两次修剪，才能避免栖息地演替为荫蔽的林地或灌木丛。修剪最好在冬天进行，这样就不容易影响熊蜂蜂群的活动。最好使用轻型割草机，因为重型拖拉机可能会破坏在土壤中筑巢的越冬蜂的巢穴。

牧场管理

曾用于种植饲草或放养牲畜的牧场一般不适宜蜜蜂生活，但仍然有办法将它们与蜜蜂保护计划结合起来进行管理（Osborne 等，1991）。首先，要使牧场基本成为永久牧场。历时越久的牧场，就越有可能形成合适的蜜蜂筑巢地点和多样化的植物种类。而在暂时性的牧场，如那些用于轮作种植的牧场，虽然在某一季里生长的作物可能是一种好的蜜源，但其植物种类仍缺乏多样性。不可过度放牧，因为这会导致快速生长的杂草入侵，抢占草本蜜源植物的生长空间。除草剂同样会降低牧场内植物类群的丰富度。此外，土地管理者最好是在某个花期结束之后再收割牧场内的饲草。若在植物开花之前进行收割，牧场对蜜蜂来说就毫无拜访的价值了。

筑巢材料的重要性

一个理想的蜜蜂栖息地还必须提供符合特定蜂种需求的筑巢材料（泥、树叶等）。例如，缺乏泥浆可能会成为利用泥浆筑巢的壁蜂（*Osmia* spp.）繁育的限制因素。熊蜂需要草堆或啮齿动物废弃的洞穴来筑巢。如果当地的蜜蜂保护区符合上述所讨论的重要标准，那其中很可能也就有合适的筑巢材料，但仍然不能忽视这个问题。在美国的南乔治亚岛，蓝莓商业种植者在果园周围放置一些三合板，并在其下方放置剥皮的玉米棒子，以增加果园内啮齿动物的巢穴数量，从而为授粉熊蜂提供未来的筑巢地点。

蜂场（蜜源）对栖息地的改善

保护栖息地本质上是一项被动的措施，而对蜜蜂的保护不止于此，我们还可以通过建立永久性的蜂场来主动改善栖息地。建立蜂场的目的是为蜜蜂提供可靠的优质营养来源，以此增加蜜蜂的数量。这主要是通过吸引蜜蜂进入场内、增加场内蜂巢数量，或者提高蜜蜂繁殖力等来实现。由于非酿蜜蜂种通常会在前一年所生长的地方筑巢（Butler，1965；Osborne等，1991），因而永久性蜂场的建立将带来长期的好处。对蜂场中常见蜜源植物观测后发现，所建的蜂场必须足够大并且拥有丰富的蜜源植物才能对蜂群产生积极影响；面积大小、蜜源丰富度等阈值需通过研究才能确定，最好结合当地情况进行区域性研究。

建立蜂场的想法过去就有，而且还得到了科技文献的有力支撑。大部分研究是针对熊蜂的，而从此类项目中受益最多的也的确是熊蜂。独居蜂的活动期相对较短，只要把其采集时间都花在目标作物上就会受益很大并完成繁殖。而酿蜜蜂种蜂群可以存活数年，并有大量储存食物的习性，所以即使栖息地长期缺乏食物，它们也能越冬并进行正常繁殖。但熊蜂蜂群只能存活1年，且食物储存量少，要繁殖的话就需要整个活动季节都一直有蜜源植物。

文献中大量提及了蜜蜂与花朵的相互联系。其中，大部分文献是为了帮助养蜂者识别有价值的蜜源植物（Pellett，1976；Crane等，1984；Ayers等，1987；Sanford，1988；Ayers和Harman，1992；Williams等，1993；Wroblewska等，1993；Villanueva-G，1994）。即便如此，这些文章对蜜蜂保护者来说仍有帮助。

蜜蜂保护者主要想寻找多种对蜜蜂有营养价值、易于种植、成本效益好、无入侵性、花期较长，同时不与授粉作物竞争的植物。有研究者已经找到了适合各类特定农业环境的蜜源植物。Fussell和Corbet（1991）发现了英国豆类和油菜地中自然发生的蜜源植物。Patten等人（1993）筛选出了21种适合美国西北部蔓越莓田附近蜂场种植的草本蜜源植物。Krewer等人（1996）发现了可供美国佐治亚州兔眼蓝莓果园附近的熊蜂蜂场种植的8种辅助蜜源植物。然而这类研究必然具有一定的地域性，因为研究人员在某个区域推荐的优质蜜源植物可能在另一个区域却并不适用，例如，Mayer等（1982）和Ayers等（1987）有关茴藿香（anise hyssop）的研究差异。同时，植物的耐寒性和开花时间也存在明显的地域差异。此外，不同蜂类对花具有不同的偏好，这些差异通常是基于花部构造和蜜蜂口器的形态匹配程度而产生的（Fairey 等，1992；Patten 等，1993；Plowright 和 Plowright，1997）。下面我们将总结一些蜂场植物栽培的重要原则和实际操作方法。

较长花期的重要性

如果一个蜂场中有持续较长的、相互衔接的花期，那么该蜂场对当地蜂群的价值就能得到最大化。熊蜂就是对这一原则的最好例证。对于只有一年期的熊蜂来说，熊蜂蜂群的首要任务是为下个活动季节繁育出一批交配成功的新蜂王。每个熊蜂群只有几周的时间来筑巢（当蜂群只有一个蜂王时），培育采集工蜂，以及采集足够的食物以繁育新的蜂王和雄蜂。一个熊蜂群可培育的蜂王数量很大程度上取决于该蜂群在蜂王几周的产卵期内所培育的工蜂数量（Heinrich，1979）。培育工蜂需要能量，所以一个蜂群能否成功繁殖最终依赖于整个繁殖季节内可获得的食物资源。Bowers（1986）强调了良好的营养和蜂王高产卵量之间的关系。他的研究表明，在开花植物最丰富、花朵密度最大的草甸，新蜂王出现得较早。

仲夏时节花蜜不足可能会带来灾难性的影响。还是以熊蜂为例阐述这个问题的严重性。不像酿蜜蜂种那样会储存大量盈余的食物，熊蜂储存的花蜜最多只够其存活几天，这使得它们更容易受到花蜜短缺的影响。实验表明，一旦缺蜜，哪怕只有1d，熊蜂群中的工蜂就会停止哺育，对入侵蜂群的捕食者和寄生虫反应迟钝（Cartar 和 Dill，1991）。因此，繁殖中期蜜源缺乏不但会损害蜂群的繁殖情况，而且更是关乎蜂群生死的问题。

通过这些原则我们得出结论，在规划蜂场时应该选择栽种多种花期不同的蜜源植物，让蜂场在整个季节内都有植物开花。首先，第一步要确定蜂场周围区域内常见的蜜源植物及其花期，这些信息很容易从当地养蜂者那里获得。一旦确定了该区域的缺蜜期，下一步就要选择蜂场内要种植的植物，即在缺蜜期开花的蜜源植物。当地的农技推广人员、园艺师、苗木种植者以及出版的蜜源植物手册，都有助于蜂场蜜源植物的选择。要注意避免在蜂场内种植与目标授粉作物同期开花的植物，或是具有入侵性的植物以及其他有毒蜜源植物。

欧洲推出了花期相互衔接的多种植物的混合种子，并已实现商品化，这主要是为了响应欧洲共同体1988年颁布的土地休耕政策。截至1994年，在该政策的作用下，仅英国就闲置出了78.1万 hm^2 的耕地（Carreck 和 Williams，1997）。土地的闲置给种植蜜源植物提供了契机，而且在市面上可以买到混合种子，能在一年期休耕的土地上形成不间断花期。其中的两种分别是蒂宾根混合种子（Tübingen Mixture）（Bauer 和 Engels，1992；Engles 等，1994）和阿斯科特林德 SN 混合种子（Ascot Linde SN mixture）（荷兰弗利兰的 Cebeco Zaden BV 公司以及奥尔斯特的 Stichting Imerij Fortmond 公司）。蒂宾根混合种子配比为：钟穗花属（*Phacelia tanacetifolia*）40%、荞麦（*Fagopyrum esculentum*）20%、白芥（*Sinapis alba*）7%、胡荽（*Coriandrum sativum*）6%、金盏菊（*Calendula officinalis*）5%、香菜（*Nigella* spp.）5%、向日葵（*Helianthus annuus*）5%、红心萝卜（*Raphanus sativus*）3%、矢车菊（*Centaurea cyanus*）3%、锦葵（*Malva sylvestris*）3%、莳萝（*Anethum graveolens*）2%、琉璃苣（*Borago officinalis*）1%。将以上这些一年生植物种子混合起来种植十分有效，也是便于农民采纳的蜜蜂保护措施。然而，这种预先配好的混合种子不可完全替代根据当地情况所搭配的蜜源植物组合。Carreck 和 Williams（1997）在英国研究蒂宾根混合种子和阿斯科特林德 SN 混合种子时发现，配方中的钟穗花属植物在生长、开花以及吸引昆虫方面占绝对优势，而配方中的其他植物对蜂种多样性的贡献则很小。

蜂场种植多年生蜜源植物的重要性

规划蜂场时另一个重要原则是：多年生蜜源植物通常优于一年生植物。虽然有些一年生植物蜜粉丰富、泌蜜量大，但多年生草本植物和灌木通常是更优质的蜜源，蜜蜂也更喜欢采集（Parrish 和 Bazzaz，1979；Fussell 和 Corbet，1992；Dramstad 和 Fry，1995；Petanidou 和 Smets，1995）。相比一年生植物，多年生植物富含更多的花蜜，一定程度上是因为它们有储存、分泌前一年糖分的能力。多年生植物每年都能给蜂群提供稳定的食物资源，从而吸引蜜蜂在其区域内再次筑巢。这就是不受扰动的草甸中蜜蜂种类和植物类群会随着时间推移不断增加的原因。因此可以得出结论，蜂场中应尽量种植多年生的蜜源植物。考虑到一年生植物需要反复种植和投资，对建设蜂场的种植者来说，选择种植多年生植物成本效益好，需要的维护也较少。

一定要记住，蜜蜂喜欢集中在花朵较多的栖息地筑巢和觅食。有证据表明，熊蜂蜂王喜欢在花朵丰富的草甸筑巢（Bowers，1985）。大部分非酿蜜蜂种的采集范围一般比酿蜜蜂种小（Osborne 等，1991），不过这种情况并非总适用于熊蜂（Dramstad，1996；Saville 等，1997；Osborne 等，1999）。经过全面考虑，最明智的做法应该是让蜂场尽可能靠近目标作物。如此一来就增加了蜜蜂在目标授粉作物附近筑巢和采集的机会。通过对蔓越莓农场中备选蜜源植物的研究，Patten 等人（1993）建议在蔓越莓田周边种植一些开花较早的蜜源植物，以诱导熊蜂在附近筑巢。

在大多数情况下，建立蜂场时应避免其中的蜜源植物与目标授粉作物同时开花，进而避免与目标授粉作物竞争传粉者。然而，两者花期的重叠不一定都对目标授粉作物有害。一些极具吸引力的开花植物（称为磁性物种）可以将大量的传粉昆虫吸引到某一植物（或作物）种植区域（Thompson，1978）。由于附近存在极具吸引力的植物，会产生传粉促进或连带效应（Laverty，1992），从而增加传粉者对目标作物的访花频率。Brookes 等人（1994）对加拿大紫花苜蓿进行的研究正说明了这一点。

并非所有专家都认同建立蜂场或蜜蜂栖息地的价值。Torchio（1990a）质疑这种重建的栖息地在农业密集区和高原地区是否具有成本效益。他进一步指出，对于当地已经灭绝的蜂类，栖息地管理计划并不能解决再次引进和维持整个蜜蜂群落的问题。在蜜蜂栖息地管理计划得到普遍认可之前，这些实际存在的问题都必须解决。

尽管如此，我们仍相信蜜蜂保护工作有可能成为整体农业土地利用政策中的一个重要组成部分。蜂种保护工作以生态学原理为依据，以实验研究为支撑，而这些研究一致表明较高的蜂种多样性与不受扰动、花量丰富且花期较长的大型栖息地相关。但蜂类保护计划在当地能否实际促成传粉者种群的大量持续增加，并带来相应的效益，仍有待进一步观察。

建立大型保护区的重要性

土地管理者打算建立蜜蜂栖息地或蜂场时，应从较大的地理范围来进行考虑。在成片的大型适宜栖息地中，蜂种的多样性最高。然而不幸的是，现代农业和城市化通常会形成相反的状态：栖息地被大片不适宜蜜蜂生存的区域分割成碎片或孤岛。当一个物种的自然栖息地边缘地带较多时，该物种被竞争者、天敌、捕食者和寄生虫入侵的风险就会增加，同时物种扩散能力降低，近亲繁殖的速度也会增加。另外，一些外来物种在这些边缘地带繁衍旺盛。在阿根廷，蜜蜂栖息的森林中，外来蜂种是小片树林中最常见的访花者，而在成片的大型森林栖息地中本土蜜蜂数量较多（Aizen 和 Feinsinger，1994）。这两者的明显差异在于面积。在森林栖息地中访花蜂种按照种类数量依次排序为：被隔开的小片森林（小于 2.5acre，即 $1hm^2$）＜被隔开的大片森林（大于 5acre，即 $2hm^2$）＜大片连续的森林。这些研究者都有同样的担忧：无控制的森林破碎化最终会使“多面手”酿蜜蜂种替代当地多样化的蜂类群落。另一项研究表明，熊蜂蜂王在早春更喜欢寻找面积较大的草甸筑巢（Bowers，1985）。

这些研究都传达了一个主要信息：蜜蜂保护者应当尽可能建立大型的蜜蜂保护区。一个成片的大型蜜蜂保护区（最好能超过一个农场的规模）比几个隔开的小片保护区更好。Banaszak（1992）建议，在一片正常运作的农业区，用来种植农作物或牧草的面积不应超过总面积的 75%，剩下的 25%应留作蜜蜂保护区。

蜜蜂保护和植物保护

生境发生改变是植物多样性降低的主要原因。一旦生境遭到分割，植物彼此分隔很远，就难以吸引传粉者。在欧洲，一些野花类群就面临这种情况（Corbet 等，1991）。我们可以想象这种恶性循环：生境破碎化导致植物与传粉者隔开；由于缺乏蜂类传粉者，植物种群数量随之下降；而因蜜源植物不足反过来又导致蜂群数量减少。

一些农事操作也可能使本土植物失去生境，引走其传粉者。Williams 等人（1991）的研究表明，如果大面积单一种植吸引蜜蜂的作物，可能会引走拜访本土植物的所有蜂类，包括本土和外来蜂种，使本土植物失去授粉机会，从而导致其种群数量进一步减少。

因此，保护蜜蜂与保护植物密切相关，尤其是那些依赖蜜蜂传粉的植物。没有传粉者，那些美化我们周围环境、防止水土流失、增加我们财富的多姿多彩的蜂媒植物将会减少，而这对以此为食的野生动物也会产生难以预计的影响。因此，尽管粮食生产是目前为止蜜蜂授粉最重要的运用领域，但蜜蜂保护不仅仅是养蜂人和作物种植者的责任。蜜蜂保护不但应当作为植物生产和植物保护的重心，而且与所有使用或享用植物产品的人都息息相关。

第 5 章

蜜蜂的生活习性和传粉性能

蜜蜂的生活习性

西方蜜蜂（*Apis mellifera*），隶属于蜜蜂科，是一种原产于欧洲、中东和非洲的群居性蜜蜂，是温带发达国家最重要的传粉蜂种（图 5.1）。该蜜蜂在树洞或其他洞穴中形成多年生的群势很大的蜂群，并且易于接受人造蜂箱。人们饲养蜜蜂的历史已有几千年，而如今标准化的养蜂技术已广为流传，比较成熟，成效相当显著。美国有12.5 万～15 万蜂农，可饲养 320 万～340 万群蜜蜂（Hoff 和 Willett，1994），英国约有 3.5 万蜂农，可饲养约 20 万群蜜蜂（Carreck 和 Williams，1998）。全世界范围内饲养的西方蜜蜂共有约 5 710 万群（Crane，1990）。商业养蜂人供应蜂蜜、蜂蜡及其他蜂产品，同时向其他蜂农出售大量蜜蜂，也可提供授粉服务。

图 5.1　西方蜜蜂（*Apis mellifera*）
（图片来源：Sadant 和 Sons）

自然界中，蜜蜂通常在石缝、树洞或其他类似的干燥、中空的地方筑巢。工蜂通过腹部下方的腺体分泌鳞片状的蜂蜡，然后用这些蜡片筑造成大量的六边形巢房，共同构成一张巢脾。蜜蜂利用这些巢房来储存食物、饲育蜂儿。一个天然蜂巢包含 10 张左右的巢脾。

蜂群的生活周期主要围绕这一过程进行：度过冬季或其他食物缺乏期，然后在春天尽早繁殖出一个或多个新蜂群，以便为其留出足够的时间采集食物来应对下一个冬季。在冬季，蜜蜂会聚集在一起形成一个紧密的蜂团以减少热量的散失。冬至之后，白天开始逐渐变长，蜂王开始在蜂巢中央产卵。一旦自然界开始流蜜和散粉，蜂群内蜜蜂数量便迅速增长。到了早春，由于蜜蜂数量的增加，蜂群内开始变得拥挤，此时蜂群将分家形成新的蜂群，这一过程称为分蜂。拥挤的蜂群会培育几个新蜂王，然后老蜂王带着近 60%的工蜂一起飞离原来的蜂巢。该分蜂群（图 5.2）最终会占据一个新的筑巢地点，通常为树洞或墙洞。而原来的蜂群内其中一只新蜂王杀死所有其他竞争王位的姐妹蜂王并继承整个蜂群。分蜂结束后，蜜蜂集中精力为过冬储存蜂蜜和花粉。到了夏末，蜂群内会形成一个布满蜂儿（称为育虫圈）的中心区，其上方为储存蜂蜜和花粉的区域。

由于这种多年性的生活周期，一个蜂群可能会永不消亡，而其巢穴也往往一直被常年占据。但蜂群偶尔会舍弃蜂巢，该过程称为飞逃。这种现象一般发生在食物严重缺乏或蜂群不断遭到捕食者侵扰的时候。然而，这些遗弃的筑巢点也会迅速被新蜂群再次占据，因为旧巢的气味会吸引分蜂群。

图 5.2　分蜂团：在分蜂群找到新的永久筑巢地点之前，蜜蜂暂时聚集在一个树杈上或类似的物体上
（图片来源：Jim Strawser）

蜜蜂的传粉性能

蜜蜂是泛化的传粉者，在同一季节能访问各类开花植物。由于蜜蜂易于饲养、具有可移动性，而且是许多作物有效的传粉者，因而成为衡量其他蜂类传粉效果的标准。然而，正因为蜜蜂是泛化的传粉者，所以对每种作物来说它们并非都是最好的传粉者。某些独居蜂的生命周期和行为活动完全与某种作物相契合，而蜜蜂则只访问田间报酬最丰富的蜜源。因此，对于某些目标作物而言，蜜蜂有时传粉效率较低，并且容易被其他更具吸引力的竞争植物吸引走。

人们可针对蜜蜂某些优良性状（包括其采集行为）进行选育。人工授精技术的运用可使蜜蜂育种达到很高的精确度，但应用该技术其设备较为昂贵，难度也较大，养蜂人并未广泛采用。而人工选育偏好某类花粉的蜜蜂是可能的，如苜蓿蜂的成功培育（Nye 和 Mackenson，1968，1970）。然而，授粉蜂群通常在一个季节可用于多种作物轮流授粉，所以选育喜欢储存花粉的蜜蜂品系比选育只喜欢某一特定作物的蜜蜂品系更有意义。作为传粉者，采粉蜜蜂通常比采蜜蜜蜂更高效（Vansell 和 Todd，1946），这大概是由于采粉蜜蜂更喜欢同时具有大量雄花和雌花的花序（Gonzalez 等，1995）。幸运的是，人们可以选育具有储存花粉特性的蜜蜂（Hellmich 等，1985；Gordon 等，1995）。

非洲化蜜蜂和授粉

所有美洲大陆的蜜蜂都是 17 世纪殖民者带到北美洲和南美洲的蜜蜂的后裔。从欧洲引进的蜜蜂在美洲大陆的温带地区繁衍旺盛，在 3 个世纪内整个北美洲地区和南美洲温带地区便出现了大量持续发展的欧洲蜜蜂种群。然而，热带气候条件不利于欧洲蜜蜂的繁殖。直到今天，如果没有养蜂人的精心管理，欧洲蜜蜂在中美洲和南美洲仍然不能大量繁衍。

1956 年，研究人员将非洲蜜蜂引入巴西，试图改善美洲大陆热带地区的养蜂业。这些非洲蜜蜂非常适应巴西的气候条件，于是在南美洲开始迅速繁衍，并与欧洲蜜蜂进行杂交（这一过程称为非洲化，形成了非洲化蜜蜂），逐步取代欧洲蜜蜂。与相对温驯的欧洲蜜蜂相比，非洲化蜜蜂具有很强的攻击性，只要略微受到扰动，便有大量蜜蜂蜇刺靠近的人或牲畜。这种非洲化蜜蜂开始逐步向北蔓延，到如今非洲化蜜蜂在南美洲大部分地区和整个中美洲已经建立了大量种群。

1990 年 10 月，在得克萨斯州的伊达尔戈附近发现了第 1 个自然迁入到美国的非洲化蜜蜂蜂群。到 1996 年，在得克萨斯州、亚利桑那州、新墨西哥州、加利福尼亚州、波多黎各和圣克罗伊岛的部分地区都出现了非洲化蜜蜂（Shimanuki，1996）。非洲化蜜蜂及其杂交后代在北美洲扩散的最终范围尚不确定，但它们可能在亚热带地区繁殖最盛。目前，它们扩散的速度似乎正在下降（Shimanuki，1996）。

对于商业化作物授粉而言，非洲化蜜蜂会带来许多问题，而好处寥寥无几。与欧洲蜜蜂相比，非洲化蜜蜂已有记载的不足之处包括：

①它们经常表现出过度防御行为（蜇刺）。即使对蜂群进行处理之后，蜂群在几天内仍会保持攻击性，从而危及牲畜、农场工人及无辜的路人（Danka 和 Rinderer，1986）。

②非洲化蜜蜂蜂群中采集蜂的数量较少（Danka 等，1986b）。因此，以群为单位计算，非洲化蜜蜂蜂群提供的潜在传粉者较少。

③蜂群移动后，非洲化蜜蜂数量会减少。在委内瑞拉，将 15 个非洲化蜜蜂蜂群和 15 个欧洲蜜蜂蜂群搬到 6 个不同的作物种植点。2 个月后，非洲化蜜蜂蜂群中的成年蜂损失惨重，超过欧洲蜜蜂的 2 倍（Danka 等，1987）。

④非洲化蜜蜂通常在离它们蜂巢更近的地方采集（Danka 等，1993a）。因此，授粉时非洲化蜜蜂蜂群的摆放应更靠近目标作物（增加了对农场工人蜇刺的危险），而且需要更均匀地分布在田间（增加了蜂群的管理成本）。

与欧洲蜜蜂相比，非洲化蜜蜂在传粉方面也有一些潜在的优势：

①非洲化蜜蜂提供的采集蜂比例更高（Danka 和 Rinderer，1986）。

②至少在访问墨西哥南部的棉花时，非洲化蜜蜂和欧洲蜜蜂单花处理时间基本相同（Loper 和 Danka，1991）。而在其他作物上，非洲化蜜蜂采集速度则更快，这将提高花粉传播的速度（Danka 和 Rinderer，1986）。

③非洲化蜜蜂对常用杀虫剂不敏感，如谷硫磷（Guthion ®）、甲基对硫磷、氯菊酯（Ambush ®或 Pounce ®）等（Danka 等，1986a）。

④由于采集时更靠近蜂巢，非洲化蜜蜂在面积较小的限制性区域内（如用于杂交制种的隔离区域）仍可取得理想的传粉效果（Danka 等，1993a）。

在北美洲的作物商业授粉中，非洲化蜜蜂并不受欢迎。幸运的是，当非洲化蜜蜂进入已存在大量欧洲蜜蜂的区域时，非洲化的速率会减缓。例如，1987 年，非洲化蜜蜂就已扩散到墨西哥的尤卡坦半岛，该岛拥有大量集中的欧洲蜜蜂。随着两者之间广泛杂交，最终繁育的蜜蜂呈现出介于非洲化蜜蜂和欧洲蜜蜂之间的特征（Rinderer 等，1991）。当这种杂交后的蜜蜂进入美国一些欧洲蜜蜂种群密度较高的区域时，这种蜜蜂欧洲化趋势还会继续。

然而，蜜蜂的欧洲化需要有大量的欧洲蜜蜂。自从寄生气管螨和瓦螨侵入（见第 4 章，16 页），北美洲野生欧洲蜜蜂种群数量减少，逐渐只剩下养蜂人饲养的蜂群了。因此，养蜂人成了北美洲抵御蜜蜂非洲化的最好防御者。面对非洲化蜜蜂带来的威胁，公民团体或立法机构可能会积极行动，限制某些地区的养蜂业。如果不进行饲养，温驯的欧洲蜜蜂的种群密度将大大减小，从而使非洲化蜜蜂更容易入侵当地。只有蜂农才有技术和资源来维持当地欧洲蜜蜂种群的密度，从而遏制当地蜜蜂的非洲化进程。

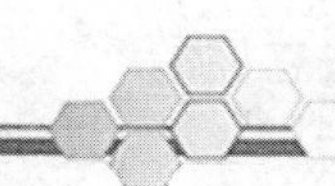

第 6 章

授粉蜂群（蜜蜂）的简化饲养

种植者有时为了给作物授粉会购买蜂群进行饲养。本章将介绍基本的养蜂工具、饲养蜂群做何准备，以及一些使授粉蜂群保持健康强壮的重要管理措施。

作物种植者首先要确定某一农作物授粉所需的蜂群（放蜂）密度（见第15～50章），然后再斟酌自己养蜂是否划算。要注意商业化授粉需配备的蜂群密度往往很高。但饲养这么多蜜蜂也并不是一件很难的事。只要为蜜蜂提供好的蜂箱、防控寄生性天敌，并按照需要进行人工饲喂或药物防控病害，普通人也能养活蜂群并让其正常繁殖，不需要太多其他特别的处理。种植者饲养蜂群并不是一种新兴的概念。在加拿大的新斯科舍，矮丛蓝莓的商业种植者就经营大型的蜂场来为矮丛蓝莓授粉。

蜂箱的基本构造和规格

一个蜂群就是拥有单个蜂巢的一窝蜜蜂，其中包含多个巢脾、一只蜂王以及许多只维持蜂群生存的工蜂。这个术语可以同时适用于野生蜂群和饲养蜂群。蜂箱是一种容纳整个蜂群的人造容器。郎式标准蜂箱由许多可叠加的箱体（称为继箱）组成。每个继箱有 8～10 个可移动的巢脾（图6.1）。继箱有 3 种常见规格：深继箱（或箱体）高 24.1cm（9.5in*），中等继箱高 16.8cm（6.625in），浅继箱高 14.6cm（5.75in）（图 6.2）。沉重的高继箱（盛满蜜蜂和蜂蜜时重 60lb** 以上）有利于培育幼蜂，而其他 2 种较小尺寸的继箱对普通人来说更容易搬动。折中考虑有利于培育幼蜂和养蜂人操作方便两个因素，将所有继箱全部统一成中等大小是较为合理的。每个蜂箱有一块底板，底板上放置继箱。要注意将底板放置在水泥台或类似的防水支架上，以防止底板腐朽。有 6～7 个中等继箱的组合箱体可

图 6.1　郎式深继箱的子脾
（图片来源：Nancy B. Evelyn）

* 英寸（in）为非法定计量单位。1in=2.54cm。

** 磅（lb）为非法定计量单位。1lb=0.453 592 37kg。——译者注

为蜜蜂、蜂儿、蜂蜜和花粉提供全年足够的空间。

继箱中的每张巢脾都由一个中间嵌有巢础的木框组成，巢础是一张由蜂蜡或塑料制成的薄片，上面有很多六角形巢房形状的凸起（图 6.3）。蜜蜂以巢础为基础架构来筑造它们的巢脾。外围的木框让巢脾更为牢固，且可随意移动和互换位置。

图 6.2　3 种常见的继箱规格：深（下）、浅（中）、中等（上）
（图片来源：Robert Newcomb）

图 6.3　图中后方的木框内是一张用蜂蜡制成的巢础。蜜蜂在巢础上用蜂蜡筑起巢房，建造出如图中前方木框所示的巢脾
（图片来源：Robert Newcomb）

最上面的继箱需要加上箱盖。最简单的一种箱盖是边缘装有防滑木条的可移动平面箱盖。如果打算转场则可将箱体相互叠放，这样既经济又实用。还有一种方法更常用，即同时使用内盖和可套叠的外盖。内盖可以防止蜜蜂继续造脾而粘到外盖上，同时提供一个隔热的密闭空间。如果不打算搬运蜂箱的话，同时使用内盖和外盖这种方法特别适用（图 6.4）。附录 1 提供了一些知名的养蜂机具经销商。

图 6.4　内盖放在箱体的上面，在内盖上覆盖一个可套叠的外盖
（图片来源：Nancy B. Evelyn）

各国的蜂箱趋向于标准化，一般都可以通用。与生产蜂蜜的蜂箱相比，用于简易养殖授粉蜂群的蜂箱不需要经常开箱检查，因此就可多花些精力在蜂箱的前期制作上。在一些国家，通常先将除了巢框以外的其他所有木制部件浸泡在含有环烷酸铜的木材防腐剂中，或含有亚麻籽油和液态石蜡的混合物中。这些防腐剂对蜜蜂相对安全，也可大大延长蜂箱的使用寿命，而用铜铬砷酸加压处理的木材对蜜蜂不安全。一旦木材防腐剂晾干后，就可组装蜂箱的外部部件，交接点用木胶粘起来，再用镀锌钉子或木螺丝固定。通过先

钻孔再上钉子或螺丝的方法，可以大大减小木材劈裂的概率。最后，所有外表面（而非内表面）应该涂刷上优质的外用油漆。

其他养蜂机具

养蜂所需要的其他工具包括：

①喷烟器（图 6.5）：对付工蜂最有用的工具。喷烟器可使蜜蜂安静下来，减少蜇人行为。松针、干草和粗麻布都可作为喷烟器内的燃料。

②起刮刀（图 6.6）：撬开继箱和巢框的理想工具。

③面罩、防蜇手套和养蜂工作服（图 6.7）：防止身体被蜇。

④饲喂器：当天然食物供应不足时，可用饲喂器盛着糖浆饲喂蜜蜂。几种常见的蜂箱饲喂器可在目录中找到，但最方便有效的饲喂器是干净的、从未使用过的油漆罐，在油漆店就可以买到。使用时，先在盖子上用钉子打一两个小洞，在罐子里装满糖浆，把盖子盖紧后放入蜂箱，将有孔的一面朝下倒扣在巢框上梁上。再放上空继箱，盖上箱盖。

图 6.5　喷烟器
（图片来源：Nancy B. Evelyn）

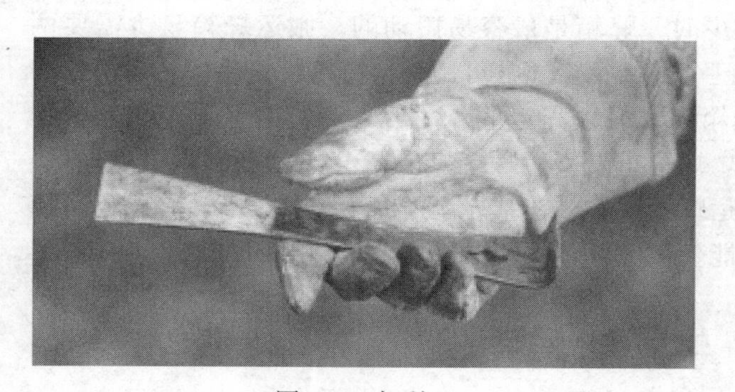

图 6.6　起刮刀
（图片来源：Nancy B. Evelyn）

图 6.7　一套完备的养蜂工作服可以提供最好的保护，有效防止蜂蜇
（图片来源：Nancy B. Evelyn）

蜂群的购买和搬运

开始养蜂最简单也是经济的方法是从信誉度较高的养蜂人那里购买现成的蜂群。建议在购买蜂群之前先安排查看蜂群，要求卖方提供最近的检疫证。新手购买蜂群时会感到不知所措。可以邀请政府部门的蜜蜂检查员或信任的有相关资质的熟人帮忙检查蜂群，对蜂群状况提供专业意见，如此可以增加新手的自信并使其权益得到保障。购买时，要选择养在标准蜂

箱中的蜜蜂，注意不能选择养在陈旧、破损的蜂箱中的蜜蜂。木制蜂箱质量的好坏是我们判断蜂群是否得到悉心照料的一个指标。

打开蜂箱后，蜜蜂应该是安静的，并且数量众多，巢脾间的大部分空隙覆满蜜蜂。每个继箱至少应该有 9 脾蜂。如果成年蜂的数量充足，还要检查一下子脾的情况。封盖子脾是棕褐色的，而没有封盖的子脾是亮晶晶的，泛着珍珠白（图 6.8）。一只优质的蜂王在春季中期其蜂群至少有5～6 张子脾，且蜂王会大面积连续产卵，很少出现空的巢房。

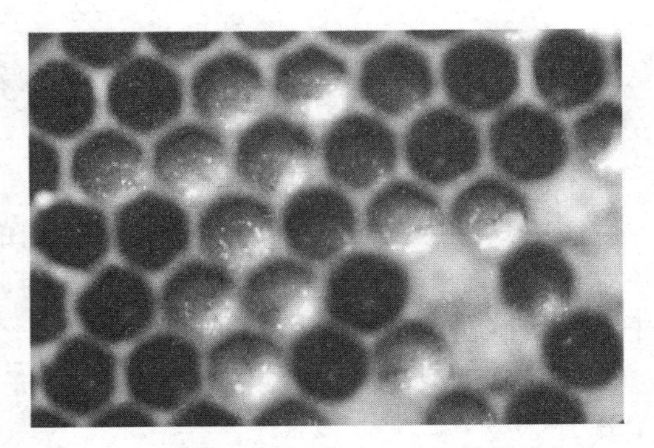

图 6.8　健康的幼虫闪闪发亮，呈珍珠白色
（图片来源：Keith S. Delaplane）

如果子脾房盖表面有穿孔，或者幼虫呈棕色、褐色或黑色，则蜂群可能患了美洲幼虫腐臭病。接下来可通过“拉丝测试”进行核实：用小棍或牙签插入疑似感染的巢房中，搅动一下，然后拉出。如果幼虫死于美洲幼虫腐臭病，挑取时会呈黏稠状，拉出长达 2.5cm（1in）的丝。这种病对蜂群危害严重，很容易传染给其他蜂群，而且很难控制。一旦发现这种情况，就应该换个蜂场到别处购买蜂群。

瓦螨在许多发达国家是一种危害严重的蜜蜂寄生螨。定期使用杀螨剂是目前养蜂人常做的事。养蜂人如若疏于防治，则很难将蜂养好，蜂群易发病。购买蜂群之前最好向卖方咨询防治寄生螨的方法。在温暖的地方，最近一次杀螨与前一次杀螨的间隔时间不应超过 12 个月。这种间隔时间在寒冷的地区可以更长一些。防治寄生螨的最佳间隔时间具有较大的地域差异性，需要咨询专家的意见。

当冬季蜂巢重量减轻、蜜蜂数量减少时，蜂箱是最容易搬动的。搬运蜂箱至少需要两人。最好是在晚上进行，因为此时蜜蜂已全部回巢。通常可用一块窗纱折叠后堵住巢门，并用捆扎带或蜂箱自带的固定装置将各继箱以及底板固定好。然后将蜂箱搬上卡车车厢或推车，并用捆扎带或绳子牢牢绑住。切记，蜂箱重新安置后一定要打开巢门。如果温度很低，蜜蜂完全不活动，就无须等到晚上再搬运蜂箱。不过在结冰温度时要格外注意，蜂箱不可掉落或碰撞，因为此时冰冷易碎的巢脾可能会被破坏，致使蜜蜂无法重新结团。

笼　蜂　过　箱

开始养蜂的另一个方式是购买笼蜂，然后将它们安置到新的蜂箱中。虽然这种方法起初成本比较高，但可以确保蜂群的健康，而且可以按照具体的标准配置养蜂机具。通常包装好的笼蜂重 0.9～2.3kg（2～5lb），含有 9 000～22 000 只蜜蜂。笼蜂过箱的详细说明可从政府推广服务站、蜜蜂供应公司（见附录 1）以及各类文章（Graham，1992；Morse，1994；Delaplane，1996）中找到。

授粉蜂群管理的最低要求

用于授粉的蜂群需要进行最基本的管理，否则它们无法生存。如果某地流行美洲幼虫腐臭病和孢子虫病，在当地法规允许的情况下，可以用抗生素土霉素®来阻止美洲和欧洲幼虫腐臭病的传播，用抗生素烟曲霉素®来防治孢子虫病。使用这两种药物或其他药物或除螨剂时，都必须严格按照厂家标签上的说明用药。

养蜂人必须密切关注蜂群，防止蜜蜂因外界缺蜜而饿死。养蜂人员无须开箱，只要从蜂箱后面搬一下蜂箱，参照蜂场中其他蜂群的重量就可估计出该蜂群的重量。如果蜂群重量低于22.7kg（50lb），就需要补充饲喂。若在秋天进行补充饲喂，最好饲喂高浓度糖浆（糖与水配比为2∶1）。若在春天进行补充饲喂，可饲喂浓度低一些的糖浆（糖与水配比为1∶1）。

防治寄生螨是养蜂过程中最关键的一步，即使是对授粉蜂群的简化管理来说也不例外。如果某一地区气管螨已达到危害水平，就要按照标签说明或在当地蜂场检疫员的指导下，使用经批准的杀螨剂来治疗。一块由2份白砂糖和1份食用植物油制成的小饼，重227g（0.5lb）（图6.9），对控制气管螨也有帮助（Delaplane，1992；Sammataro 等，1994）。一种检查瓦螨的方法是用蜂刷将大约100只蜜蜂刷到一个罐子中，喷洒汽车发动机含乙醚的启动液，盖上盖子，适当摇动，查看罐壁上是否有螨虫。螨虫呈椭圆形，棕色，大小比大头针的针头稍大（图6.10）。如果蜂场感染了瓦螨，最好去咨询当地的蜂场检疫员或技术推广服务站。

图6.9　一块由2份白砂糖和1份食用植物油制成的小饼，有助于防止蜜蜂患气管螨
（图片来源：Keith S. Delaplane）

图6.10　乙醚摇晃检测中瓦螨出现在罐子内壁上
（图片来源：Robert Newcomb）

所有用于蜜蜂的药物和杀螨剂均由政府农业部门或卫生机构监管。因此，养蜂人务必向当地农技推广服务站或政府养蜂专家咨询在该地区使用某种化学药物是否合法。目前，病虫害的防治技术发展迅速，加入养蜂协会或订阅一种养蜂杂志或养蜂通讯可以帮助养蜂人了解最新的蜂群管理方法。

授粉蜂群进场时间和蜂箱摆放

使用无经验的蜂群（即对目标作物周围环境不熟悉的蜂群）进行授粉也有好处（见第7章，33页）。因此，最好使用摆放在距离目标作物至少3.2km（2mile）外的蜂群，而不是全年都摆放在作物区域的蜂群。待目标作物分开花时，再将蜂群搬到授粉场地。选好摆放位置后，应调整蜂箱的朝向，以确保清晨阳光照射到蜂箱的前面，这样可刺激蜜蜂更早外出采集。这么做对多种作物的授粉都很重要。

第 7 章

蜜蜂：授粉蜂群的管理

需要蜂群进行授粉的种植者和出租授粉蜂群的养蜂者有着不同的打算。种植者希望蜂群在作物关键授粉期拜访作物（进入授粉场地），但也希望花期结束后蜂群尽快撤离，这样才不会妨碍种植者开展其他田间操作。养蜂者希望从蜂群盈利，但也需承担蜜蜂对人畜蜇刺的责任，担心杀虫剂的使用对蜂群的危害，还希望保持蜂群较强的群势以便留作他用。当蜂群授粉的作物花蜜和花粉量都很少时，群势下降是常见的情况。当养蜂者和种植者签订授粉协议时，他们各自的这些想法便成为了主要的协商内容。加强宣传教育、增进相互理解、制定规范的行业标准、利用合同约束等都可以帮助弥合双方的这些分歧。

高质量的授粉蜂群

授粉经纪人、种植者协会、政府农业部门等已经制定并执行了授粉蜂群最低群势标准(Burgett 等，1984)。这一项举措可确保种植者租到较强的授粉蜂群，也使养蜂者可按质量要求分级收费。

为了容纳不断增加的蜜蜂或扩大储蜜空间，养蜂者常常会在巢箱上添加继箱。因此，一般蜂箱越高群势可能越强。但是个别道德败坏的养蜂者也可能在较弱蜂群的蜂箱上添加空继箱，以制造强群的假象。所以，种植者不应该完全依赖对箱外进行观察来确定蜂群的质量，而是应当要求养蜂者打开几个蜂箱并进行随机检查，但必须清楚要查看什么。若是较强的蜂群，打开蜂箱后可以看到蜜蜂立刻涌上来，并很快铺满 6～10 个巢框的顶部（图 7.1）；若是群势弱小的蜂群，涌上来的蜜蜂数量则较少（图 7.2）。蜂群内的成年蜂应该足以覆满 6～10 张巢脾。其中，4～6 张巢脾应该布满蜂儿。当蜂儿很小时，可以看到巢房内光亮的白色幼虫；当蜂儿较大时，巢房口会被封上一层纸板色的蜡盖。当巢脾上还有未封盖的幼小蜂儿时，蜜蜂采粉最为积极，此时其传粉效率也更高。双箱体的蜂群通常能满足上述最低的群势标准。单箱体的蜂群也形成很好的授粉单元，但是必须确保蜂群拥有足够数量的蜜蜂和蜂儿。蜂群的群势越强授粉效果越好，因此提供较强蜂群的养蜂者就可得到更高的租金。

一些养蜂人专门生产笼蜂卖给其他养蜂人。这些养蜂人同时也出租授粉蜂群，他们想利用授粉中的蜂群繁育蜜蜂，以补充笼蜂的订单需求。在养蜂者不移走蜂王或移走的工蜂数量不至于严重削弱群势的情况下，这种操作不一定会降低蜂群的授粉价值。事实上，移走部分蜜蜂生产笼蜂还会刺激蜂群培育更多蜂儿以补偿蜂群数量的损失，而大量培育蜂儿通常会提高蜂群的授粉效率。而且，移走部分蜜蜂也可防止蜂群分蜂。因为过于拥挤的蜂群很容易分

图 7.1　强群：打开蜂箱后，蜜蜂很快覆满 6～10 个巢框的顶部
（图片来源：Jim Strawser）

图 7.2　相对较弱的蜂群
（图片来源：Jim Strawser）

蜂，从而严重削弱蜂群群势，影响授粉效果。分蜂过程中，蜂群需要培育一只新蜂王，等待其交配并开始产卵，因此会出现一段没有蜂儿的时期，少则几天，多则几周。利用蜂群授粉时，与其让其分蜂不如将蜂群用来生产笼蜂。当然，从种植者的角度看，用于授粉的蜂群最好既不用于生产笼蜂也不发生分蜂，但是其他防止分蜂的措施需要投入很多人力。在签订授粉合同时，这些问题都是可以进行协商的。

蜂 群 的 转 移

转移蜂群通常在夜晚，因为这时蜜蜂不会外出飞行且外界气温较低。一些养蜂人逐一在蜂箱巢门装上纱网，然后人工将蜂箱搬上或搬下卡车。其他一些养蜂人将蜂群分组装车，通常 4 个蜂箱放置在 1 个托板上，然后用叉车将其装上拖车或平板货车。在这种情况下，养蜂人可以用网罩住整个车厢，防止蜜蜂飞走。不管养蜂人采用何种运蜂方式，种植者都应该为蜂群夜间到达做好准备，并事先与养蜂人就蜂群进场和摆放等细节进行沟通和安排。

蜂 群 进 场 时 机

建议最好使用在目标作物附近区域无授粉经验的蜜蜂。如此，蜂群一运抵果园就会立刻在目标作物上开始授粉工作，因为它们在这一区域尚未发现其他更具吸引力的开花植物。但对此也有一些例外，如巴旦木（见第 16 章，89 页）和蔓越橘（见第 36 章，147 页）的授粉。

要充分发挥蜜蜂不熟悉环境的好处，必须等到目标作物已经零星开花时再将授粉蜂群移近作物。如果在目标作物开花之前蜂群就已进场，蜜蜂很有可能去采集像蒲公英这样的非目标植物。一旦蜜蜂适应了这种有一定竞争性的同期开花植物，等目标作物开花时，它们可能会不予理睬。针对特定作物的蜂群进场时机，第 15～50 章提供了相应的建议。

作物灌溉和蜜蜂活动

喷灌会降低蜜蜂采集花蜜，甚至采集花粉的速率（Teuber 和 Thorp，1987）。像甜瓜和黄瓜那样的花形，喷灌会使花朵装满水，从而使它们失去对蜜蜂的吸引力。因此，种植者应尽可能避免在开花期间或白天蜜蜂正在授粉时进行灌溉。

放 蜂 密 度

蜂房摆放的密度取决于多种因素，包括目标作物的吸引力、野生蜜蜂的种群密度、竞争蜜源植物的丰富度、蜂群群势及其摆放位置、天气、种植者的经验等。应追求利用最小的蜂群密度实现最高的作物产量。通常情况下，任何降低授粉效率的因素（如目标作物无吸引力、野生蜜蜂数量较少、存在许多竞争性蜜源植物、天气恶劣等）的出现都需要考虑增加蜜蜂引进数量以补偿自然授粉条件的不足。确定授粉蜂群密度时，种植者通常可先考虑每公顷配备 2.5 群（每英亩配备 1 群），然后根据作物顾问或专业推广人员的建议进行适当增减。针对特定作物的授粉蜂群密度，第 15～50 章提供了相应的建议。

蜂 群 的 摆 放

蜂群越靠近目标授粉作物，对种植者越有利。通常，蜂群摆放越靠近目标作物，拜访作物的蜜蜂数量、采集的花粉数量以及作物产量就会越高（Bohart，1957；Peterson 等，1960；Alpatov，1984）。

蜂群应摆放在清晨向阳的地方。这样可以刺激蜜蜂尽早出巢访花，而晨间授粉对许多作物都很重要。应将蜂群摆放在小山丘上或地势较高的地方，千万不要摆放在寒冷潮湿的空气易于聚集的低洼处，因为蜜蜂在阴冷的条件下飞行相对不太活跃。蜂群应该摆放在避风的地方，同时可以用草垛、篱笆或者其他类似的东西挡风。此外，蜂群的摆放应尽可能远离农场工人、行人和牲畜，同样也不要靠近居住区和灌溉机房。要特别注意，蜂场周边还要有水源，尤其是夏季干旱时。对此，养蜂人可在蜂群附近放置敞开的盛水容器，水上放些漂浮的木片或塑料片，以防止蜜蜂溺水。

尽管蜜蜂能飞行数英里，但它们更喜欢在距离蜂群 92m（300ft）的范围内采食。因此，在一块田中每隔 153m（500ft，约 0.1mile）摆放一个蜂群，就可以保证整块田都在蜜蜂正常采集范围内（Levin，1986）（图 7.3）；然而，这种方式有时并不可行。如果农田中央无法摆放蜂群，只能将蜂群分组摆放在农田四周。这种情况下，农田中央不易被蜜蜂访问，但是养蜂者可以通过在田边离中心最近的几组中摆放更多蜂群来解决这一问题。这样会增加蜜蜂之间的采集竞争，迫使蜜蜂向田地中央更深处采集（Levin，1986）（图 7.4）。

蜂群的分散程度可能是种植者和养蜂者的一个分歧点。对养蜂者来说，在整块田内分散摆放蜂群会比较费工，但种植者却希望将蜂群更均匀地分散在田间。其实，蜂群的微气候可能比其在田里摆放的位置更重要。将蜂群摆放在田边避风向阳的地方比摆放在田地内部低洼寒冷的地方更好。蜂群的分散程度以及由谁来摆放应在合同里明确规定（见附录 2），租金

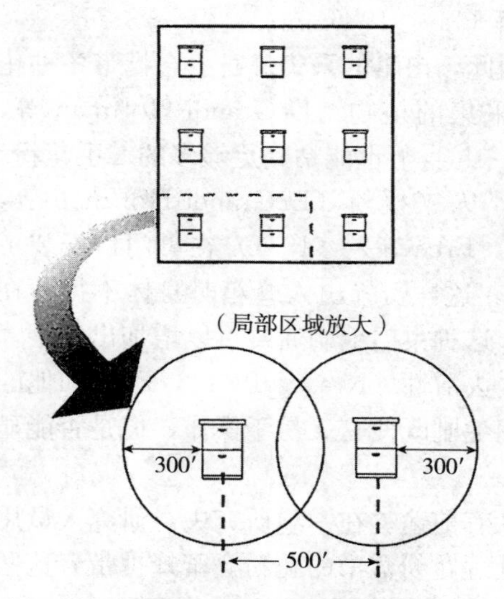

图 7.3　蜂群饱和状态，此时在田间每隔 153m（500ft）摆放一个蜂群组，确保蜂群最佳采集半径（92m，300ft）出现部分重叠
（来源：Carol Ness）

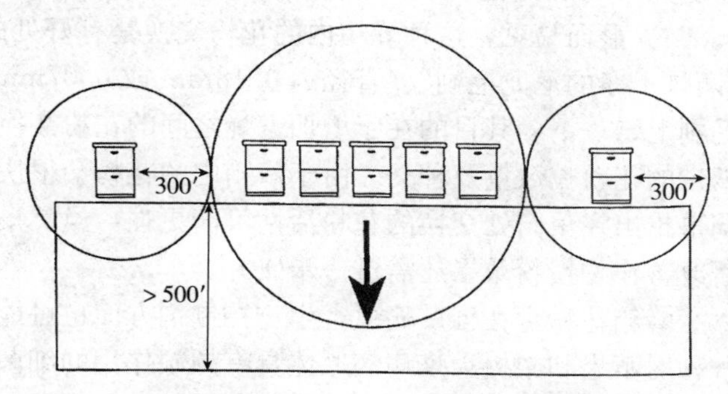

图 7.4　当蜂群无法摆放进农田中央时，种植者可利用采集竞争促使蜜蜂进入农田深处采集。与只有少量分散蜂群的组合（左右两边）相比，在拥有较为集中的多个蜂群的组合（中部）中，蜜蜂会飞到离蜂群更远的地方采集，从而深入到农田的更深处
（来源：Carol Ness）

也可按此进行相应调整。有时养蜂者只是将蜂群运送到田地的中心位置，然后再由种植者利用自己的设备将蜂群分散摆放到不同地点。

非目标作物或“竞争性”开花植物

是否应除去与目标作物同期开花的野生植物，这个问题仍存在争议。一项研究显示，蜜蜂会忽视苹果花朵而专注采集同一果园中的蒲公英花朵（Mayer 和 Lunden，1991）。在某些情况下，除去竞争性开花植物（割除或使用除草剂）可以提高目标作物的产量。割除周围开花的芥菜后，蜜蜂在紫花苜蓿上的活动有所增加，随后其结籽率也有了提高（Linsley 和 McSwain，1947）。然而，大量的同期开花植物也能吸引各种采集蜂类，促使非蜜蜂属的蜂类在作物附近筑巢，提高熊蜂种群的繁殖数量（见第 4 章）。当前的观点明显更倾向于加强放蜂场地建设而不是削弱其蜜源植物的多样性，从而实现传粉昆虫种类的多样化。如果同期竞争性开花植物造成问题，可使用人工合成的蜜蜂引诱剂进行改善（见 36 页）。

花　粉　盒

花粉盒是一种安装在巢门上、用于盛放作为授粉树花粉的装置。蜜蜂出巢时，其周身会在花粉盒中沾满花粉。花粉盒可能会刺激蜜蜂去采集盒中所盛类型的花粉（Lötter，1960），如果真是如此，这肯定会成为支持花粉盒推广使用的依据。另外，对于周围没有种植授粉树的、老式的单一种植果园，花粉盒可能是一个很不错的选择（Mayer 和 Johansen，1988）。

然而，花粉盒在提高作物产量方面的整体价值尚不明确（Jay，1986）。

蜜蜂在蜂箱内会不经意间粘上彼此携带的花粉。因此，出巢的采集蜂身上会携带各种花粉粒，其中并非所有的花粉粒都来自它们目前正在采集的植物（DeGrandi-Hoffman 等，1984）。一项研究表明，刚羽化出房的蜜蜂在出巢前 3～4h 身上也能粘到足够多的二手花粉，而研究人员利用这些蜜蜂的身体成功地为苹果进行了人工授粉（DeGrandi-Hoffman 等，1986）。显而易见，这种蜂箱内的花粉交换是有好处的。Free 等人（1991）在巢门口安装了“两排干净的尼龙毛刷”（直径为 0.18mm 或 0.07mm），这样蜜蜂出入蜂箱时身体不得不在毛刷上蹭一下，其目的在于增加蜜蜂之间的花粉交换。这种巢门毛刷通常可以增加出巢蜜蜂携带的花粉粒数量及种类。由于蜂箱内的花粉会很快失去活性（Kraai，1962），Free 和他的同事指出在巢门处交换的花粉活性可能更强。虽然巢门毛刷既便宜又易于操作，但是否能显著改善作物授粉效果还需进一步研究。

蜂箱花粉盒在推广病虫害生物控制剂方面也可能大有前途。在一项研究中，研究人员用一种对苹果和梨树火疫病病原体具有颉颃作用的细菌处理花粉盒中的花粉。蜜蜂携带着这些有益菌，将其直接传送到苹果和梨的花朵上，即火疫病的发病部位（Thomson 等，1992）。Gross 等人（1994）成功地利用蜜蜂和一种类似的巢门花粉盒传播一种有益病毒（侵染毛毛虫），从而对导致三叶草落叶的毛毛虫进行控制。

脱　粉　器

脱粉器是一种装在蜂箱巢门处的装置，用于收集蜜蜂采集回来的花粉团。人们一直认为，脱粉器会导致蜂群中出现花粉不足，因此蜜蜂会增加采粉量从而提高蜂群的授粉效率。Webster 等人（1985）通过利用杏仁和李子园里的蜜蜂对该假设进行了检验。研究表明，与未装脱粉器的蜂群相比，装有脱粉器的蜂群中携带花粉团的采集蜂的比例更高。对于持续装有脱粉器的蜂群，这一潜在的好处一定程度上又被蜂儿繁育的下降所抵消。但其他情况下的研究表明，使用脱粉器并不会降低蜂儿的繁育（Goodman，1974；McLellan，1974）。

蜜 蜂 引 诱 剂

蜜蜂引诱剂是一类用以增加蜜蜂对目标作物访问次数的人工合成的化学品，能让作物充分授粉，提高坐果率和产量，最终提高经济效益。使用时，可将这类化学品与水混合，再用常规喷雾设备喷洒到作物上。

市面上已有几种引诱剂，但大多数的效果还值得怀疑。然而，基于近年来人们对昆虫信息素的不断了解，这种现状可能会有所改善。昆虫信息素是昆虫分泌的外激素，用于调节其他昆虫个体的行为和生理机能。蜜蜂拥有多种信息素。合成并利用这些化学物质可以为养蜂者和种植者提供一些重要的授粉新方法。

一般来说，只有在授粉条件不理想或者作物对蜜蜂吸引力不够强时，才有必要使用蜜蜂引诱剂。蜜蜂引诱剂的功能包括：当存在竞争性开花植物时使蜜蜂专注于目标作物，采集条件不好时提高蜜蜂授粉效率，或者在需要授粉的花朵数量较多而蜜蜂数量不足时提高其授粉效率。出现以下情况时，建议使用蜜蜂引诱剂：

①如果养蜂者只能将蜂群摆放在农田周边的话，种植者可以在大面积的农田中央使用蜜蜂引诱剂来增加蜜蜂的访问次数。

②像蔓越莓和梨树这样的对蜜蜂吸引力相对较弱的农作物，使用蜜蜂引诱剂可以增加蜜蜂的访问次数。

③在自然界其他植物开始分泌花蜜时，使用蜜蜂引诱剂可使蜜蜂留在目标作物上采集，否则它们容易被吸引走。大多数养蜂者了解该区域存在其他流蜜植物；出于良好的合作关系，养蜂者会提醒种植者注意竞争性开花植物带来的风险并建议使用蜜蜂引诱剂。

④当天气转凉，蜜蜂不愿意外出采集时，或倒春寒期间可采花朵数量减少时，建议使用蜜蜂引诱剂。

⑤如果气温突然升高导致花期缩短，在短期内开放出大量需要授粉的花朵，蜜蜂数量就满足不了需求，这时使用蜜蜂引诱剂有利于将蜜蜂集中在目标授粉作物上。

蜜蜂引诱剂只是增加蜜蜂的访问次数，但不一定能增强作物授粉效果。如果花朵对蜜蜂根本没有吸引力，任何化学引诱剂都不能使蜜蜂进行采集。同样，如果一个地方之前根本没有蜜蜂的话，蜜蜂引诱剂也不能将蜜蜂从远处吸引过来。因此，种植者考虑的首要问题应该是蜂群自身状况。

市场上出售的一些引诱剂产品含有糖类、吸引蜜蜂的油类或者一些纳氏（Nasonov）信息素成分（纳氏信息素是一种蜜蜂用以定位巢穴和气味较淡的资源如水源的信息素）。其中的一些品牌包括 Bee-Here®、Beeline®、Beelure®、Bee-Scent® 和 Pollenaid®。这些产品一般都缺乏相关研究的有力支撑，因此开展更多研究工作肯定是必要的（Winston 和 Slessor，1993）。经研究证明，糖类引诱剂实际上会降低授粉效率，因为蜜蜂会转而采集植物叶片上的糖浆而不授粉（Free，1965）。Beelure® 就是一种糖类引诱剂产品，它并不会增加蜜蜂对苹果花朵的访问次数（Rajotte 和 Fell，1982）。很明显，未来研究的重点应该集中在信息素类引诱剂产品上。

Mayer 等人（1989a）在华盛顿州开展的一项研究表明，Bee-Scent® 这种基于纳氏信息素的引诱剂对苹果品种‘红蛇’（‘Red Delicious’）、樱桃品种‘先锋’（‘Van’）、梨品种‘巴特利特’（‘Bartlett’）和‘博斯克’（‘Bosc’）、李子品种‘总统’（‘President’）进行处理后，均能增加 24h 内的蜜蜂访问次数。但这种引诱剂并未增加蜜蜂对另一梨品种‘安久’（‘Anjou’）的访问次数。一些果园处理后 72h 内蜜蜂访问次数仍有所提高。使用 Bee-Scent® 让‘巴特利特’梨的坐果率至少提高了 23%，‘安久’梨提高了 44%，‘先锋’樱桃提高了 12%，‘红蛇’苹果提高了 5%～22%。而使用 Bee-Scent Plus® 引诱剂使‘巴特利特’梨、‘先锋’樱桃、‘总统’李子和‘红蛇’苹果的坐果率分别提高 44%、15%、88%和 6%。但 Mayer 和其同事并没有检测上述引诱剂对这些水果产量的影响。

在美国亚利桑那州的西瓜上使用 Bee-Scent® 产品后，使一个无籽西瓜品种和另一个西瓜品种‘野餐’（‘Picnic’）2d 内蜜蜂访问次数均明显增加；但这两种西瓜的产量并未增加（Loper 和 Roselle，1991）。在美国北卡罗来纳州，对西瓜品种‘皇家特甜’（‘Royal Sweet’）和黄瓜品种‘卡吕普索’（‘Calypso’）使用 Bee-Scent® 既不会增加蜜蜂对这两种作物的访问次数，也不会提高这两种作物的产量及相应的经济收入（Schultheis 等，1994）。

在美国弗吉尼亚州，使用 Bee-Scent® 可以增加蜜蜂对‘斯迪曼’（‘Stayman’）和‘三组红’（‘Triple Red’）两个苹果品种的访问次数，也可以增加‘斯迪曼’和‘金蛇’

（‘Yellow Delicious’）两个苹果品种的坐果率（R. D. Fell，尚未公开发表）。

Beeline®是一种蜜蜂食物补充喷剂，可以提高黄瓜产量（Margalith等，1984），但对于留种胡萝卜（Belletti和Zani，1981）和红车轴草（Burgett和Fisher，1979）而言，该引诱剂既不会增加蜜蜂访问次数也不会增加产量。同样，在美国北卡罗来纳州，使用Beeline®既未增加蜜蜂对西瓜品种‘皇家特甜’（‘Royal Sweet’）的访问次数，也未提高该作物的产量及相应的经济收入（Schultheis等，1994）。

近期蜜蜂引诱剂最有前景的研究进展主要集中于人工合成的蜂王上颚腺信息素（queen mandibular pheromone，QMP）。尽管早在20世纪60年代人们就已知晓QMP的存在（Callow和Johnston，1960；Butler和Fairey，1964），但几乎30年后人们才确定它的所有成分（Slessor等，1988，1990；Kaminski等，1990）。此后，研究人员和养蜂行业便开始人工合成QMP，并已开发出相关的商业化产品。

QMP是自然界中一种重要的信息素，它能让蜜蜂知道蜂王的存在。QMP刺激工蜂形成一批随从侍奉蜂王。工蜂会舔舐蜂王，帮助其清洁，在此过程中它们会获取QMP。随后这部分蜜蜂又作为信使，将该信息素传递给其他蜜蜂，从而达到使整个蜂群保持平静稳定的效果。蜂王的存在（即其信息素的存在）是刺激工蜂活得更久（Delaplane和Harbo，1987）、采集更积极的主要因素之一。目前，市面上至少已有1种含有人工合成QMP的蜜蜂引诱剂产品（Fruit Boost®），可用于提升作物的授粉效果。作为授粉助剂，QMP能吸引更多的蜜蜂来到喷施过该引诱剂的田地，延长每只采集蜂在田中的停留时间，增加蜜蜂访花数量，从而发挥辅助授粉的作用（Higo等，1995）。

在美国华盛顿州和加拿大不列颠哥伦比亚省，使用QMP类引诱剂能增加蜜蜂对‘安久’和‘巴特利特’两个梨品种的访问次数。在不列颠哥伦比亚，使用QMP类引诱剂增加了蜜蜂对‘红蛇’苹果的访问次数，但它对该品种的产量和质量（单果重量及直径大小）均没有显著影响。不过，该引诱剂增加了梨的果实大小，而使农场收入每公顷提高了1 055美元（每英亩提高了427美元）（Currie等，1992b）。后来的一项研究表明，QMP类引诱剂使‘安久’梨的果实大小增加了7%，从而使农场收入每公顷提高了400美元（每英亩提高了162美元）。但是这种引诱剂并未增加蜜蜂对樱桃品种‘滨库’（‘Bing’）的访问次数，也未使该作物的坐果率提高、使果实增大（Naumann等，1994b）。

QMP类引诱剂增加了蜜蜂对蔓越莓两个品种‘克罗利’（‘Crowley’）和‘史蒂芬斯’（‘Stevens’）、高丛蓝莓品种‘蓝丰’（‘Bluecrop’）的访问次数（Currie等，1992a）。与Currie等人（1992b）建议的蓝莓、苹果和梨使用该引诱剂的浓度相比，蔓越莓大约只需其1/10的浓度，就能达到对蜜蜂的最大吸引力。这说明立体作物冠层（如灌木或木本作物）比平坦的作物冠层（如蔓越莓田）需要的引诱剂更多。对蔓越莓使用引诱剂的试验研究表明，第1年气候条件恶劣，不利于蜜蜂活动，引诱剂使蔓越莓产量增加了41%，而农场收入每公顷提高了8 804美元（每英亩提高了3 564美元）；翌年天气状况很好，有利于蜜蜂授粉，但使用引诱剂并未显著提高产量和农场收入。在连续3年对高丛蓝莓开展的试验中（Currie等，1992a），有2年QMP类引诱剂使高丛蓝莓产量至少增加6%，而农场收入平均每公顷提高了900美元（每英亩提高了364美元）。

在新西兰，QMP类引诱剂使猕猴桃产量（以每公顷收获的盘数计算）增加了24%，提高了出口的平均单果重量（M. Partridge，Phero Tech Inc.，未发表数据）。

一次性授粉单位

一次性授粉单位（disposable pollination units，DPU）是指置于较便宜的容器中、群势较小的蜂群。该蜂群的唯一目的就是授粉，花期结束后便会被毁掉或遗弃。一次性授粉单位组建时可使用常规的笼蜂。如果种植者的果园距离较远或养蜂人的蜜蜂数量较多，他们或许会更乐意使用这种蜂群单位。然而，一次性授粉单位目前还没有被广泛采用。

一项研究对比了传统越冬蜂群和一次性授粉单位蜂群的采集性能。将一次性授粉单位蜂群置于改良的聚苯乙烯泡沫箱内，蜂王可自由活动或采用囚王方式，分别配置重1.4kg或2.7kg（3lb或6lb）的工蜂。相对而言，传统越冬蜂群的飞行活动通常更活跃，储存花粉量也更多，但一次性授粉单位蜂群的采集行为更加统一（Thorp等，1973）。即使研究者有意选用均匀一致的越冬蜂群与其进行比较，结果也是如此。在另一项研究中，越冬蜂群中采粉蜂的比例以及所有采集蜂的比例都要更高（Erickson等，1975）。尽管一次性授粉单位蜂群能使作物有效坐果（至少对杏仁是这样），但研究人员建议种植者授粉时使用的蜂群数量应为常规蜂群的2倍（Erickson等，1977）。目前，通过邮寄方式运输一次性授粉单位还未取得成功（Thorp等，1973）。

在美国马里兰州对‘蛇果’（‘Delicious’）、‘红玉’（‘Jonathan’）、‘红蛇’（‘Red Delicious’）和‘金蛇’（‘Yellow Delicious’）4个品种的苹果开展试验，比较了聚苯乙烯泡沫箱中的一次性授粉单位和常规蜂群的采集活动。结果表明，常规蜂群蜜蜂采集开始的时间更早些，但一次性授粉单位的蜜蜂下午工作的时间更长；但两者的采粉蜂所占比例并无差异（Tew和Caron，1988a）。在对黄瓜的试验中，研究人员比较了一次性授粉单位蜂群、巢内空间充裕的常规蜂群以及巢内空间拥挤的常规蜂群这3种蜂群的采集性能。其中，巢内空间充裕的常规蜂群的采粉蜂数量最多，巢内空间拥挤的常规蜂群的采粉蜂数量最少，而一次性授粉单位蜂群中采粉蜂的数量处于两者之间（Tew和Caron，1988b）。

建立无蜂王的一次性授粉单位成本较低，而且花期结束后蜂群便迅速缩减。然而，相对来说，无王一次性授粉蜂群的蜜蜂采集效率要低一些（Kauffeld等，1970）。解决方法之一就是使用人工合成的QMP。利用QMP处理后的无王一次性授粉单位的工蜂采集活动正常，而且蜂群没有繁殖活动。研究人员将使用QMP的无王一次性授粉单位蜂群、未使用QMP的无王一次性授粉单位蜂群以及有王的一次性授粉单位蜂群进行了比较（Currie等，1995）。结果表明，与未使用QMP的无王一次性授粉单位相比，有王的一次性授粉单位和使用QMP的无王一次性授粉单位采集蜂的数量更高；但有时结果并不存在显著差异。在另一项研究中，利用蜂王提取物处理过的无王一次性授粉单位蜂群对温室黄瓜采集活动与有王一次性授粉单位蜂群的效果相似（Krieg，1994）。一种含有QMP的产品已经上市，品牌为Bee Boost ®，其宣传的一个功能就是该产品可以“稳定一次性授粉单位”。如果将不繁殖的无王一次性授粉单位经QMP处理后，放在可生物降解的箱体内，那这些蜂群摆放好后就无须再去查看管理。

总之，一次性授粉单位的蜂群还未广泛采用，而且目前看来成本效益并不高。然而，此类蜂群采集活动具有统一性且方便操作，这使其成为一种很有前景的授粉方式，值得进一步深入研究。随着昆虫信息素技术的发展以及邮政运输的进步，一次性授粉单位将具有更大的可行性。

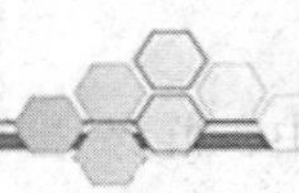

第 8 章 熊 蜂

熊蜂的生活习性

熊蜂（*Bombus* spp.，隶属于蜜蜂科 Apidae，熊蜂属 *Bombus* ）是一类体型较大、全身密被绒毛的蜂，主要分布于全球温带地区。与蜜蜂一样，熊蜂也会被人为地从原始栖息地运输到其他国家，包括澳大利亚、新西兰、菲律宾和南非等。全球约有 400 种熊蜂（Heinrich，1979），北美洲及中美洲至少分布 54 种（Michener 等，1994）。

熊蜂是社会性蜂类，1 年发生 1 代（每群熊蜂只存活 1 年）。在繁殖成群之前，熊蜂的蜂王一般是独居生活的［因为开始时只有单一（越冬）蜂王］，这一点与蜜蜂不同，蜜蜂没有独居阶段，每群蜜蜂均可存活多年。

熊蜂的年生活史是从交配成功的年轻蜂王越冬后开始的，野生状态的熊蜂蜂王一般会独自在干燥、安全的地下洞穴或疏松的树皮中越冬。到了春天，冬眠的蜂王开始苏醒，并外出采集早春的花蜜和花粉，补充营养，同时进行飞翔锻炼，以增强体质，为产卵（繁育蜂儿）储备能量。随后，蜂王会寻找合适的筑巢地点，如草丛、干草堆或啮齿类动物遗弃的巢穴等。蜂王一般会将巢穴建在比较干燥、易于排水的地方，以避免雨水毁坏蜂巢。

蜂王用蜂蜡筑造蜜室，呈罐状，用来储存花蜜。然后在蜜罐附近利用从田间采集的花粉堆成 1 个花粉块，并在花粉块上挖 1 个洞，然后在里面产卵。一般可产卵 1 粒至多粒，最后在花粉块的外面包上一层蜂蜡。卵孵化后，幼虫以花粉为食。随着幼虫发育，蜂王在幼虫的蜡包上咬开 1 个小孔，并通过这个小孔添加更多的花粉和花蜜饲喂幼虫。蜂王不出巢采集时，就会趴在这个花粉块上孵育幼虫，以加快幼虫的发育。幼虫发育成熟后，就会吐丝做茧，并在茧房中化蛹，继而发育为成虫。新工蜂出茧房后留下的空巢（茧）房可以用来储藏花蜜或花粉。通常，蜂王会在旧巢房旁边或其顶部堆积更多的花粉块并在其中产卵。这样，整个不规则的蜂巢开始不断增大。当蜂群中有足够的工蜂外出采集和从事巢内的工作时，蜂王便会专职产卵。熊蜂群势最大时可达数百只工蜂（Sladen，1912；Heinrich，1979）。

从仲夏至夏末，蜂群开始由培育工蜂转为培育雄蜂（图 8.1）及新蜂王（图 8.2）。雄蜂出茧房后在几天内离巢自行谋生。而新蜂王要在原群内逗留更长时间，在此期间新蜂王以工蜂采集的食物为食，有时自己外出觅食，偶尔也会将采集的食物带回蜂群（为蜂群采集）。新蜂王交配后会寻找一个适合的越冬地点，而雄蜂、工蜂和老蜂王则会在冬季来临之前死亡，蜂群随之消亡。

熊蜂整个季节的活动，从筑造蜂巢、繁育工蜂到采集食物，都是为了在仲夏至夏末期间

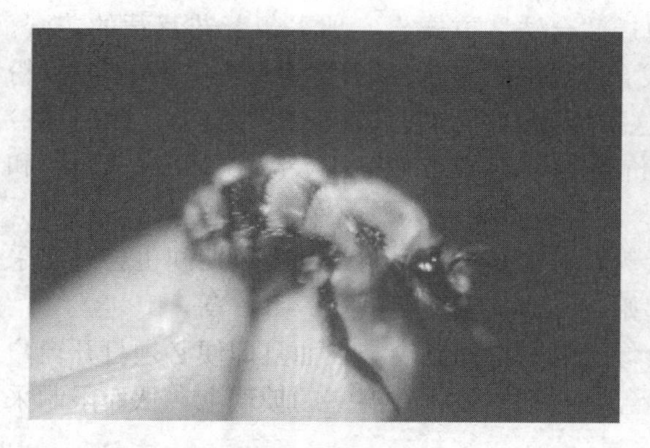

图 8.1　美洲东部熊蜂（*Bombus impatiens*）的雄蜂
（Keith S. Delaplane 提供）

图 8.2　美洲东部熊蜂（*Bombus impatiens*）的蜂王
（Keith S. Delaplane 提供）

繁育下一代蜂王。尽管其他因素（如寄生虫感染）对培育蜂王有很大的负面影响（Schmid-Hempel 和 Durrer，1991），但是蜂群能否成功繁育出蜂王主要取决于栖息地中蜜源植物的丰富度（Bowers，1986）。在有些地方，仲夏时节蜜源经常持续不足，严重减少了培育新蜂王的数量，刚出生的年轻蜂王死亡率也很高。通常，1 群蜂每繁育大约 100 只蜂王中平均只有 1 只能存活并完成繁育下一代蜂王的任务（Heinrich，1979）。此外，熊蜂还会遭到寄生虫、脊椎动物捕食者以及寄生性蜂类等多种侵害。其中，盗寄生性蜂类（拟熊蜂属，*Psithyrus* spp.）会通过群居寄生的方式来占据熊蜂蜂巢。

熊蜂的传粉性能

与蜜蜂一样，熊蜂也是泛化的传粉者，能够访问各类开花植物。然而，由于熊蜂的形态和采集习性与蜜蜂不一样，熊蜂是某些作物，特别是温室作物更优秀的授粉昆虫。

在整个蜂类家族中，蜜蜂的吻相对比较短，而熊蜂的吻比较长，这使得熊蜂在为像蚕豆和红三叶这样具有深花冠管的植物授粉时更具优势。在很早的时候，人们就已经认识到熊蜂为红三叶授粉的价值，并且在 19 世纪新西兰就引入熊蜂授粉。不同种类的熊蜂吻的长度也不同（而它们一般也会区分不同花冠管深度的作物），这使得长吻的熊蜂更多地集中在花冠较深的作物上采集，而短吻的熊蜂更多地集中在花冠管较浅的作物上采集（Ranta 和 Tiainen，1982；Fairey 等，1992；C. M. S. Plowright 和 R. C. Plowright，1997）。

熊蜂体型较大，与其他蜂类相比，访花时接触植物生殖器官的概率较高，携带的花粉也更多。因此，这可以解释为什么在笼罩试验中熊蜂为雄性不育的棉花授粉的效果要比蜜蜂好（Berger 等，1988），也能解释为什么在相同访花次数的前提下，熊蜂在提高黄瓜坐果率上比蜜蜂更有效（Stanghellini 等，1997）。

有些花的构造不便于蜜蜂授粉，但对熊蜂则毫无阻碍。例如，紫花苜蓿花朵必须要“弹开”才能使授粉昆虫接触到其生殖器官。当蜂类传粉者从花朵前方进入时，它们的身体重量会无意间使花朵弹开，导致紫花苜蓿花朵的生殖器官弹出并会击打它们的头部。一般来说，蜜蜂被击打 1 次后，它们就会通过“盗蜜”方式来避免再次受到击打，即从花朵侧面直接吸取花蜜而完全绕过花朵的生殖器官（Heinrich，1979）。然而，熊蜂以及其他非蜜蜂类的蜂种似乎对植物的这种击打并不反感，仍然会通过“合法”方式忠实地采集紫花苜蓿的花蜜。有些类型的花朵只有在声波刺激或授粉昆虫发出“嗡嗡”声刺激后才会散粉，即声振授粉（见第3章，14页）。熊蜂和某些独居蜂都有这种能力，因此它们对蓝莓、茄子、种用马铃薯和番茄等声振授粉作物具有较大的授粉价值（Plowright 和 Laverty，1987；Cane 和 Payne，1990）。

与其他蜂类相比，熊蜂更能忍受恶劣的天气，它们甚至在下雨或刮大风期间也会外出采集。熊蜂比蜜蜂更耐低温，安全外出采集的起始（临界）温度更低（Corbet 等，1993）。

熊蜂是温室作物的良好授粉者，它们不会像蜜蜂一样撞到窗户，而且即便必须打开窗户降温时，熊蜂也很少会飞出温室外采集。蜜蜂经常会把粪便排在温室的玻璃上，从而限制采光，影响植物的生长。

熊蜂无法像蜜蜂那样将同伴招募到有食物的地方（Heinrich，1979）。这意味着熊蜂个体不太可能受到同伴的影响从当前采集的蜜源作物转移到另一种报酬更加丰厚的蜜源作物上。然而这个假说还需要更多实验来证明。每个熊蜂会根据花蜜回报情况来做采集决定，而这些单个的决定汇集起来就会形成群体性的效果。由此可见，熊蜂蜂群最终还是会找到食物来源最丰富的地方，只不过与蜜蜂相比，这需要花费更多时间。

与蜜蜂相比，熊蜂在采集覆盆子的时候会采访更多有花粉的花，出勤更早（此时花粉最丰富），每分钟访花数量更多，身上携带的花粉量更大，而且柱头上落置的花粉量也更多。在采集蔓越橘的时候熊蜂携带的蔓越橘花粉纯度更高，而且访花频率也比蜜蜂更高（MacKenzie，1994）。

熊蜂的生活周期只有一年，蜂群群势较小，同时人工驯养的规模有限，这些因素都会对其授粉利用有所制约。例如，在早熟蓝莓开花期，只有熊蜂蜂王出现而不是整个蜂群，因此，这一时期有效的采集蜂数量较少，不能发挥该蜂种的全部潜能。如果养蜂者可以诱导熊蜂蜂王提前进行筑巢繁育，使其尽早达到应有的群势，以便赶上采集花期较早的作物，这个问题就能得到缓解。一些欧洲和北美洲地区的企业已在开发此项技术，并在出售用于授粉的熊蜂蜂群（大部分用于温室作物）。目前，大规模养殖熊蜂的方法还属于专利秘密，不过基本的原理大家都已知晓，并且已有相关文献发表（见45页）。

野生熊蜂的保护

第4章详细介绍了蜂类的保护。但是，对于野生熊蜂而言，有两个原则要在这里重申一下。首先，熊蜂蜂巢通常筑在茅草丛或啮齿类动物遗弃的巢穴中。人们只需保证不割农田及果园周边的茅草就可以保护熊蜂筑巢地点。但要注意这些区域不可使用重型机械碾压，不可喷洒除草剂或杀虫剂，也不可进行翻耕，总之要保持该区域不被扰动。其次，在所有非蜜蜂的蜂种中，熊蜂是最依赖于整个活动季节要有花期衔接的蜜源植物的蜂类。盛夏到夏末时期蜂群培育蜂王和雄蜂的数量主要取决于之前几周可用蜜源植物的数量。盛夏时蜜源不足会削弱蜂群的繁殖力。提供不间断蜜源的一种方法就是为熊蜂建造蜜源场地，最好种植多年生植物。在美国南佐治亚州的蓝莓果园里研究人员发现木槿（*Hibiscus syriacus*）、大花六道木（*Abelia* × *grandifolia*）、穗花牡荆（*Vitex agnuscastus*）、红三叶（*Trifolium pratense perenne*）、细叶萼距花（*Cuphea hyssopifolia*）、金边阔叶麦冬（*Liriope muscari*）、赤杨叶山柳（*Clethra alnifolia*）及高葵花（*Helianthus giganteus*）都是熊蜂理想的辅助蜜源植物（Krewer 等，1996）。

熊蜂的饲养

获得授粉熊蜂有 3 种途径：①从农田中抓捕野生蜂群；②用人工制作的饲养盒吸引野生熊蜂蜂王；③诱导熊蜂在饲养室内筑巢繁育。前两种方法看起来简单，但种植者很难控制蜂群发展或使其与作物花期同步，最重要的是使用这两种方法繁育熊蜂成功率也很低。第 3 种方法劳动强度较大，但是可以在一年中的任何时候组建完整蜂群。饲养熊蜂需要大量的劳动力并且充满可变性。尽管如此，人们已经掌握了饲养熊蜂的核心理论知识，而且饲养繁育技术也已经成熟。

野生熊蜂过箱

熊蜂的蜂巢很难找到，因为它们通常位于地下或在茂密的茅草丛里。不过一旦找到野生蜂群，使用一些简单的工具就可将其放入蜂箱，此类工具包括蜂帽（见附录 1）、手套、捕虫网、一个或几个容量为 0.946L（1quart*）的带盖广口瓶、铁锹和装蜂群的蜂箱。任何一种可以挡风遮雨的箱子加上一个可移动的盖子，再开一个小的入口，即可用作蜂箱。蜂巢入口（巢门）必须要用窗纱或钢丝网暂时封上。

穿好防护服后，不用打开蜂巢就可先在巢口用捕虫网捕到大量飞出飞进的熊蜂。然后把捕虫网倒过来开口朝下，当熊蜂沿着网兜向上爬的时候，把其舀进广口瓶里，就把熊蜂从网兜转移到瓶子里了。之后，就可以挖开蜂巢，同时捕捉熊蜂。对于靠近地面的蜂巢，只需要把上面的草扒开就能发现巢脾，然后小心取下放进蜂箱。对于地下蜂巢，需要用一把铁锹挖掘，当挖到巢脾时，大部分熊蜂已经用网捕捉到了。将巢脾转移到蜂箱内并且将所有熊蜂都转移到瓶子里之后，就可以将熊蜂快速抖入箱内，然后迅速盖上盖子。如果更换巢址，新的蜂箱与原蜂巢的距离至少要在 0.8km 以上，以防止采集蜂飞回原巢，之后蜂箱上暂时关闭的入口就可以打开了。另一种方法就是在晚上借助红光来转移巢脾和熊蜂（熊蜂看不见红光）。人们可以通过这种方法捕捉到更多的工蜂，因为晚间它们大部分都在巢内，同时在黑暗中也不太可能飞。

刚重新安置的熊蜂蜂群处于焦虑不安的状态，帮助它们安静下来的一种方法就是暂时给它们提供食物。具体操作方法为将糖浆（1 份糖：1 份水）或是稀释过的蜂蜜装入自流式饲喂器中，然后将饲喂器嵌入并固定在蜂箱壁上以饲喂熊蜂。

Berger 等人（1988）将从农田捕捉到的熊蜂过箱后转运到得克萨斯州一块种植雄性可育系、雄性不育系的棉花田里。他们在这块 $5hm^2$（12acre）农田中每间隔 15m（50ft）摆放了 1 群，共摆放 8 群熊蜂。在转运过程中所有的熊蜂都存活下来了，并恢复采集、继续培育蜂儿。经过 4 周的观察，虽然只有 8 只熊蜂在棉花上采集，但巢内储存的 21%的花粉都是棉花花粉。然而，到了 8 月末所有蜂群都被杜鹃蜂寄生了，这严重降低了熊蜂蜂群为来年培育新蜂王的可能性。

---

* 夸脱（quart）为非法定计量单位。1quart=0.946L。——译者注

提供人造筑巢点

摆放人工巢箱的基本原理是通过提供大量的筑巢点来提高该地区熊蜂的种群数量。这样做的前提是在该栖息地可供筑巢的地点有限。当春天天气回暖，花期最早的粉源植物开花后，蜂王变得活跃并开始寻找筑巢地点，这时就可以摆放人造巢箱了。

Hobbs 等人（1960）以及 Hobbs（1967）在加拿大亚伯达省通过一个正方体的胶合板箱子吸引熊蜂蜂王筑巢，箱子板长约 15.2cm（6in），板厚为 1.9cm（0.75in）（图 8.3）。巢门口直径为 1.6cm（0.625in），可允许熊蜂进入，但老鼠无法进入。巢箱盖子装有铰链，与箱体连接，箱内填充一些垫棉，可供熊蜂垫衬蜂巢。巢箱要用铁丝固定在木桩上以防臭鼬将箱子弄倒。Hobbs（1967）推崇一种“假的地下”巢箱，其实这是一种放在地面上的普通巢箱，所不同的是做一些改装，在巢门口装上一个 30.5cm（1ft）长的塑料管做入口（图 8.4），并在上面铺一块草皮，注意将管子入口露出来（图 8.5）。草皮会制造一种假象让熊蜂以为这个管子隧道通往地下蜂巢。把这些巢箱放在闲置的后院花园、牧场的篱笆桩旁和成片山杨林边时，蜂王对其接受度最高。在 6 年内，熊蜂对这些巢箱的占用率平均达到了 44%±23%。Macfarlane 等人（1983）在新西兰使用的巢箱在设计上略有不同，熊蜂占用率达到了 30%～60%。在美国华盛顿州，熊蜂对人造巢箱的占用率平均只有 1%（D. F. Mayer，未发表数据），而在佐治亚州两季的试验中熊蜂对巢箱的占用率均为 0（Keith S. Delaplane，未发表数据）。看来在天然筑巢地点不足且已影响到熊蜂种群数量的地区，人造巢箱的用处最大。

为了使人造熊蜂巢箱在作物授粉时发挥作用，需要将巢箱放置在需授粉的目标作物附近，或将已经有熊蜂筑巢的巢箱搬至作物附近，这一点是非常重要的。然而移动巢箱会损失一些工蜂（也许是因为一部分熊蜂没有回巢在野外过夜），而且会激发蜂王恢复觅食采集行为，从而增加蜂群失王的概率。人为移动巢箱会导致蜂群培育新蜂王的数量减少。不过，如果这样做能够确保熊蜂对人造巢箱有较高的占用率，那么也就会提高授粉作物上访花的熊蜂数量。转移熊蜂巢箱的做法一般只适用于开花较晚的作物，因为只有这样才能给予蜂群更多的时间来恢复采集能力。

图 8.3 仿照 Hobbs 等人（1960）和 Hobbs（1967）的设计制作的放在地面上的人造熊蜂蜂箱，该蜂箱用粗钢丝穿过蜂箱上的两个小孔固定在地面上

（Keith S. Delaplane 提供）

图 8.4　仿照 Hobbs（1967）的设计制作的、“假的地下”熊蜂巢箱。该巢箱与地上巢箱相似，只是多了一段通向入口（巢门）的塑料管，打开盖子可看到里面的垫棉
（Keith S. Delaplane 提供）

图 8.5　模拟地下巢箱的最后一个步骤是用土或草皮把塑料管的中部盖起来。这会造成一个假象，让熊蜂认为管子的另一端会通向一个地下巢穴
（Keith S. Delaplane 提供）

一段时间内，通过不断引入在季末能够培育出新蜂王的熊蜂蜂群，可能会增加某个地区熊蜂种群数量。Clifford（1973）连续 3 年每个春天引入、释放 100 只蜂王，使当地熊蜂种群密度达到了最高值；然而当停止引入蜂王后，当地熊蜂种群密度又降到之前的水平。

熊蜂周年繁育技术

熊蜂周年繁育技术的关键环节：①诱导蜂王和雄蜂在箱内交配；②打破或缩短蜂王自然滞育的时间间隔；③诱导蜂王在箱内培育蜂儿；④繁育蜂群，以获得大量有采集能力的工蜂；⑤保留一些蜂王和雄蜂以便开展下一轮的继代繁育。一些企业已经能够大规模商业化饲养熊蜂，但是饲养方法属于商业机密（受专利保护）。虽然如此，科技文献还是介绍了一些关于繁育熊蜂的信息，结合这些资料与我们自己的经验，我们做了以下总结（Plowright 和 Jay，1966；Heinrich，1979；Pomeroy 和 Plowright，1980；Röseler，1985；Griffin 等，

1991；van den Eijnde 等，1991；Tasei，1994；Tasei 和 Aupinel，1994；Cameron，未发表报道）。不同种类的熊蜂繁育的最佳条件不同，并且有些蜂种饲养起来比其他种类要简单。因此，以下章节只是提供一个大体的熊蜂饲养指导方针。

利用蜜蜂采集的花粉做饲料，利用蜜蜂代替熊蜂工蜂陪伴蜂王

饲养一两群蜜蜂对于繁育熊蜂很有用（见第 6 章），因为人们可以在蜜蜂蜂箱巢门口安装脱粉器（见附录 1）收集蜜蜂采集的新鲜花粉用来饲喂熊蜂。注意必须每天利用脱粉器收集新鲜花粉并且迅速冷冻。如果要想周年繁育熊蜂，就要收集并冷冻足够的花粉以支撑蜂群冬天所需，这一点很重要。

将欧洲熊蜂（*Bombus terrestris*）的年轻蜂王与年轻蜜蜂同箱饲养可以刺激熊蜂蜂王开始产卵（培育蜂儿）。在这种情况下，就需要蜜蜂蜂群提供一些蜜蜂的工蜂替代熊蜂的工蜂，但这种方法似乎对北美洲熊蜂的繁育没有帮助。

替代熊蜂的蜜蜂工蜂日龄应不超过 12h。为了获得这些幼年工蜂，必须打开蜂箱寻找正有工蜂出房的巢脾。这种巢脾上一般会有大量的封盖子，仔细观察可以看到刚出空的巢房边缘是参差不齐的。日龄较小（<12h）的幼年蜜蜂体色较浅，一般会在巢脾上爬行，也有可能会看到刚刚羽化出房的蜜蜂。找到这种巢脾，用蜂扫将其上面附着的蜜蜂刷下来再将巢脾放进一个白色塑料袋里，在适宜温度下储存过夜。翌日早上，便会有许多幼年蜜蜂在袋子里爬来爬去，只要袋子里温度不是过高并且巢脾上有储蜜，这些蜜蜂在放入熊蜂蜂王刚开始建群的小蜂箱之前，可以一直在里面存活几个小时。

蜂王启动箱

蜂王刚开始建群用的蜂箱比较小，一般是将已经交配成功的蜂王放入这种小箱子并诱导其产卵筑巢。箱子的尺寸多种多样且影响不大。一种箱子的尺寸为 22.9cm×11.4cm×5cm（9in×4.5in×2in），里面隔成两室——一个是筑巢室，另一个是饲喂和排泄室（图 8.6、图 8.7）。这种设计能够使箱子内部处于黑暗状态，且筑巢室易于打开，通过透明内盖也方便观察熊蜂（亮光会干扰某些种类的熊蜂，但其他蜂种好像不会受到亮光干扰）。

图 8.6　打开的两室熊蜂蜂王引导箱，内部构造如图所示

注：两室之间有隔板隔开，隔板上有一通道，熊蜂可以在两室之间往来。左边小室为饲喂和排泄室，左边盖子上有一个小孔用来放置糖水或蜂蜜的饲喂瓶，底部垫有一次性的瓦楞硬纸板，纸板中间放置一个塑料盖收集从饲喂瓶中滴下的液体。右边小室为巢室，其内部有一个盛着花粉球的塑料盖，周围填充棉花。为了尽量不打扰熊蜂，巢室上方内盖为一块透明有机玻璃以方便养蜂者查看巢室

（Nancy B. Evelyn 提供）

饲喂和排泄室的底部可以用网眼较小的钢丝网做成或是在底部衬上一块方形的瓦楞硬纸板，纸板要根据需要进行更换。另一种设计，饲喂和排泄室

中没有固定的底板，而是在箱子底部粘上一块硬纸板或是厚一点的吸水纸替代永久性的底板，注意这种底板需及时更换。蜜蜂可以通过隔板上的一个小圆孔在筑巢室及饲喂和排泄室之间穿行往来。将筑巢室及饲喂和排泄室隔开有助于维持蜂巢内部的卫生。

图 8.7 组装好的两室熊蜂蜂王引导箱。右边巢室的有机玻璃内盖上又盖了一块硬纸板

有的研究者使用的是不分区的单室蜂王初始建群蜂箱。有两种规格：一种尺寸为12cm×5.5cm×11cm（4.75in×2.25in×4.25in），箱体的侧壁是有机玻璃的。另一种尺寸为11.3cm×4.5cm×4.3cm（4.5in×1.75in×1.75in），箱盖是有机玻璃的。

不管使用哪种规格设计的蜂箱，在巢室内放一个小塑料盖都是很实用的，可将花粉放在塑料盖上面，蜂王也会在上面筑巢产卵。诱导蜂王在塑料盖上筑巢，这样当我们要将启动箱（引导箱）中的初建蜂群转移到大的饲养箱时，移动蜂巢就要相对容易些。将人造蜜蜂塑料王台（见附录1）用融化的蜂蜡粘在塑料盖上，这些王台的形状和大小模拟自然状态下熊蜂的蜜罐，因此可以促进熊蜂蜂王筑巢（图 8.8）。

图 8.8 左上角为塑料的蜜蜂王台，可模拟自然条件下的熊蜂蜜罐，刺激熊蜂筑巢。右下角为幼虫的巢室，共分隔为 5 个巢房，看起来像花粉球中心向外形成的凸起。每个凸起中有正在发育的卵或者幼虫

（Keith S. Delaplane 提供）

在筑巢室放一团棉花，蜂王就会用这些棉花制成巢室的纤维外壳。也有人推荐使用泡沫

板（地毯填料）代替棉花，因为它比棉花更容易处理和更换。在泡沫板上挖一些孔，中间再挖一个洞用来放花粉球，这样有利于熊蜂进食（图 8.9）。

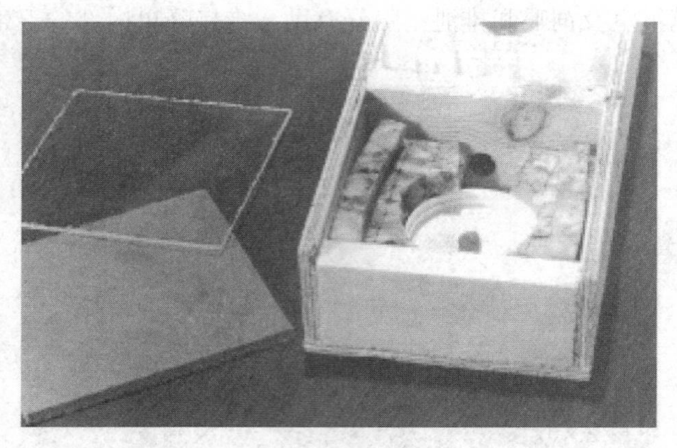

图 8.9　筑巢区的填充物用泡沫板（地毯填料）代替棉花，在泡沫板上挖一些孔，再在中间挖一个洞放花粉球，方便熊蜂进食

（Nancy B. Evelyn 提供）

将配好的糖浆或稀释过的蜂蜜倒入自动饲喂器中，通过饲喂和排泄室的盖子或隔板上的饲喂孔，将饲喂器插入箱内，在重力作用下糖水会从饲喂器中流出来。可以用一端封闭的移液管做饲喂器，也可以将小瓶子倒置并在其瓶盖上打一个小孔制成饲喂器，供熊蜂取食。或者取一块塑料板，在上面打很多小孔，然后在孔里装满糖浆，并将塑料板放在饲喂和排泄室。另外，饲喂器每使用 3 次就应该至少清洗 1 次。

饲养箱

在初始建群的小的启动箱中蜂王成功产卵培育工蜂后，应及时将蜂王及工蜂转移到较大的蜂箱中，从而有助于蜂群发展并实现繁殖。初始建群阶段也可以不用小蜂箱而直接用大蜂箱饲养熊蜂，但这样不易成群，失败率较高，而在不稳定的早期阶段用小蜂箱饲养也可以节省空间。与小的启动箱一样，大的饲养箱也有多种规格。其中一种饲养箱外围尺寸为 30cm×21cm×17.5cm（11.75in×8.25in×6.75in）。这种规格的饲养箱里面也是分区的，但其筑巢室比饲喂和排泄室大。在饲喂和排泄室的侧板上钻洞进行通风，洞上覆盖钢丝网（图 8.10）。饲喂和排泄室的底板可以由钢丝网制成，或衬上一些一次性的吸水材料。在饲喂和排泄室必须放置一个自动的糖浆饲喂器。

图 8.10　一种有 2 个分区的大饲养箱，可以容纳熊蜂蜂王及正在繁育的蜂群。饲喂和排泄室的侧壁上有覆盖着钢丝网的通风口，另一面还有一个出入口，图中用钢丝网覆盖并用图钉固定

（Nancy B. Evelyn 提供）

将筑巢室的底板设计成35°向上倾斜的样子，类似一个倒置的圆锥体，是比较理想的，因为这种设计与不断增长的熊蜂巢脾的自然形状是一致的。实际上，已经有人用多孔混凝土模具制作出了野生巢脾的自然形状，实现了这种设想的效果。另一种方法是在筑巢室放入若干层地毯状覆盖物，然后在每一层覆盖物中心挖一个孔，每个孔都比下一层的大一点（图8.11）。

图8.11 敞开露出筑巢室底板的、大的饲养箱。筑巢室放入若干层地毯状覆盖物，每一层的中心都要挖一个孔，每层的孔都比下一层的大一点，这样做是为了建造一个适应巢脾不断增大的空间

（Nancy B. Evelyn 提供）

熊蜂饲养的外界环境条件要求

为蜂王初始建群的小蜂箱和蜂群发展后更换的大蜂箱提供有利的环境条件很重要，有些研究人员建议饲养室的温度要维持在28～30℃，相对湿度要维持在55%～65%，并保持室内黑暗。有些熊蜂对光比较敏感，操作者在饲喂或检查蜂群时最好用红光照明。而有些熊蜂对光不敏感，对于这样的蜂种不需要在暗室中饲养，但即使是这样，蜂箱内部也要保持黑暗状态。

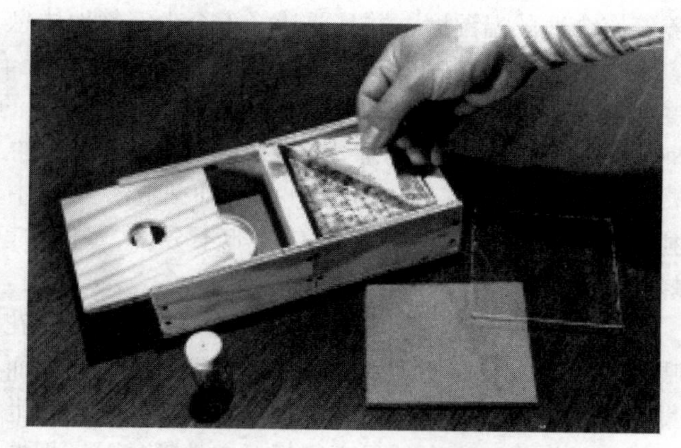

图8.12 一种保持启动箱湿度的方法是在筑巢室的盖子下面放一张浸湿的滤纸。滤纸必须每天更换，以避免发霉

可以通过给每个小启动箱加湿的方法来增加整个饲喂及排泄室的湿度。具体做法是在筑巢室的盖子下面贴上浸湿的滤纸。这种增湿的方法在装有泡沫而不是棉花的大饲养箱中最有效（图8.12）。另外，湿滤纸必须每天更换，以避免发霉。

囚禁式饲养蜂群

在蜂王开始建群的时候就必须准备好新鲜的食物。饲喂蜂群的糖浆由1份糖：1份水配成，将配好的糖浆放入饲喂器中。有些研究者建议在糖浆中加入抗菌的烟曲霉素 B（Fumidil® B，见附录 1）来控制孢子虫病。还可以用 1∶1 的蜂蜜和水配制成糖浆，蜂蜜糖浆比蔗糖糖浆发酵更加迅速，因此必须经常更换（至少每 2d 换 1 次），但是蜂蜜糖浆的气味吸引力较强，熊蜂更容易找到它。

对于蜜蜂采集的新鲜花粉，必须将肉眼可见的杂质清理干净，并且要研磨到细腻均一的程度，然后加入蔗糖糖浆或蜂蜜糖浆，搅拌均匀并揉捏直到其变成干的面团状，即可用于饲喂。储藏蜜蜂采集花粉必须以新鲜的花粉团的形式冷冻保存备用。据报道，与饲喂干冻花粉的蜂王相比，以鲜冻花粉为食的蜂王体型更大，死亡率更低，并且繁育出的蜂群群势更强（Ribeiro 等，1996）。

捕捉蜂王及引导筑巢

当早春气温升高时，熊蜂蜂王开始苏醒并外出采集花粉。在野外捕捉越冬熊蜂蜂王，最好是在其还没有开始筑巢，仍然在寻找筑巢地点的时候进行。这时的蜂王飞行时离地面很近，飞行路径呈“之”字形，表现出明显的找寻行为。而腿上带有花粉的蜂王表明其已经开始在野外筑巢了，所以捕捉这样的蜂王，其不太可能在箱内重新筑巢。

可以用捕虫网捕捉蜂王。随后应该将它们单独转移到小瓶子里，瓶内要垫上纸巾，并且瓶盖要松开通风，防止瓶内过热，要尽快把它们转移到小型的启动箱中。

野外捕捉的熊蜂蜂王要单独将其放到小型饲养箱中进行饲养。以欧洲熊蜂为例，要在小型饲养箱内放入 3～4 只年轻蜜蜂替代熊蜂的工蜂。将花粉做成豌豆大小放在筑巢室的塑料盖上，并且要靠近人造蜜罐。同时，要在饲喂器和人造蜜罐中装满糖浆。另外，要保证小型饲养箱有合适的温湿度，并且要让蜂王至少安静地休息 24h 后，才能开箱检查蜂王的筑巢活动。筑巢的标志有（一般按照以下顺序出现）：底板上有蜂蜡；塑料蜜罐上有蜂蜡；出现天然蜂蜡蜜罐；天然蜜罐中有糖浆；花粉球上有蜂王挖的洞；花粉球上有巢室（图 8.8）。熊蜂卵的巢室看上去像花粉球边缘的凸起。蜂王在花粉球上挖一个洞，在里面产一至多个卵，再用蜂蜡将其覆盖，蜡盖中央向外凸起。巢室中的每个卵最后可能都会彼此隔开形成独立的小巢房，也有可能所有的卵不分开，这与熊蜂的种类有关。此时的花粉球被称为蜂儿脾。

如果 24h 后还没有筑巢活动的迹象，就应该更换花粉球并将蜂王再单独饲养 24h。如果饲喂和排泄室内有粪便，则表明蜂王已经进食花粉，而且最终可能会产卵。一旦蜂王开始建造巢室，就应该把新的花粉球放在已筑巢的花粉球边上，每周饲喂 3 次花粉。但是往往会饲喂过量，而且蜂王进食的量不能超过它消耗的量。把握的原则是新放入的花粉球大小不要超过已筑巢的花粉球的 1/3。如果筑巢的花粉球上的巢室没有继续增大，说明幼虫可能已经死了，或是这个年轻的蜂群营养不良。蜂群中所有吃剩下的食物必须定期清除。

蜂群换箱

第一批熊蜂工蜂出房后，应将蜂王、工蜂和育儿巢室转移到较大的饲养箱，将育儿巢室、塑料盖及其上面所有的东西放入大饲养箱的筑巢室的中间。发展中的蜂群需要继续饲喂糖浆和花粉，并且饲喂的食物量也要随着群势的壮大而逐渐增加。在这个阶段，一些蜂种很容易接受直接从脱粉器收集的天然的花粉团，这就省去了制作花粉块的麻烦。可简单地将花粉团撒在巢脾上。此时，同样要避免饲喂过量的问题，若没有吃完的花粉堆积在巢内，则应及时减少食物饲喂量。

组织授粉群

大饲养箱的蜂群一旦有 80 只左右的工蜂就要准备搬出饲养室，熊蜂可自由飞行、授粉。蜂群移到授粉箱后，继续饲喂几天花粉和糖浆可帮助蜂群顺利度过这段过渡期。一个授粉箱可以同时容纳 4 群熊蜂，只要将每群蜂彼此隔开，并且给每群蜂单独设置巢门以便其进出授粉箱即可。熊蜂授粉蜂群可以摆放在农田或果园里，放置方式与蜜蜂授粉蜂群类似（见第 7 章，34 页）。授粉箱应放置在混凝土块上，使它们远离地面。同时，要将它们固定在树干或木桩上，这样才不会被臭鼬或其他捕食动物打翻。

蜂王交配及诱导滞育

对于熊蜂蜂群周年继代饲养而言，需要准备一间婚飞室或交配笼，让雄蜂和蜂王可以在里面进行交配。婚飞室大小应该为 3.7m×5.8m（12ft×19ft），而且要暖和，采光良好。婚飞室有一个充满阳光的游廊或类似网罩围栏就可以实现了。一些熊蜂品种会在盖有纱布或金属网丝的交配笼里交配。这种交配笼的尺寸一般为 70cm×70cm×70cm（20in×20in×20in）。不管是用交配笼还是用婚飞室，封闭的网罩围栏内都必须摆放盛放糖浆和花粉的浅盘，还要在地面上放一堆湿润的泥炭藓或土壤，再盖上一层棉花、稻草或干树叶。如果使用婚飞室，把食物放在窗台上熊蜂似乎能更容易找到。

为了保证周年繁育，必须将处女蜂王和雄蜂关在一起，诱导其交配。从外部形态上看，雄蜂的触角比工蜂长、腹部更加钝圆、体色变化更大（图 8.1）。处女蜂王的体型明显大于工蜂，体色更加鲜艳（图 8.2）。当蜂群群势较大时，就会培育蜂王和雄蜂。为了诱导蜂王交配，需要将来自 2 个或更多蜂群的处女蜂王和雄蜂一起放入婚飞室中。理论上，放入婚飞室中的雄蜂数量为蜂王的 2 倍，而且要在早上释放。蜂王交配后，总是会把它们自己埋在婚飞室底板上堆放的土壤里。挖出蜂王并将其单独放在装有半瓶潮湿泥炭藓的瓶子里，于 5℃冷藏储存（图 8.13）。另外，瓶子和潮湿的泥炭藓要经过高温杀菌消毒，以防霉菌滋生。

图 8.13　将蜂王单独放在装有半瓶湿润泥炭藓的小瓶子里，冷藏 8 个月
（Keith S. Delaplane 提供）

二代蜂王的激活

熊蜂饲养过程中滞育期可长可短，甚至没有滞育期。对熊蜂滞育期长短的调控保证了周年饲养中一年四季均可提供蜂群。蜂王的滞育期可以根据人们对蜂群的需要而打破或缩短。一般采用 CO_2（CO_2是一种麻醉剂，并且可以刺激蜂王产卵）进行麻醉，所需的设备为 CO_2 气体钢瓶，上面装有一个阀门，阀门上连接一个几英尺长的胶管。

如果想要立即开始继代繁育，就必须要规避蜂王的滞育期。蜂王钻入婚飞室的土壤后不能立即冷藏，而是应该在交配 1d 后将蜂王分别放入广口玻璃瓶中用 CO_2进行麻醉，直到蜂王完全不动。然后密封瓶子，30min 后将蜂王再放入婚飞室或交配笼，并饲喂糖浆和花粉。24h 后再用 CO_2重复麻醉。最后一次使用 CO_2麻醉后的 2～4d，将每只蜂王分别转移到刚开始建群的小饲养箱内，其他操作如前所述。

如果需要滞育一段时间，可以把蜂王放在装有泥炭藓的小瓶中冷藏储存 8 个月。要激活冷藏后的蜂王，只需将 CO_2直接注入每个小瓶中，持续 10s，然后将蜂王转移到温度稍高（15℃）的环境中过夜。翌日早上，先不要打开瓶子，把其移到室温下的婚飞室或交配笼中。2～3h 后，释放蜂王，让它们飞行，同时提供糖浆和花粉。试飞几分钟后，把每只蜂王分别放入小瓶中并用 CO_2处理 30min，然后将其放回婚飞室，翌日用 CO_2重复处理。最后一次 CO_2处理后的 3～6d，再将每只蜂王转移到蜂王刚开始建群的小饲养箱内，其他操作如前所述。

对于激活后的蜂王，促进飞行及进食花粉和糖浆是很重要的。如果它们在飞行室内不活跃，也不访问饲喂瓶，那么将它们单独放在有花粉和糖浆的蜂王启动箱中可能会有所帮助，因为在这种小的启动箱中蜂王的注意力可能会集中在食物上。一些养蜂者认为不分区单室的启动箱更有助于让蜂王的注意力集中在食物上。蜂王在启动箱中取食后，每天至少鼓励其在飞行室中飞行一次，直到其在启动箱中表现出产卵孵化行为，此时就可以将蜂王继续置于启动箱中饲养了。

熊蜂授粉蜂群的管理技术

很多关于蜜蜂授粉蜂群的蜂箱摆放原则（见第 7 章，34 页）也适用于大田授粉的熊蜂蜂群。虽然很多学者认为熊蜂的采集距离很远（Dramstad，1996；Saville 等，1997；Osborne 等，1999），但 Mayer 和 Lunden 认为在苹果园或梨园商业授粉时，熊蜂最适宜的采集范围是在距离蜂箱 18.3m（60ft）以内这样相对较近的地方（Mayer 和 Lunden，1997）。如果 Mayer 和 Lunden 的数据能反映商业授粉条件下熊蜂的采集模式，这就意味着当蜂群数量众多并在果园中均匀分布时，授粉效果最理想。但在大田授粉中实现这个目标可能存在困难，因为商业授粉熊蜂的价格往往很高。

搬动或运输熊蜂蜂群后，蜂群易躁动不安，导致第 1 次出巢的工蜂可能会因迷路而有损失，蜂王也可能弃巢而去。为了避免出现这些问题，可以在蜂箱的巢门口标注明显的记号，这样工蜂回巢时就可以通过视觉准确定位。为了防止蜂王飞逃，注意不要在群还没达到 80 只工蜂之前移动蜂群，至少也要等到第 2 批幼虫孵化之后再移动。蜂群移动后最好再饲喂 1～2d 的糖浆和花粉。缩小蜂箱巢门，就可以保护放置在户外的熊蜂蜂群不受寄生性杜鹃蜂（*Psithyrus* spp.）的威胁。Sladen（1912）不仅使用大小为 0.7cm×1.1cm×1.0cm（9/32in×7/16in×3/8in）的蜂箱巢门防御老鼠，而且还缩小尺寸防御寄生性杜鹃蜂。将蜂群放置在较高的地方（支架上）或是绑在木桩或树上，可以防止臭鼬及其他捕食者的侵害。

熊蜂是典型的温室作物授粉者，特别适合番茄的授粉（Banda 和 Paxton，1991；van Ravestijn 和 van der Sande，1991；Pressman 等，1999）。熊蜂在温室内授粉时也需要人工饲喂。尽管目前几乎没有熊蜂在温室内授粉放蜂密度的相关报道，但是人们使用的放蜂密度已达到每 $15hm^2$（每英亩）6 群熊蜂。

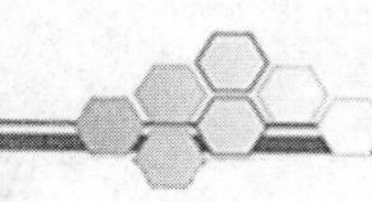

第 9 章

黑 彩 带 蜂

黑彩带蜂的生活习性

黑彩带蜂（*Nomia melanderi*，遂蜂科）是一种在土壤中筑巢的独居型蜂种，是紫花苜蓿和洋葱的良好授粉者，其自然发生区域主要是北美洲落基山脉（Rocky Mountains）以西的少部分地区。该蜂种喜欢集中筑巢，在一个筑巢点的巢穴密度通常很高（Mayer 和 Miliczky，1998）。每只雌蜂独自筑巢并为后代提供所需的食物，幼虫和成年蜂之间没有任何接触。自然界中，黑彩带蜂筑巢地点多为地下水上行、过度蒸发形成的相对裸露的碱性化区域，其土壤表层盐分较高、土质较硬。

最初对该蜂种的描述是基于采自美国华盛顿州亚基马县的标本。成年蜂的大小约是蜜蜂工蜂的2/3，总体呈黑色，腹部环绕着泛蓝、绿、黄等金属光泽的色带。雌蜂（图 9.1）有螫针，但很少使用。雄蜂颜面呈白色，触角细长呈丝状（图 9.2）。

图 9.1　黑彩带蜂（*Nomia melanderi*）成年雌蜂
（图片来源：Daniel F. Mayer）

图 9.2　黑彩带蜂（*Nomia melanderi*）成年雄蜂
（图片来源：Daniel F. Mayer）

黑彩带蜂成虫春末或夏初羽化后从土壤中飞出，具体时间取决于土壤的温度和湿度。如果温度低或地面较为潮湿，则成虫羽化推迟。成虫一般在上午羽化出巢。在不同地区成虫的活动季节会有所差异，华盛顿州一般是 5 月下旬到 8 月中旬，爱达荷州是 6 月初到 9 月初，俄勒冈州是 5 月下旬至 9 月上旬。采集成年蜂的时间最早可到 4 月 15 日（犹他州），最晚可到 11 月 6 日（华盛顿州）。雌蜂交配后不久就开始筑巢。筑巢的地点多为地上已有的洞穴。

蜂巢内部包括一条垂直向下的主道和一条具有若干个分支的侧道，每个分支就是一个椭圆形的巢室（图 9.3）。这些巢室最深可达地下 30.5cm（12in）处，但大部分深度为 5.1～20.3cm（2～8in）。巢室旱季时会深一些，雨季时浅一些。雌蜂会在巢室内壁涂上一层防潮的腺体分泌物。筑巢时挖出的土壤会堆积在洞口周围，中央较硬，形成塔楼状。

雌蜂取食花蜜，羽化后 2～3d 开始采集花粉储存在巢内。雌蜂将花粉做成扁球状储存在每个巢室底部，直径约为 0.6cm（0.25in），厚度约为 0.3cm（0.125in）。1～4周龄的雌蜂每天采集的花粉足够一个巢室所需。夜间雌蜂在巢室内产 1 粒卵，然后将其封住，再筑建新的巢室为翌日的花粉采集做准备。在华盛顿州，巢室内自 6 月 17 日至 7 月 26 日之间出现虫卵。卵 2～3d 孵化，幼虫 7～10d 能吃完整个花粉球并逐渐长大。

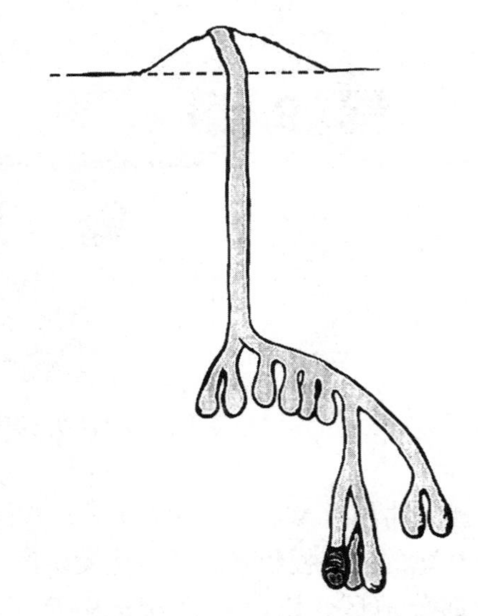

图 9.3 黑彩带蜂和其他土内筑巢蜂种地下巢穴的一般构造
（图片来源：Darrell Rainey）

幼虫共有 5 个龄期，华盛顿州大约从 6 月 23 日至 8 月 14 日巢室内出现进食的幼虫。第 5 龄期分为排便前期和预蛹期。排便前期为 4～6d，此时幼虫身体膨胀，体内可见棕色的粪便。随后 2～3d，幼虫将粪便排在巢室内壁上。预蛹白色、不透明，头部和胸部呈锐角，背部有突出的瘤突（图 9.4）。黑彩带蜂以预蛹状态度过 10～11 个月的越冬滞育期。在 7 月 3—9 日巢室中开始出现预蛹。

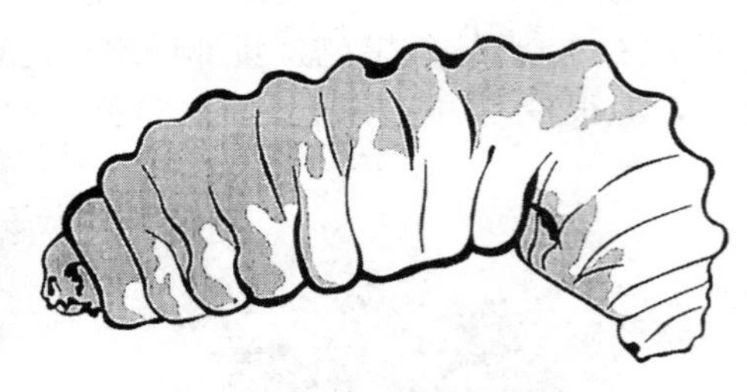

图 9.4 黑彩带蜂的预蛹
（图片来源：Darrell Rainey）

春天随着土壤温度升高，预蛹打破滞育，大约在 5 月底化蛹。蛹期为 15～20d，在此期间蛹的体色逐渐接近成年蜂。蛹羽化为成虫后，会先在巢室内稍作停留，再掘开巢室爬向地面。羽化通常是在 6 月间。每只成年雌蜂存活 4～6 周；如果气候条件较好，雌蜂可在某个区域持续活动约 60d。

黑彩带蜂的传粉性能

北美洲本土的黑彩带蜂是引进的紫花苜蓿的重要传粉者。在 20 世纪六七十年代，苜蓿切叶蜂尚未广泛用于紫花苜蓿授粉，黑彩带蜂达到全盛期（Bohart，1972；Torchio，1987）。

当雌性黑彩带蜂收集花粉储存蜂粮时，至少可以为其所访问的 95%的紫花苜蓿花朵授粉。条件良好的情况下，每只雌蜂一生大约可为 25 000 朵紫花苜蓿花朵授粉，可形成 91～227g（0.2～0.5lb）的种子。虽然有人发现雌蜂会在远离巢穴 11km（7mile）的地方活动，但它们的采集范围一般是在其巢穴周围 1.6km（1mile）内。

与其他紫花苜蓿的传粉者相比，黑彩带蜂更喜欢采集叶片密集的植物下部的花朵，寻找到更多尚未授粉的花朵（Batra，1976），更能适应在多风、较凉的气候条件下外出采集。与蜜蜂相比，单只黑彩带蜂能访问更多的紫花苜蓿花朵并为之传粉。黑彩带蜂更喜欢采集紫花苜蓿花粉，而蜜蜂则更喜欢采集其花蜜（Torchio，1966）。黑彩带蜂在干旱缺水或水量充分的田地里对紫花苜蓿的授粉效果都同样好；而蜜蜂在水分充足的田地里授粉时就会遇到麻烦，不能顺利打开花朵。因此，利用蜜蜂为紫花苜蓿授粉时，需要加强水分管理，以提供最佳授粉条件。在加利福尼亚州圣华金河谷这类水分难以调控的地区，利用黑彩带蜂为紫花苜蓿授粉就更具优势（Wichelns 等，1992）。

在加利福尼亚州中部，一个给水区的个案记录集中反映了黑彩带蜂的授粉价值（Wichelns 等，1992）。20 世纪 60 年代，该地区的部分紫花苜蓿种植者开始安装黑彩带蜂人工蜂床，并从华盛顿州和俄勒冈州引进该蜂种。在此期间，紫花苜蓿种子平均产量大幅度提高，从 1960 年的 627kg/hm^2（560lb/acre）跃升到 1971 年的 1 064kg/hm^2（950lb/acre）。但 1970—1971 年，黑彩带蜂的种群数量急剧下降，其原因包括该地区杀虫剂的使用、用于蜂床保湿的水中存在杀虫剂残留以及蜂类寄生虫威胁等。随后，紫花苜蓿的产量和种植面积迅速下降。到目前为止，该作物的种植面积仍然没有恢复到 1971 年之前的水平。从该案例中我们看到，当地紫花苜蓿种植业的兴衰与黑彩带蜂的种群数量变化有着密切的关联。

如今，作为商业授粉蜂种，黑彩带蜂在很大程度上已被外来的苜蓿切叶蜂所取代。然而，在过去二十几年甚至更久的时间里，黑彩带蜂的发展史具有非凡的意义，它是一种从本土蜂种中培育起来并驯化用以商业授粉的新型授粉昆虫（Buchmann 和 Nabhan，1996）。此外，黑彩带蜂是唯一原产于北美洲本土的土中筑巢蜂种，并已形成了实用的规模化驯养措施。因此，黑彩带蜂对于美国西部农业来说是一种宝贵的自然资源。为了推动对这一资源的保护，本章详细介绍了黑彩带蜂的驯养管理方法。

黑彩带蜂的放蜂密度

利用黑彩带蜂为紫花苜蓿授粉时，一块田地到底需要多少只雌蜂目前尚不完全确定，但最好不少于 7 410 只/hm^2（3 000 只/acre）。通过估计巢穴的密度会更容易测出该蜂的种群密度。一个良好的天然筑巢点平均大约有 250 万个/hm^2（100 万个/acre）巢穴。拥有这样巢穴密度的蜂床每 0.4hm^2（每英亩）能为 81hm^2（200acre）紫花苜蓿授粉，每公顷种子产量为 1 120kg（每英亩种子产量为 1 000lb）。人工蜂床的最大巢穴密度约为 1 360 万个/hm^2（550 万个/acre）。巢穴密度可以基于以下换算关系进行估计：每平方分米 2.5 个、4.9 个、7.4 个巢口分别相当于每公顷 250 万、490 万和 740 万个巢穴（每平方英尺 23 个、46 个、69 个巢口分别相当于每英亩 100 万、200 万和 300 万个巢穴）。

有一种简单的采样方法可合理估算出蜂床的价值。沿着一条路线横穿蜂床时，观察者随机选择 10 个或更多观测点，记录这些观测点每平方英尺或平方分米面积内巢穴的数量。观测点越多，估计越准确。求出平均每平方英尺面积内巢穴的数量后，将它再乘以 10 可得到 10ft^2 面积内巢穴的平均数量。如果要计算 1m^2 面积内巢穴的平均数量，就用平均每平方分米内的巢穴数量乘以 100。将得到的数值带入下面的公式就可以确定黑彩带蜂的授粉指数（PI）。

$$授粉指数=10\ ft^2内的平均巢穴数\times蜂床面积（acre）\times\frac{200}{授粉面积（acre）}$$

或者

$$授粉指数=1\ m^2内的平均巢穴数\times蜂床面积（hm^2）\times\frac{186}{授粉面积（hm^2）}$$

授粉指数为 230 时，说明授粉蜂数量达到授粉要求（中）；授粉指数大于 230 表示授粉蜂数量十分充足（良一优）；授粉指数低于 230 则表示授粉蜂数量不足（差）。

在设计半人工或人工蜂床时（见 58、59 页），可利用上述公式的变形来估算一定面积的紫花苜蓿所需的蜂床面积。将推荐授粉指数（如至少 230）、推荐目标巢穴密度（如 250 个/m^2或每 10ft^2 230 个），以及需要授粉的紫花苜蓿面积这些数值带入下面的公式就可以确定所需的蜂床面积。

$$所需蜂床面积（acre）=\frac{授粉指数\times授粉面积（acre）}{200\times10\ ft^2内的目标巢穴数}$$

或者

$$所需蜂床面积(hm^2)=\frac{授粉指数\times授粉面积(hm^2)}{186\times1\ m^2内的目标巢穴数}$$

新的筑巢点需要一定的时间才能补足所需的幼虫数量。1976 年，华盛顿州东南部的一个新建蜂床内有大量雌蜂飞入筑巢，第 1 个活动季节内筑巢密度接近 7.5 个/dm^2（70 个/ft^2）。然而，该蜂床繁育的后代数量却只有其他老筑巢点的 1/4。新的筑巢点通常至少需要经过 3 年（3 个条件适宜的雌蜂活动季节），才能达到较好的繁育数量。在单位体积的土壤内，人工蜂床繁育的后代通常是人工管理的天然筑巢点的 2～3 倍。然而，人工蜂床存在更多的可变因素，如果不定期维护和扩大，蜂床就不能维持其最大种群数量。

如果每立方分米的蜂床内有 106 只健康预蛹（300 只预蛹/ft^3），繁育效果就十分理想了（优）；若每立方分米的蜂床内有 71 只预蛹（200 只/ft^3）也属于很不错的结果（良）。由于繁育出来的雄蜂数量比雌蜂多，所以雌蜂的增长速度相对雄蜂较慢。当一个筑巢点遭遇自然或人为灾害后，需要很长时间黑彩带蜂才能在该区域重新繁衍生息。1973 年，华盛顿州东南部的几个蜂床杀虫剂中毒后，其预蛹数量减少到 3.5 个/dm^3（10 个/ft^3）。直到 1974 年，黑彩带蜂活动季节结束时，其预蛹数量只增加了 4 倍多一点。1979 年，蜂群的繁殖又受到恶劣天气的影响，其预蛹数量基本没有变化——只相当于种群处于良好状态下时预蛹数量的 17%～45%。

良好筑巢点的特征

无论是天然的还是人工提供的黑彩带蜂筑巢地点，其质量均由 3 个重要因素决定：①土壤湿度；②土壤成分和质地；③植被。本部分内容主要讨论前两个因素，而有关植被的更多细节参见 60 页。

土壤湿度

黑彩带蜂筑巢地点，土壤表层向下至少有 31cm（12in）的土层必须保持湿润。良好的筑巢地点根据土壤类型的不同，其相对湿度一般在8%～32%。土壤湿度可用土壤水分张力计测定。无论土壤质地如何，当土壤水分张力计读数为150～250mbar* 就表示土壤湿度合适。

干燥的筑巢地点一直是黑彩带蜂繁育的限制性因素。良好的天然湿度条件与位于土表以下几英寸至几英尺的含钙硬土层有关系。如果河流、运河或池塘边坡有一层这样防渗透的钙质土，渗流的地下水就会上涌，使附近的筑巢点保持浸润。在这样的地方，黑彩带蜂种群不需要人工管理就会自然壮大起来。而大多数筑巢地点都是人造的，需要进行人工供水。供水时，可横穿或围绕蜂床挖一些浅沟，或者铺设地下输水系统（见59页）。

土壤成分和质地

维持黑彩带蜂蜂床内适合的土壤质地几乎与提供足够水分同等重要。这两个因素是相互关联的。如果土壤质地较差，即使水分充足，水在土壤上层的移动也会受到限制。相反，如果水源短缺，即便蜂床土壤质地再好也毫无意义。

适宜的土壤质地有利于黑彩带蜂掘土筑巢，同时也利于地下水通过毛细流动持续不断地向土表移动，其替补表层土壤水分的速率等于或略大于表层土壤水分蒸发的速率。土壤表层既不能太板结坚硬也不能太松散。蜂床土壤质地管理的目标效果是：使土壤表层在整个黑彩带蜂活动季节内持续保持湿润和适当的紧实度。

均匀一致的土壤湿度和良好的掘土筑巢条件在很大程度上取决于土壤中黏土、沙土和壤土3种土粒所占的百分比。如果黏土含量超过25%，土粒间空隙小，毛细作用会受到阻碍，土壤透水性较差。而沙土含量高（45%～80%）的土壤土粒间空隙大，很难锁住水分，渗透过快，水分易蒸发。这样可能导致蜂床底土潮湿、表土干燥。沙土的蜂床会迅速有大量蜂群筑巢，但只能在3～4年内维持良好的种群数量。黑彩带蜂最佳蜂床的土壤应为粉沙质壤土，其中含有2%～6%的细粉沙土、42%～68%的粗粉沙土、13%～24%的黏土和10%～40%的沙土。

植被

黑彩带蜂筑巢点地表基本应为裸露的地面，可有少量植被。植物会耗尽土壤中的水分，所以黑彩带蜂更喜欢在裸露的土地上筑巢。不过，少量的植被有助于保护蜂群免受夏季降水的威胁，还能减少土地风蚀（见60页）。

蜂床的建造和完善

在20世纪50年代末之前，大多数的筑巢点都属于两种基本类型：天然和半天然筑巢点或是完全人工筑巢点。大约从1958年开始，华盛顿州的种植者开发了第3种类型的筑巢点，建立半人工（输水管道）蜂床。

天然与半天然（明渠）蜂床

美国西北部的大盆地有许多地区都是黑彩带蜂理想的天然筑巢点。这些地区一般位于山

---

* 巴（bar）为非法定计量单位。1bar=10^5Pa。——译者注

谷中的低洼区域，（碱斑地）往往地下排水不畅。其中，部分地区可以承载少量的野生黑彩带蜂蜂群。因此，临近河流或者碱斑地面积较大的紫花苜蓿田块在授粉方面具有特殊的优势。

如果天然筑巢点在筑巢期内土壤湿度明显下降（华盛顿州东南部地区从6月中旬到8月初常常如此），那么就需要人工辅助供水。对于斜坡上的筑巢点，沿蜂床的上部边缘挖一条深度为46～91cm（18～36in）的渗流槽沟，可以使蜂床保持合适的湿度条件。槽沟中蓄积的水会沿山坡往下渗透到筑巢点下方。地表下31～46cm（12～18in）处的硬土层或钙质土层有助于引导地下水的横向运动，因此，要注意挖掘渗流槽沟时不能将这一土层挖穿。

如果蜂床在平地上，可以在其四周及中间每隔4.6m（15ft）挖一些深度为31～46cm（12～18in）的沟渠。在黑彩带蜂羽化前1个月开始在这些沟渠内蓄水，并保证在其筑巢期间大多数时候沟渠内一直有水；尤其在干旱季节，供水尤为重要。在爱达荷州西南部和俄勒冈州东部许多地区，整个夏天均可利用洪水灌溉蜂床，而将水引入蜂床的沟渠中也很容易。在华盛顿州的沃拉沃拉县，6月中旬后，此类水源供应减少或停止，必须使用井水进行补给。在该县图谢特－洛登－乌玛品（Touchet-Lowden-Umapine）地区有几个蜂群繁衍兴旺的大面积天然筑巢点。在整个筑巢期内，这些筑巢点的地表湿度都保持在最佳水平，仅需要象征性地补充一些水分。这样理想的天然条件较为罕见。

半人工（输水管道）蜂床

半人工（输水管道）蜂床具有一些重要优势：

①可以建在任何土壤条件适宜、水源充足的地方。

②与天然蜂床相比，半人工（输水管道）蜂床能使种植者更好地控制授粉过程。

③与人工蜂床相比，半人工（输水管道）蜂床的建造成本较低。

建造半人工（输水管道）蜂床时，首先要根据授粉作物种植面积确定所需蜂床的大小（见56页）。蜂床的位置应尽可能靠近紫花苜蓿作物。

对于半人工巢址，必须要有大量持续的供水。在筑巢季节到来之前，必须计划好保持蜂床上层湿润所需的用水量，一般为190万～750万L/hm²（20万～80万gal*/acre）。大多数种植者根据土壤水分初始含量从4月或5月开始灌水。开始筑巢后，整个筑巢期间（除最后1周外）必须使输水管道一直保持有少量的水维持流动。

当蜂床地面变干足以承受轻便挖掘设备时就可以开始挖沟。在美国图谢特－洛登－乌玛品（Touchet-Lowden-Umapine）地区，大多数种植者挖的沟一般深为61～76cm（24～30in），宽为15～20cm（6～8in）。蜂床内需每隔2.4～3.1m（8～10in）挖出多条平行的沟槽，这样的间距可使水分在蜂床土壤中分布相对均匀。

输水管道材料可有多种选择。直径为6.4～7.6cm（2.5～3in）的聚氯乙烯（PVC）硬管使用方便，易于加工与切割，可用黏合剂与其他部分连接。直径为2.5～3.8cm（1～1.5in）的黑色塑料软管价格便宜，可成卷购买，便于运输至安装地点。不管使用哪种管材，在沟内铺设水管之前，都需要沿着整条管子每隔15～61cm（6～24in）钻1～2个直径为1～1.3cm（0.375～0.5in）的圆孔。这样水才能均匀流入周围的蜂床土壤。一些种植者使用直

* 加仑（gal）为非法定计量单位。1gal=3.785L——译者注

径为7.6～10.2cm（3～4in）的聚乙烯螺纹排水管，水管上每英尺有24个开孔。如果每英尺再多花几美分，就可以给水管加上细网套，这样可以减少水管的淤塞。

沟内铺设一层厚度为25cm（10in）的干净圆形沙砾，有助于水向土壤中移动。在沙砾层的上面可铺一层薄薄的稻草或粗沙，以防止细土向下移动进入沙砾层的缝隙。将PVC硬管平放在沟内沙砾层的上面。管子两端分别安装两个弯头，连接两根通向蜂床表面的竖直短管。其中一根竖管作为进水管，另一根则是通气管。如果在沟内铺设软管，软管中间部分应平放在沟中，两端按一定的倾斜度逐渐抬升并伸出蜂床土壤表面。水管长度不应超过30.5m（100ft），因为水管过长会影响水的均匀分配。一旦放置好水管，就可将土填回沟内，并浇水使土壤下沉以固定沟内的水管管网。但要注意不要浇水太多，否则可能会将细土冲到沙砾层。

必须从水井或其他水源引一条总水管到新蜂床，然后利用某种系统将水均匀输送到蜂床上所有的进水管。大多数种植者会沿着蜂床一侧架设一根供水主管，然后在对应每根进水管的位置从主管引出一个给水支管并单独设置阀门，再用软管将给水支管与进水管连接起来。从5月或更早的时候开始就得为蜂床浇水，具体时间视土壤的干燥程度而定。如果土壤很干燥（250mbar以上）就需要大量的水。

人工（塑料薄膜衬底）蜂床

人工（塑料薄膜衬底）蜂床是一种将黑彩带蜂蜂群集结到目标地点的有效途径，但也存在一些局限性：

①单位面积的建造成本高于半人工（输水管道）蜂床。

②由于成本高，人工（塑料薄膜衬底）蜂床通常面积较小，产生的黑彩带蜂的数量也较少。

③人工（塑料薄膜衬底）蜂床的湿度更难控制，湿得快干得也快，要么太湿要么太干。

④人工（塑料薄膜衬底）蜂床需要经常整修，而且通常会出现周期性的“繁荣与衰落”。

首先，用一台反铲挖土机在拟建人工（塑料薄膜衬底）蜂床的土地上挖出深46～91cm（18～36in）的坑，大小通常为9m×18m（30ft×60ft）。蜂床底部需要衬上塑料膜，而这一尺寸刚好与市面上销售的最大的聚乙烯塑料膜尺寸一致。也有一些种植者将几张塑料膜叠搭起来衬在蜂床底部，这样就可以增加蜂床的面积了。

挖掘完成后，必须仔细进行坑底找平，这有助于保证水分均匀分布。然后在坑底和四壁衬上一层厚度为0.15～0.2mm（6～8mil*）的聚乙烯塑料薄膜。要注意从这一刻起千万不要弄破这层聚乙烯塑料薄膜衬底，这样才能形成一个防渗漏的地下蓄水池。接下来将直径为2～2.5cm（0.75～1in）的干净圆沙砾铺在聚乙烯塑料薄膜衬底上，厚度为20～30cm（8～12in）。沙砾层上面再铺一层厚度为5～8cm（2～3in）的粗沙，以防止细土渗入沙砾层造成阻塞。

将直径为20～25cm（8～10in）、用混凝土或黏土制成的进水管垂直放入蜂床，用于后期加水。这些进水管自沙砾层一直向上延伸出地表，周围垒起高度为7.6～10.2cm（3～4in）的沙砾堆进行固定。进水管的放置密度推荐为每37～56m^2 1根（每400～600ft^2 1根）。

---

* 密耳（mil）为非法定计量单位。1mil=2.54×10^{-5}m。——译者注

然后，将质地适宜的土壤填入准备就绪的土坑内（见57页）。利用直立的进水管可为蜂床灌水，具体所加的水量取决于该地点春季末期的气候条件。如果是新建的蜂床并且回填的土壤相对比较干燥，则可以根据蜂床内土壤的体积估算所需水量。对于沙土和黏土用量达到最佳配比的蜂床，育儿蜂巢室分布的土层（深度为2～8in，即5.1～20.3cm）春末时期相对湿度应保持在20%。因此，要准确计算需水量，就要先测定回填土壤的湿度水平，如果有必要，再进行湿度调整，但要十分小心。如果加水过多，会使筑巢土壤持水量达到饱和，从而导致严重的问题；特别是天气暖和后仍不能有效去除蜂床中的多余水分，情况就更加严重。湿度过高，会导致蜂群羽化延迟、病原菌滋生，甚至促使雌蜂飞离寻找更合适的筑巢点。对于已建成使用的人工蜂床，只需在5月下旬通过直立的进水管灌一次水，通常就足够维持整个蜂群活动期适宜的土壤湿度。

蜂床表面湿度

在黑彩带蜂羽化之前，不管哪一种类型的巢址（天然或半天然筑巢点，半人工筑巢点以及人工筑巢点），都可以在蜂床上洒一层水，厚度为1.3～2.5cm（0.5～1in），从而在筑巢季节开始之际使土壤表面颜色变深，以吸引黑彩带蜂。不过，只有在土壤表面过于干燥且洒水不会破坏土壤结构时，才建议这样做。

季末蜂床湿度

黑彩带蜂筑巢结束后，蜂床不需再增加湿度。接下来如果冬季或早春降水量大，土壤中过多的水分会增加预蛹的死亡率。因此，夏末最好让蜂床保持干燥，以抑制微生物的滋生及其对预蛹的侵染。

土表加盐

土壤水分蒸发使盐分在土表沉积，从而在天然蜂床表面形成碱斑。土表盐分对蜂床来说是有益的，不但能锁住水分而且还能抑制杂草的生长。华盛顿州东南部的土壤盐分不足，需要在其表面补充氯化钠（食盐），施用量大约为4.8kg/m^2（1lb/ft^2）。对于新蜂床，氯化钠施用量是上述标准的两倍。维护已建成使用的蜂床时，通常每年氯化钠施用量为0.6～2.4kg/m^2（0.125～0.5lb/ft^2）就能满足需求。如果蜂床表面土层较为轻薄疏松，则表明其含钙高，需要补充钠盐。但是对于本身含钠较高的土壤，如果再施用钠盐，土壤就会变得太硬。

植被管理

黑彩带蜂筑巢点地表应该基本保持裸露，最多也只有稀疏的植被覆盖。稠密的植被生长会干扰黑彩带蜂筑巢活动，并且会消耗土壤水分。另外，植物根系会穿透巢室，导致预蛹死亡。然而，少量的植被生长（最好条状分布）也是需要的，可以减少风雨对蜂群的侵袭。控制蜂床地表杂草生长最有效的方法就是使用化学除草剂。长期大量使用除草剂，尽管土壤化学残留较高，但似乎对不同发育阶段的黑彩带蜂都不会造成危害。

虽然紫花苜蓿是黑彩带蜂偏爱采集的一种植物，但是它们也会访问许多其他植物，如矛叶蓟、加拿大蓟、三叶草、菟丝子、毛叶泽兰、一枝黄、薄荷、牵牛花、俄罗斯矢车菊、柽柳、草木樨以及野胡萝卜等。此类同期开花植物大量出现，会减少在紫花苜蓿上拜访的黑彩带蜂数量。其中，一个典型的例子就是在华盛顿州雅其玛河谷部分区域大量生长的多年生阔叶独行菜（*Lepidium latifolium*）。刈割或使用除草剂是处理这种竞争蜜源的一种方法。然而，是否要去除竞争性蜜源植物，目前还存在争议。特别是如果在一区域还有其他作物及相应的授粉蜂种，它们都应该具有共享这一蜜蜂家园（放蜂场地）的权利（见第4章，22页；第7章，35页）。

吸引并建立蜂群

开发新蜂床最后的步骤也是最关键的步骤，就是在新巢址上建立起黑彩带蜂种群（大量蜂群）。假如新巢址靠近已有的一些蜂床，其中的蜂群数量众多且在不断增长，那么在这种新巢址上建起蜂群就很容易。已有蜂床中过多的黑彩带蜂就会转移到已准备好的、没有植被覆盖的新蜂床上。

如果新蜂床距离现有蜂群较远，那么就必须从其他区域引入成年蜂或者蜂儿。目前，已经形成了几种黑彩带蜂的移居方法，可将蜂群从一个地点转移到另一个地点，有时还可跨越很远的距离。

犹他州的研究人员已经成功地将成年雌蜂移居至新的蜂床（Parker 和 Potter，1974）。他们从已有的巢址捕获黑彩带蜂，然后用 CO_2 进行麻醉，再将它们置于冰盒内运送到新的筑巢点。研究人员事先在新蜂床表面打一些引导孔，以激发黑彩带蜂筑巢。日落后释放雌蜂，筑巢效果最佳，因为此时它们通常会挖掘巢穴过夜，这样便在该筑巢点定居下来。如果上午或下午释放黑彩带蜂，许多成年蜂都会飞走。最容易成功转移的是刚羽化的雌蜂。

最成功、使用最广泛的移居方法是搬迁含有预蛹的土块。必须在春天（4月）预蛹还没有转变为蛹或成虫时进行移居。将含预蛹的土块放在托盘内，然后装到卡车上运输。如果运输距离较长，则应该在土块上覆盖一层潮湿的帆布或粗麻布。这样一个半挂卡车就能将几千块含预蛹的土块运走。运到新的巢址后，应将它们埋在深度为30cm（12in）的沟内，并加少量水进行润湿。在进行移居之前，新巢址的土壤要进行适当的处理，其含水量必须与移入的含预蛹的土块大致相当。含预蛹的土块应按直线排列放置到沟内，相邻土块间隔至少10.2～15.2cm（4～6in），以确保与土壤水分保持良好的接触。土块运抵新巢址后，应立即埋入地下；如果搁置，会增加土块干裂的风险，从而降低土块中预蛹的存活力。

紫花苜蓿作物管理和黑彩带蜂最佳授粉效果

如果要实现种子产量最大化，那么就应该使紫花苜蓿花期与黑彩带蜂雌蜂的活动高峰期保持一致。如果有必要，可以延迟商业性种植的紫花苜蓿的开花期，使其与黑彩带蜂的活动期同步，不过现在这种做法还比较少见。有几种方法可以延迟紫花苜蓿的开花期：耙地、松土、用二硝基兑氯苯胺（Chloro IPC®）进行喷洒、修剪等。如果使用化学制品，在开花早的地方大约4月中旬喷施，开花晚的地方大约5月初喷施。在美国西北部和加利福尼亚州的部分地区农药登记管理部门将紫花苜蓿种子归属于非粮食作物，对于农药的使用没有限制。但如果紫花苜蓿作为动物饲料，对某些化学品的使用就有相关的限制。如果采用栽培措施，春末可以根据作物长势安排几次。如果早春气温高出正常年份，黑彩带蜂会提前羽化，那么种植者就需要调整控制开花期的时间表。

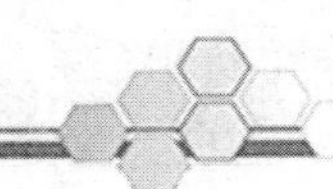

第 10 章*

其他土中筑巢蜂类

成千上万的土中筑巢蜂类，只有北美黑彩带蜂（*Nomia melanderi*）已被成功驯养用于作物授粉。然而，其他一些土中筑巢蜂，虽然尚不能人工饲养，但它们是北美洲土生土长的蜂种，数量庞大，因此也是具有重要价值的传粉者。这类土中筑巢蜂许多都是非常优秀的、特化的传粉者，如果这种特化恰好针对某种作物的传粉，将使作物种植者大大受益。本章我们将主要介绍北美洲有望驯养为传粉者的 3 种土中筑巢蜂类：地蜂科、蜜蜂科（有时称为掘土蜂或挖洞蜂）以及分舌蜂科（有时也称为聚酯蜂）的部分蜂种。而第 4 个蜂类——隧蜂科，蜂种繁多、数量巨大，其中最引人注目的黑彩带蜂在第 9 章已做介绍。

土中筑巢蜂类的生活习性

北美洲土中筑巢蜂往往更喜欢沙土（Cane，1991），但也会在壤土（Miliczky 等，1990）和黏土中筑巢（Riddick，1992）。一些土中筑巢蜂类喜欢沿着沟渠边坡在阳光充足、土壤裸露的堤坝上筑巢，另一些则喜欢在平坦的地面上筑巢，不管表面有无杂草覆盖。有时数百甚至上千只蜂在土中彼此紧挨着筑巢，飞行活动密集，容易给人造成一种错觉：它们就是一个营社会性生活的蜂种。它们的地下巢穴包括一条主隧道及主隧道上的一些分支变化，通常在主隧道的末端或分支的尽头形成育虫室（图 9.3）。土中筑巢蜂会在育虫室内/土壁上分泌一种腺体用于防水。雌蜂完成交配后开始采集花粉和花蜜，为每个育虫室准备食物并在里面产下一粒卵。这是土中筑巢蜂典型的繁殖模式，其他独居蜂也都如此。其后代往往在出生地的（养育过自己的巢穴）附近筑巢（Butler，1965），这也解释了为什么筑巢区域在没有干扰的情况下能多年保持活跃。

地蜂科

地蜂科蜂种个体比西方蜜蜂的工蜂略大，在长满草或裸露的土壤中挖隧道筑巢。常常在某个区域集中筑造数百甚至数千个巢穴，有记录的最大的蜂巢包括约 104 000 个巢穴，位于一个 1 187m^2（212 777ft^2）的郊区居民家后院。地蜂科蜂种的巢穴由入口处土堆（称作“冢”）、25～65cm（10～26in）深的垂直主通道，以及 4～12 个育虫室构成（Batra，1984；Miliczky 等，1990；Riddick，1992）。

* 最近一次修订（Roig-Alsina and Michener，1993）将前面讲述的条蜂科（Anthophoridae）纳入蜜蜂科（Apidae），因为条蜂和社会性西方蜜蜂以及熊蜂均属于蜜蜂科。这样，本章我们讨论的土中筑巢的蜜蜂科蜂类对读者而言应该是更加熟悉的条蜂。

蜜蜂科

蜜蜂科葫芦蜂属（*Peponapis*）的蜂种个体大小与西方蜜蜂相同（图10.1），由于只访问西葫芦、南瓜或葫芦，有时也被称为西葫芦蜂或葫芦蜂。因此，它们是这些作物非常有效的授粉者。这些蜜蜂经常在地势高且排水性良好的裸露土壤中或树叶、岩石及其他物体下筑造巢穴。巢穴包括入口处一堆与众不同的土堆、一条深12～22cm（5～9in）的垂直主通道，以及4～5个育虫室。美国东北部的西葫芦蜂以预蛹越冬，6月下旬或7月初化蛹，葫芦开花时羽化。筑巢会持续到9月，而个别雌蜂一季可能不止筑造一个巢穴。如果筑巢区域不被干扰，且周围农田连续种植葫芦科植物，那么筑巢区大量巢穴集聚现象可以连年出现（Mathewson，1968）。

图10.1　西葫芦蜂（*Peponapis pruinosa*）
（图片来源：Nancy B. Evelyn）

蜜蜂科另一个蜂种（回条蜂属）——东南蓝莓蜂（*Habropoda laboriosa*），大小和体色与熊蜂工蜂基本一致（图10.2）。2—4月，正值美国东南部蓝莓花盛开，几乎同时，东南蓝莓蜂羽化交配，随之雌蜂采集食物及筑造巢穴。雌蜂会在沙土中筑造一个深30～71cm（12～28in）的巢穴，筑巢时会避开厚/地下深处的黏土层，但表层地面黏土则无关紧要。巢穴要么随机，要么聚集分布，有时东南蓝莓蜂会在厚厚的落叶层下的土壤中筑巢，并利用落叶层下小型啮齿动物留下的通道抵达巢穴口。其巢穴包括一个垂直通道以及两个育虫室。雌蜂为育虫室提供蓝莓花粉，有时是橡树花粉。东南蓝莓蜂似乎是蓝莓的专一性传粉昆虫，有时会大量出现在美国东南部的蓝莓果园里，并对蓝莓的授粉及经济效益起着重要作用。

图10.2　东南蓝莓蜂（*Habropoda laboriosa*）
（图片来源：Nancy B. Evelyn）

1988年，美国从日本引入一种条蜂（*Anthophora pilipes villosula*）（有时也被称为“毛茸蜂”）。其雌蜂看起来像个体小的熊蜂，雄蜂更小且体表为灰色。这种蜂天生会在悬崖壁、土筑堤坝和人造土墙中筑巢，常常是聚集筑巢。在马里兰州的3月中下旬，这种条蜂开始羽化，并持续活跃到6月初。期间，该领域（这一地区）的雄蜂与雌蜂交配，新交配的雌蜂会筑造一个或多个新巢穴或重用旧巢穴。雌蜂挖掘简易的巢穴，用灰白色的蜡状物质涂抹育虫室内壁，为每个育虫室提供花粉-花蜜的混合食物并在里面产下一粒卵。雌蜂会共用入口和主通道，然后通过分支到达各自的育虫室（Batra，1994）。

分舌蜂科

因为能在育虫土室的内壁上分泌聚酯类物质形成一层薄薄的膜以防止渗水，分舌蜂科蜂种又称为聚酯蜂或造膜蜂。它们的个体大小和体色与西方蜜蜂基本一致（图 10.3）。巢穴是由入口处土堆，一个深 7～39cm（3～15in）的垂直主通道，以及 0～9 个育虫室构成。大多数巢穴筑在裸露的土壤中，有的筑在稀疏草皮的土壤中（Batra，1980）。

图 10.3 分舌蜂（*Colletes* sp.）
（图片来源：Nancy B. Evelyn）

其他土中筑巢蜂类的传粉性能

地蜂为作物授粉的效果还未得到广泛研究，但它们的数量相对较多并且对于某些作物来说可能是重要的传粉者。在加拿大新斯科舍，有蓟地蜂（*A. carlini*）、端线地蜂（*A. carolina*），以及近地蜂（*A. vicina*），它们是矮丛蓝莓的重要传粉者（Finnamore 和 Neary，1978）。在纽约，地蜂是高丛蓝莓（*Vaccinium corymbosum*）最主要的访花蜂类。其中，包括蓝莓属（*Vaccinium*）的专一性传粉者端线地蜂（MacKenzie 和 Eickwort，1996）。北美洲西部的一种地蜂大量出现访问梨花时，有可能成为梨树的有效传粉者；但由于该蜂种在梨花末期才开始活跃，因而不能成为梨树的可靠传粉者（Miliczky 等，1990）。然而，由于西方蜜蜂对梨树的授粉效果并不总是很好，该地蜂对梨树的补充授粉可能就显得很重要了。西方蜜蜂通常是苹果的理想传粉者，但它们常常会盗取'金冠'（品种）苹果的花蜜。某些种类的地蜂可以弥补这种缺陷，因为它们会合法地访问苹果花（包括'金冠'苹果），且能进行专一传粉，甚至在低温环境下也能工作（Parker 等，1987）。

清晨是西葫芦花盛开的时间，也是授粉的最佳时间（Skinner，未出版的报告），此时访问西葫芦花的西葫芦蜂 1 种（*Peponapis* spp.）数量远超过其他蜂种（McGregor，1976）。西葫芦蜂和西方蜜蜂对葫芦科作物的授粉效果相当。因此，如果有大量的西葫芦蜂，则不需要补充引进西方蜜蜂（Tepedino，1981）。

东南蓝莓蜂正好在蓝莓初花期结束冬眠并开始羽化，能用声振专一性地为蓝莓授粉，且访花速度非常快（Cane 和 Payne，1988），因此是兔眼蓝莓的理想传粉者。就单只蜜蜂而言，东南蓝莓蜂比西方蜜蜂或熊蜂蜂王传粉效率更高（Cane 和 Payne，1990）。然而，在美国东南部不同区域，东南蓝莓蜂数量变化较大，其中至少有 25%的蓝莓种植园没有东南蓝莓蜂（Cane，1993；Cane 和 Payne，1993）。

马里兰州的条蜂（*A. pilipes villosula*）活跃期较长（3—6 月），且与春季开花的苹果和蓝莓花期重叠。它们能声振传粉、在凉爽潮湿的季节采集食物，且从黎明前一直工作到黄昏后（Batra，1994）。在北美洲，很少还有对这种条蜂的驯养实验，但是小规模的饲养方法已经研究出来了（Batra，未发表的报告）。该蜂种用于作物授粉具有一定的潜力，但是将来是否会在北美洲广泛地运用仍有待观察。

如同地蜂属（*Andrena*）蜂种一样，人们还没有对分舌蜂属（*Colletes*）蜂种的作物授粉能力进行广泛研究。分舌蜂属的蜂种能利用声振授粉，并且活动期（大约 6 周）与春季开花的蓝莓和蔓越橘花期重叠（Batra，1980，1984；Parker 等，1987）。

野生土中筑巢蜂类的保护

第 4 章对蜜蜂保护的介绍更加详细。不过，在这里有必要将土中筑巢蜂保护的一些要点进行再次说明。

维持大规模土中筑巢蜂类的关键是保持巢址长期不被破坏以及可靠的食物来源，这一观点已得到证实。在美国罗德岛，一个历年繁荣昌盛且规模巨大的西葫芦蜂巢址受到翻动后，其种群数量大量减少（Mathewson，1968）。种植者应当找到这些巢址，并使其成为不被打扰的庇护所。对巢址的轻微干扰也会造成严重的后果，如果移动巢穴入口处的落叶层，东南蓝莓蜂就会放弃该巢穴（Gane，1994）。可靠的食物来源也很重要。对那些种植时间比较长的蓝莓园，以及随之而来的东南蓝莓蜂和各种分舌蜂（*Colletes*）种群来说，食物通常不是问题。但是，这对于仅仅依靠一年生葫芦科植物的西葫芦蜂来说，却是一个严峻的考验。尽管其他农业因素也必须考虑，但是若要建立大规模且生生不息的西葫芦蜂种群，一个比较明智的做法就是连年种植葫芦科作物。

土中筑巢蜂类的迁移

有时可以对西葫芦蜂进行迁移。一般可用网捕捉成虫并加以冷冻（如果过一段时间才释放），并在盛花期的西葫芦田里释放（Michelbacher 等，1971）。这样做的目的是为了让西葫芦蜂在西葫芦田附近筑巢。为了弥补西葫芦蜂在释放地大量飞失，人们应该释放大量的西葫芦蜂（数百只为宜）。早上释放西葫芦蜂较好，因为这时西葫芦的花蜜量最充足且最具吸引力；或者在晚上释放，因为此时西葫芦蜂基本不飞（飞离的可能性较小）。

在马里兰州，Batra（1980）曾通过捕捉正在交配的分舌蜂（*Colletes*）放在敞口小瓶里、瓶口朝下埋在 0.6m×4.9m（2ft×16ft）沙床里的方式，成功迁移了分舌蜂。刚从沙中钻出来的雌蜂不会直接飞走，而是留下来筑巢。果园种植者或许可以通过这种方式增加果园里分舌蜂或者其他土中筑巢蜂类的数量。

第 11 章

苜 蓿 切 叶 蜂

20 世纪 30 年代中后期，苜蓿切叶蜂（*Megachile rotundata*，切叶蜂科）被无意间从欧亚大陆传到了北美洲。现在分布在美国北部 75%的地区，并延伸到加拿大不列颠哥伦比亚省至五大湖区。苜蓿切叶蜂已经成为美国西部和加拿大留种紫花苜蓿的主要传粉者。在欧洲、新西兰、澳大利亚南部和南美洲部分地区，苜蓿切叶蜂也被成功饲养为紫花苜蓿授粉。

苜蓿切叶蜂的生活习性

苜蓿切叶蜂是一种独居蜂，会在木材或其他材料孔洞中筑巢。其体长 0.5～1cm（0.2～0.4in），体宽 0.2～0.4cm（1/12～1/6in）（图 11.1）。雌蜂比雄蜂略大，体呈黑色，身体各部位被白色短绒毛。雌蜂腹部的刻点比雄蜂多，腹部背板端缘/上部有 4～5 条白色毛带，下方有可携带花粉的白色长毛刷，又称腹毛刷。雄蜂腹部末端被浅黄色绒毛，并有 2 个白绒毛斑，没有腹毛刷。雄蜂上颚有 1 个突出的颚齿，方便咬穿封住巢室的叶塞。雌蜂的上颚有很多非常适合切碎叶子的小齿，这些切碎的叶子用于筑造和垫衬巢室。

图 11.1　苜蓿切叶蜂（*Megachile rotundata*）
（图片来源：Karen Strickler）

筑在巢管里的巢室一个挨着一个（图 11.2）。雌蜂通常将雌性卵产在最里面的巢室，而将雄性卵产在最外面的巢室。这种产卵法在独居蜂里非常常见，可以让更早羽化的雄蜂在咬开巢室飞出巢穴时不会损害雌蜂的巢室。根据外界温度，成年蜂会在春末夏初羽化出房。在生长发育过程中，苜蓿切叶蜂需要一个低温期来打破滞育。在美国西北部，根据不同的地理位置以及不同的气候，雄蜂在 6 月上中旬羽化，而雌蜂则晚 1 周。雄蜂的数量通常是雌蜂的两倍，但有时也会出现两者数量相当，甚至雌蜂比例更高的情况。

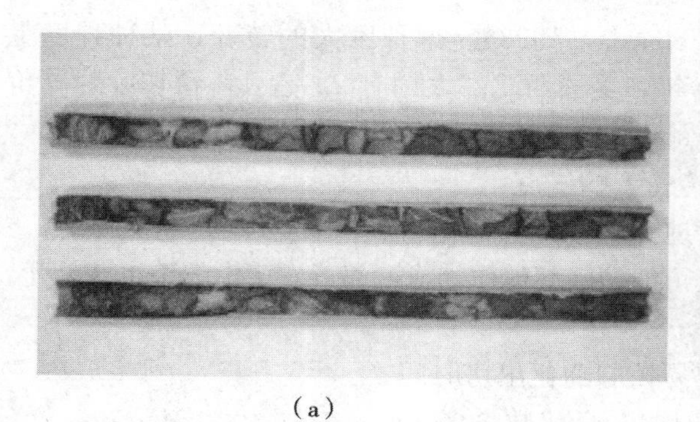

（a）

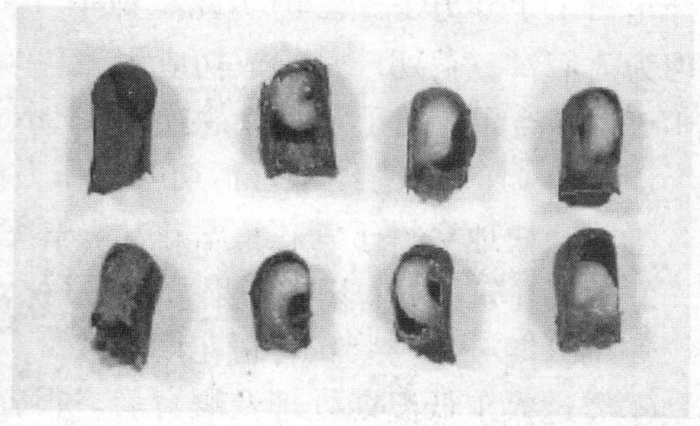

（b）

图 11.2　(a) 3 个苜蓿切叶蜂巢管，表明巢室一个挨着一个的排列方式
(b) 一些打开的巢室，表明其中预蛹的状态
（图片来源：Karen Strickler）

雌蜂在羽化后的第 2 天或第 3 天才开始交配，交配完后就开始筑巢。夜间雄蜂会在巢穴或其他洞穴中聚集，但当雌蜂开始筑巢后，雄蜂的数量就会减少。雌蜂整晚都会面向巢内，翌日清晨温度升高后才掉转身体面向巢口，但不会飞出巢穴，除非温度超过 21℃（70℉*）。

一个巢室做好后，雌蜂开始采集花蜜和花粉作为幼虫的食物，平均每个巢室的蜂粮包含 64%的花蜜和 36%的花粉。雌蜂在这块蜜粉混合物上产下一粒卵，然后用圆形叶片封上巢室，这些圆形叶片就成了下一个巢室的底部。雌蜂以这种方式不断地筑巢、备食和产卵，直到巢穴几乎造满巢室。最后，它用一些圆形叶片做成一个直径为 0.6cm（0.25in）的塞子封住巢穴入口。一只雌蜂平均在一个巢穴中筑造 4～7 个巢室，然后将这个巢穴塞住再开始在另一个巢穴继续筑巢。天气好的时候，一只雌蜂每天可完成大约一个巢室。但有些雌蜂可能会从别的雌蜂那里抢占巢穴。因而有 3%～5%的巢穴中包含一个以上雌蜂的后代（McCorquodale 和 Owen，1994）。

雄蜂可存活 3～4 周，而雌蜂为 5～6 周，但在野外条件下可能不到 4 周。在人工条件下一只雌蜂一生大约能造 28 个巢室，但在自然条件下平均能造 16 个就已经很好了。雌性筑巢蜂在羽化 6～7 周后数量会急剧下降。

在美国西北部和内华达州，苜蓿切叶蜂每年有 2 个羽化期。通常情况下，10%～20%的幼虫会发育成成虫，且与它们父母羽化的季节相同，它们被称为第 2 代或夏季代成年蜂。

苜蓿切叶蜂的传粉性能

苜蓿切叶蜂已成为高效且实用的紫花苜蓿传粉者。每只雌蜂可以访问大量花朵并生产重达 0.1kg（0.25lb）的种子。苜蓿切叶蜂能够在多种人工以及自然洞穴中筑巢，并能在多种气候条件下繁衍。但另一方面，由于黑彩带蜂筑巢对土壤类型有特殊要求，因而其分布范围受到了一定的限制。

在北美洲西部一些地区，紫花苜蓿本不可能作为一种经济作物来种植，但苜蓿切叶蜂使之成为了可能。例如，1950 年，加拿大还是苜蓿种子进口国，但到了 1988 年加拿大西部地

* 华氏度（℉）为非法定计量单位。1℉＝－17.2℃。——译者注

区却出口了 110 万 kg（240 万lb）种子（Richards，1993）。这种巨大的转变，某种程度上是因为人们对苜蓿切叶蜂的成功应用。1990 年，美国西北部大约有 22 亿只苜蓿切叶蜂（价值1 090 万美元）用于紫花苜蓿授粉（Peterson 等，1992）。

Bohart（1972）总结了苜蓿切叶蜂作为传粉者的优点：

①能轻快地穿行于紫花苜蓿花丛、高效地采集紫花苜蓿花粉。

②主要在筑巢的农田中采集。因此,不太可能访问其他作物或被邻近农田中的杀虫剂杀死。

③觅食期一般与紫花苜蓿花期一致。

④经过人工低温期处理及孵育后，很容易控制羽化出房时间。

⑤与其他独居蜂相比，传粉期长（4～6 周），后代数量多。

⑥种群聚集筑巢，便于管理，提高授粉效率。

⑦易于在地面上的人工筑巢点筑巢。

⑧由于叶制巢室坚固，因此可以使用多种节省劳动力的方法管理越冬幼虫。

除了紫花苜蓿外，苜蓿切叶蜂对其他作物来说也是一种很有应用前景的传粉者。在加拿大阿尔伯塔省北部，利用苜蓿切叶蜂授粉可使红三叶的种子平均产量高达 410kg/hm^2（366lb/acre），而没有苜蓿切叶蜂授粉时，产量仅为 291kg/hm^2（260lb/acre）。此外，苜蓿切叶蜂在红三叶种植区中的繁殖情况与在紫花苜蓿种植区中的同样理想（Fairey 等，1989）。在西方蜜蜂和本地蜂种授粉基础上，应用苜蓿切叶蜂授粉还可使美国缅因州的矮丛蓝莓坐果率提高 30%（Stubbs 和 Drummond，1997）。Richards（1991）把苜蓿切叶蜂列为加拿大‘杂种三叶草’（‘Dawn’）、‘百脉根’（‘Cree’）、‘鹰嘴紫云英’[‘奥克斯利’（‘Oxley’）]、‘小冠花’（‘Penngift’）、‘红三叶’[‘Norlac’、‘渥太华’（‘Ottawa’）]、‘红豆草’[‘诺瓦’（‘Nova’）]、‘白三叶’、‘白花草木樨’和‘黄花草木樨’的理想传粉者。

然而，有时苜蓿切叶蜂的传粉行为和效果并不理想。在缅因州，虽然它们会在相对较低的温度下 13.5～23℃（56～73℉）访问矮丛蓝莓，但是也会被附近其他植物/非农作物吸引（Stubbs 等，1994）。事实上，苜蓿切叶蜂不是专一性传粉蜂，已知其访问的植物共有 21 种，包括 7 个科和 14 个属（Small 等，1997），这种习性会改变它们对特定作物的忠诚度。在华盛顿，苜蓿切叶蜂只有在温度超过 24℃（75℉）时才会飞出访问苹果花（D. F. Mayer，未发表数据）。此外，即使通过孵育，也很难使苜蓿切叶蜂羽化期与苹果花期重叠（见 97 页）。猕猴桃的花不会吸引切叶蜂，所以将它作为猕猴桃的有效传粉蜂是不可能的（Donovan 和 Read，1988）。笼罩试验表明苜蓿切叶蜂不能对冬季豌豆和毛苕子进行有效授粉（Richards，1997）。

苜蓿切叶蜂的放蜂密度

在美国，关于苜蓿切叶蜂在紫花苜蓿种植区推荐的放蜂密度在过去几年有所增加。之前的推荐密度是每公顷 1.235 万～2.470 万只（每英亩 0.5 万～1 万只）雌蜂，但现在的推荐密度通常是每公顷 3.5 万只（每英亩 1.4 万只）雌蜂（Baird 和 Bitner，1991）。在美国爱达荷州，一些种植者每公顷引入雌蜂超过 5.2 万只（每英苗 2.1 万只）（Strickler 和 Freitas，1999）。在加拿大，苜蓿切叶蜂的推荐密度比美国的小一点，每公顷 1.75 万只（每英亩约 0.7 万只）雌蜂（Fairey 等，1984）。在理想条件下，0.7 万只雌蜂在 10～14d 就能完成 0.4hm^2（1acre）紫花苜蓿的授粉。

现代苜蓿切叶蜂的饲养体系表明，过高的放蜂密度会导致苜蓿切叶蜂的后代数量减少。最近几年随着苜蓿切叶蜂放蜂密度的增加，出现了幼虫大量死亡的情况（Mayer，1993），可能是由于资源竞争和雌性蜂迷巢造成的。种植者喜欢提高放蜂密度，以便能快速完成作物授粉。计算机模拟研究表明，高放蜂密度的确有一个好处，即引入的苜蓿切叶蜂越多完成授粉的速度就越快（Strickler，1996，1997）。然而，放蜂密度越高，花粉消耗就越快（3～4周），这可能会对苜蓿切叶蜂种群数量产生负面影响（Strickler 和 Freitas，1999）。因此，在苜蓿切叶蜂和紫花苜蓿两者繁育中应该有一个权衡，种植者必须对作物授粉速度和放蜂密度增加值进行折中（Stephen，1981）。

苜蓿切叶蜂的饲养和管理

苜蓿切叶蜂易于接受各种材料制成的人工巢穴。利用这一特性，种植者和研究人员已研究出了大规模饲养苜蓿切叶蜂的实用方法。苜蓿切叶蜂的管理包括在留种田提供巢穴和庇护所，在冬眠期进行保护以及在作物授粉季节及时打破滞育。附件 1 中列出了苜蓿切叶蜂和饲养工具的销售商。

苜蓿切叶蜂筑巢材料和庇护所

饲养者应该为苜蓿切叶蜂提供筑巢材料和一些人工巢穴供其筑巢。相应的，饲养者还要为筑巢材料和苜蓿切叶蜂提供田间庇护场所以防恶劣天气的影响，并在苜蓿切叶蜂筑巢觅食期为其提供巢穴定位标记。

以下是一些最常见的筑巢材料（Peterson 等，1992）：

①实心巢板（图 11.3）：一种实木板，120cm×15cm×7cm（47.25in×6in× 2.75in），每块板有 2 000 个钻孔，每个孔的直径为 5mm（7/32in），深 65mm（3.125in）（见 72 页）。

②底部可拆卸的实心巢板：类似于上述实心巢板，但底部可拆卸以便抽出巢室（见 71 页）。

③层压巢板（图 11.4）：一对具有相反凹槽的木板或塑料板叠在一起时可形成巢管。这些巢管可以拆开以拿出巢室，而且还可对木板消毒（见 72 页）。

④聚苯乙烯巢板（图 11.4）：类似于层压巢板，但更轻，更便宜（见 71 页）。

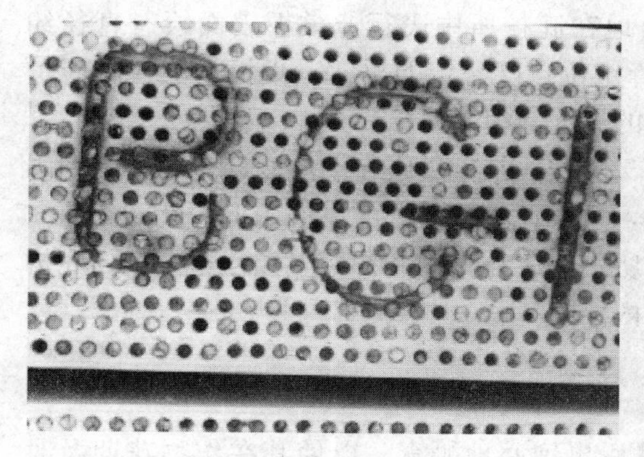

图 11.3　苜宿切叶蜂筑巢板（实心巢板）
（图片来源：Daniel F. Mayer）

图 11.4　白色聚苯乙烯层压巢板（左后）、聚苯乙烯块状层压巢板（右后）、木质层压巢板（前面）
（图片来源：Rhéal Lafrenière）

⑤纸巢板：类似于层压巢板或聚苯乙烯巢板，但却是一次性的。

筑巢材料和苜蓿切叶蜂必须安置在适当的田间庇护场所，以保证苜蓿切叶蜂良好的活动和繁殖。建造的大多数庇护所由 3 个侧板、1 个顶和地板构成（图 11.5），但设计不一，改造过的牵引拖车和校车也可作为其庇护所。顶盖应该向前伸出一个 30～46cm（12～18in）的遮阳板以防止巢板受阳光直射。一些种植者使用遮阳篷进一步保护巢板以免暴晒。侧板上方和顶盖之间应该留有 10～15cm（4～6in）的间隙以使庇护所里的热空气流通。庇护所应涂成黄色、蓝色或绿色，并标记各种能帮助苜蓿切叶蜂找到庇护所的几何图案（Richards，1996）。苜蓿切叶蜂在野外对大型物体的定位最为准确，当安置在大型庇护所时它们的工作效率最高；Stephen（1981）建议庇护所大小为 6m×3m（长为 20in、高为 10in）。在挂车上建造庇护所很方便，因为可以随时迁到开花期晚的区域或者远离喷洒过杀虫剂的区域。遇到鸟类捕食苜蓿切叶蜂的情况，可以在庇护所前面覆盖一个网眼为 5cm（2in）的金属筛网。但若筛网网眼的尺寸较小，那么苜蓿切叶蜂飞过时可能会对其造成伤害。

图 11.5　保护苜蓿切叶蜂巢板建造的田间庇护所
（图片来源：Rhéal Lafrenière）

庇护所必须大到足以容纳至少 6 万～8 万个巢管（Stephen，1981）。可容纳 3 万～9 万个巢管的庇护所可以提供足够的雌蜂为 0.8～2.4hm^2（2～6acre）留种田授粉，但是这种小型庇护所可能会增加苜蓿切叶蜂飞到其他庇护所的概率，尤其是在附近有很多较大庇护所的情况下。可容纳 15 万～75 万个巢管的大型庇护所提供的雌蜂能满足 4～20hm^2（10～50acre）留种田的授粉，但它们的建造成本很高而且可能会增加苜蓿切叶蜂被寄生和患病的概率。

将巢板置于庇护所内，并背靠背地成排码放起来。相向的实木巢板之间必须至少留有 60cm（24in）的距离；保证苜蓿切叶蜂能够自由地在庇护所中飞行。巢板表面绘有直径约 10cm（4in）的各种图形和符号以帮助苜蓿切叶蜂定位自己特定的巢穴。巢板不能接触庇护所的侧板或顶盖板，因为有时侧板或顶盖板表面的温度会很高。

大部分地区的庇护所应面向东稍偏北的方向，这样一来，巢穴在 10:00 后就不会受到阳光直射。一些种植者将遮阳篷放在庇护所的前面，这样在盛行的东南风作用下，就能使面向南或东南的庇护所内的空气流通增强。小型庇护所不应放在大型庇护所（如挂车大小的庇护所）附近，因为苜蓿切叶蜂会飞到较大的庇护所内。

苜蓿切叶蜂的冷藏和孵育

未成熟苜蓿切叶蜂的巢室应冷藏大半年，然后再细心地孵育，以使其在作物花期及时羽化。

在 8 月中旬到 9 月期间将巢管从田间移至室内，并在常温环境下放置 2～3 周，使苜蓿切叶蜂幼虫发育成预蛹并结茧。然后将茧蛹放在温度为5℃（41℉）和相对湿度为40%～60%的条件下储藏到翌年春天。

春季，需要从冷藏室取出巢室，并放在30℃（86℉）的孵育室进行孵育；这一过程需从预测的作物开花期前21d开始。如果因天气转凉而使作物开花期延迟，那么可以在苜蓿切叶蜂孵育的第15～19天将孵育温度降到15～20℃（59～68℉）以延迟羽化时间（Rank和Goerzen，1982）。只能在温暖无风的天气里将苜蓿切叶蜂巢管放置在田间庇护所内，这一点很重要。因为若温度过低，刚出房的苜蓿切叶蜂行动迟缓，就可能会被鸟类捕食；若有风则苜蓿切叶蜂在定位巢穴时会比较困难。

实木/淘汰饲养法

这种方法在美国西部最常见。冷藏期间，滞育幼虫会保存在实木巢板中，巢板可以反复利用（见69页）。这种方法最大的缺点是，随着时间的推移，反复利用的筑巢材料可能会积累苜蓿切叶蜂病害孢子和昆虫天敌等。因此，旧巢板每隔一年就应该淘汰。更换巢板需在作物初花期苜蓿切叶蜂回到庇护所前进行。

准备要淘汰的旧巢板，通常在授粉作物开花前21d先将其从冷藏室转移到孵育室。把旧巢板带到田间后，放在庇护所旁边的"淘汰箱"里。任何大型封闭式箱子都可用作淘汰箱（拖车就不错），但其箱壁上需有大量5cm×15cm（2in×6in）的狭缝。庇护所需配备刚消毒过的空巢板。当苜蓿切叶蜂在淘汰箱中的旧巢板上羽化后，受到光的吸引，它们会从狭缝间飞出，然后开始在附近庇护所中的干净巢板上筑巢。利用螺旋机械装置将旧巢板孔中的杂物除去。然后可以将这些巢板放在127～149℃（260～300℉）温度下干燥24h（Stephen，1982），或放在次氯酸钙溶液（漂白剂）中浸渍（Mayer等，1988a），或利用多聚甲醛熏蒸消毒（Mayer等，1991）。

还不准备淘汰的巢板可直接从孵育室取出放到田间庇护所。为了满足苜蓿切叶蜂种群的扩繁，种植者必须在庇护所提供已消毒的空巢板，其数量是原巢板的1～1.5倍。

由于聚苯乙烯或纸质巢板比较廉价（见69页），在淘汰饲养方法中，许多种植者利用它们替代实木巢板。然而，聚苯乙烯或纸质巢板是针对松散巢室饲养方法设计的，当苜蓿切叶蜂在这些筑巢材料中孵育时，其羽化时间会推迟，因此在淘汰饲养方法中不建议使用聚苯乙烯或纸质巢板（Peterson等，1994）。

剥离巢室饲养法

这种方法是：首先将巢室从巢板中剥离，然后散乱地置于托盘中存储、孵育。春季再将羽化的切叶蜂或成熟的巢室放置在庇护所里，并配备清洁的空巢板以供其筑巢。这种方法的优点是可以更好地防止苜蓿切叶蜂感染寄生虫、防止巢管被破坏、减少冷藏过程中空间的需求以及减少病害的传播，但工作量很大。

剥离巢室饲养法需要底部的实心巢板或者带有凹槽的层压巢板可拆卸（见69页）。在筑巢季节末期，幼虫发育成预蛹后打开巢板，并将其上的巢室剥离。然后将巢室放入滚筒筛以去除散落的叶片、感染白垩病的巢室和许多苜蓿切叶蜂天敌。最后将巢室放在带盖的大容器内冷藏。

春季，将剥离出的巢室置于带网筛的封闭托盘中（图11.6），并在30℃（86℉）条件下孵育。一个大小为61cm×61cm或61cm×91cm（2ft×2ft或2ft×3ft）的托盘大约能容纳7.6L（2gal）的巢室。可在孵育室里配备“面包架”，以便放置大量的托盘。为了便于空气流通，两个托盘之间应保持约3.8cm（1.5in）的距离。剥离出的巢室比放置在巢板中的巢室更容易受极端温度的影响，因此保持孵育室内适宜的温度极其重要。到第21～24天，第1批雄蜂或许还有少许雌蜂开始羽化时，就可以准备将托盘移至田间庇护所。

图11.6　从巢板中剥离、放置在带网筛的封闭托盘中孵育的巢室
（图片来源：Daniel F. Mayer）

但首先须清楚一个庇护所可放入多少加仑的苜蓿切叶蜂巢室。3.8L（1gal）大约能容纳10 500个苜蓿切叶蜂巢室，其中1/3的巢室含雌蜂（每加仑3 465个雌蜂；每升915个雌蜂）。每只雌蜂约需3个空巢管（没有必要为雄蜂提供巢管）。利用下面的公式，我们测算出一个拥有8万个巢孔（40块巢板，每块巢板有2 000个巢孔）的庇护所可容纳8gal或30L的巢室，相当于4个托盘的巢室。所以，建议为每升巢室提供1.3个空巢板（每加仑巢室提供5个空巢板）。

所需巢室的加仑数（gal）＝每个庇护所所含巢孔数/3÷3 465

或者

所需巢室的升数（L）＝每个庇护所所含巢孔数/3÷915

我们本例中所用的能容纳8万个巢孔的庇护所中配置了27 720只雌蜂（8gal巢室×3 465只雌蜂/gal），而每英亩5 000只雌蜂（见68页）这样一个较低的放蜂数量就能满足5acre紫花苜蓿的有效授粉。

在托盘和空巢板放进田间庇护所之前，空巢板必须在127～149℃（260～300℉）的温度下干燥消毒24h。在庇护所中喷洒3%～6%的次氯酸钠（漂白剂）溶液进行消毒以控制白垩病也是一个比较实用的处理方法。将托盘置于庇护所的阴凉处，然后移开顶部的纱网释放苜蓿切叶蜂。交尾后，雌蜂开始在巢板中筑巢，托盘中的苜蓿切叶蜂会在1周左右羽化完。如果筑巢率过高，那么种植者可能需要在庇护所增加更多巢板。如果在最后一批巢室还未造好前这个田块的开花期就已结束，那么这个庇护所可能需要移到另一个正处于开花期的田块。

田间庇护所布局

苜蓿切叶蜂喜欢在它们巢穴周围100m（300ft）范围内觅食（Free，1993）。因此，在面积比较大的田块，要想使苜蓿切叶蜂访问到每一个角落，在田块中间和田边同时放置庇护所是很重要的。

苜蓿切叶蜂天敌和病害

苜蓿切叶蜂的天敌超过 20 种，包括寄生性昆虫、捕食者和巢穴破坏者（Peterson 等，1992）。巨柄啮小蜂属（*Melittobia*）、长尾小蜂属（*Monodontomerus*）、金小蜂属（*Pteromalus*）和啮小蜂属（*Tetrastichus*）中的寄生蜂通常在苜蓿切叶蜂孵育的第 8～13 天开始活跃并羽化。寄生蜂的危害在剥离巢室饲养方法中尤为严重，因为在秋季对剥离的巢室进行滚筒筛选时不能将它们剔除（受寄生茧保护），而且在春季孵育时，暴露的巢室很容易成为寄生的目标。可以通过以下一种或几种方法对寄生蜂进行控制：

①在孵育室的地板上放一盆肥皂水然后在其上方安装一个紫外灯。寄生蜂被紫外灯吸引掉进水里淹死。

②用一层 2.5cm（1ft）厚的清洁且干燥的木屑盖住托盘中的巢室。

③在剥离出的巢室上喷洒少量的二乙基甲苯酰胺（DEET）或其他类似的、经批准的驱虫剂。

④在苜蓿切叶蜂孵育的第 8～13 天，用沾有敌敌畏的树脂条（Vapona®）或者一种经批准的类似的驱虫剂处理孵育室，然后进行 240h 的强制通风。在秋季，利用敌敌畏处理 7d 以上也会有效（Goerzen 和 Murrell，1992）。

许多巢穴破坏者能在秋季剥离巢室饲养方法中通过滚筒筛选被除去。采用实木/淘汰饲养法时，可以在装淘汰巢板的箱子缝隙嵌入一种特殊的排除器，这种排除器可以让苜蓿切叶蜂自由通过，但是会困住像方格甲虫这样的巢穴破坏者。不管用哪种方法，都可以在田间庇护所里用装有敌敌畏树脂条的黄色日本甲虫诱捕器来捕捉破坏巢穴的甲虫。

最严重的病害是白垩病，这是一种会侵染并杀死苜蓿切叶蜂幼虫的真菌。这种真菌与侵染西方蜜蜂的白垩病真菌相似，但两者是不同的物种/真菌，且只侵染各自的寄主。苜蓿切叶蜂的幼虫感染白垩病后会变硬，并呈乳白色、灰色或黑色。下面的一种或几种措施能有效控制白垩病发生：

①对于实木巢板饲养方法，淘汰掉隔年的巢板是很重要的。必须取出巢板，采用高温、3%的次氯酸钠（漂白剂）溶液或多聚甲醛熏蒸进行消毒。

②对于剥离巢室饲养方法，在进入秋季时，必须用滚筒对巢室进行清理分类，去除携带白垩病的巢室。一旦发现存在携带白垩病的巢室，建议对健康的巢室用 1%～3%的消毒剂浸泡消毒，然后晾干。用过的巢板也必须消毒。

③无论哪种饲养方法，在增加新巢板或放入苜蓿切叶蜂巢室之前，建议在庇护所中喷洒 3%～6%的消毒液。

虽然种植者对使用各类杀菌剂来控制白垩病很感兴趣，但是短时期内美国仍不可能批准使用这些产品。迄今为止，只有一种杀菌剂在北美洲获得批准用于苜蓿切叶蜂，即多聚甲醛。在 20～32℃（68～90℉）的温度内和相对湿度为 60%以上的条件下，利用多聚甲醛熏蒸饲养设备可以有效杀死饲养设备中的白垩病孢子（Mayer 等，1991；Goettel 等，1993）。相对于加热或浸渍等其他杀菌消毒方法，多聚甲醛熏蒸法更容易操作。

第 12 章

壁 蜂

壁蜂的生活习性

壁蜂属（切叶蜂科）中的蜂类已经被证明是苹果和其他果树的有效传粉昆虫。这些独居蜂将巢筑在空心的芦苇管中或有孔洞的木材中，如废弃的甲虫巢穴或钉孔。如果适合筑巢的孔洞很多，它们就会大规模地集中筑巢。壁蜂用泥浆、嚼碎的叶片或两者的混合物来分隔巢室或密封巢穴。因此，它们有时被称为“果园中的泥瓦匠蜂”。

在北美洲，壁蜂属最重要的成员是北美洲本土的蓝壁蜂（*Osmia lignaria*）。蓝壁蜂东部亚种（*O. lignaria lignaria*），从落基山脉东侧一直到大西洋沿岸都有分布。而蓝壁蜂西部亚种（*O. lignaria propinqua*）则分布于落基山脉西侧直到太平洋沿岸地区。蓝壁蜂的雌蜂有一对从唇基开始延伸的角状突起。蓝壁蜂的体色为亮蓝色或亮黑色，体长大约是西方蜜蜂的2/3（图12.1）。雄蜂体长大约比雌蜂短1/3，颜面处有一块白色绒毛斑点和一对长而弯曲的触角。雌蜂颜面处没有白斑，而且触角长度大约只有雄蜂的一半。

图12.1　蓝壁蜂（*Osmia lignaria*）
（图片来源：Nancy B. Evelyn）

20世纪60年代，角额壁蜂（*Osmia cornifrons*）被从日本引进到犹他州；1978年，再从犹他州引进到马里兰州（Batra，1989）。现已在美国东部和加拿大等地区建立野生种群。角额壁蜂有一对从唇基开始向上延伸的角状突起。

20世纪80年代，角壁蜂（*O. cornuta*）被从西班牙引进到美国加利福尼亚州的杏仁果园（Torchio，1987）。该种雌蜂略大于蓝壁蜂的雌蜂，最突出的特点是腹部着生有色彩鲜艳的、橘黄色的绒毛。它的唇基也有一对角状突起。

花壁蜂革亚种（*O. ribifloris biedermannii*）是一种原产于美国西部和西南部地区、带有金属绿或蓝色的壁蜂。它是高丛蓝莓的潜在授粉者（Torchio，1990b）。

当春天温度超过10℃（50℉）时，雄性和雌性壁蜂从巢穴羽化出来进行交尾。雄蜂比雌蜂提前3～4d羽化，然后在巢穴周围飞行巡视，寻找雌蜂。这段时间雄蜂会在花间采集花蜜但只完成少量的授粉工作。一只新的雌蜂羽化出来，等待的雄蜂就会扑向它并与其交尾。一只雌蜂可与多只雄蜂交尾。

当雌蜂找到一个合适的巢穴后，就开始一个挨一个地筑造巢室，这是大多数独居蜂的典型筑巢模式。通常一个巢穴只能供一只雌蜂筑巢。只有温度超过12.8℃（55℉）时雌蜂才会外出采集为巢室提供食物储备。雌蜂采集花蜜和花粉后，会在每个巢室做一团花粉球。壁蜂能够利用腹部的腹毛刷携带花粉。要给一个巢室储存足够的花粉和花蜜，壁蜂通常要出巢采集11～35次。雌蜂每个巢室产1粒卵，卵呈香肠形，长约3mm（1/8in），一端嵌入在花粉球中。雌蜂产卵后，用泥浆或嚼碎的叶片做成一层薄墙与其他的巢室分隔开。每筑一个巢室需要外出采集8～12次泥浆，通常一只雌蜂一天只能筑造一个巢室。雌性卵产在靠近巢穴底部的巢室中，雄性卵产在靠近巢穴入口的巢室中；平均雄性卵的数量占2/3。当巢穴筑满巢室后，雌蜂会用一层厚厚的泥浆封住入口。

壁蜂的整个发育阶段需要在15～30℃（59～86℉）进行。卵的孵化大约需要7d。幼虫孵化后约取食30d花粉，然后开始排便。休息几天后开始吐丝结成粉白色的茧室把自己包在里面，同时将粪粒织入茧的外层。几天后蜂茧就变成深褐色，再过30多天幼虫化蛹，2周后蛹蜕皮羽化为成虫。这些新的成虫以休眠的方式越冬。冬季气温必须低于4.4℃（40℉），否则成虫不能在春季打破休眠飞出巢室。雌蜂筑造巢室、采集食物、产卵、授粉4～6周，然后死去。每年只发生一代。

壁蜂的传粉性能

世界上一些温带地区用壁蜂为经济作物授粉，特别是日本，广泛使用本土角额壁蜂为果树授粉。在北美洲，尽管研究表明壁蜂是有效的传粉者，但壁蜂的管理却没有取得很大进展，仍停留在实验或业余阶段。早期的研究通常通过观察壁蜂繁殖能力来衡量它们的授粉潜能。如果壁蜂能采集某种作物的花粉和花蜜来饲喂蜂儿，那么授粉就有可能。从其他国家将壁蜂引种到北美洲部分成功，但其生产还没有形成像蜜蜂、黑彩带蜂和切叶蜂那样的商业规模。最常见的问题是，春天在果园释放壁蜂后，大量的雌蜂会飞离果园。然而，不论是本地壁蜂种群还是引进的壁蜂种群，只要它们大规模出现，就会成为当地作物有效的授粉者。

当蓝壁蜂西部亚种引进到加利福尼亚杏仁果园后，便开始采集杏仁花粉、占据人工巢穴、扩大种群数量。这一切都表明，它们是杏仁潜在的授粉者（Torchio，1981a，1981b）。然而，若2月蓝壁蜂被释放，则超过50%的雌蜂在筑巢前便飞离放蜂点（Torchio，1982）。1984年，角壁蜂（*O. cornuta*）被从西班牙引入到加利福尼亚杏仁果园后，便在这些商业果园越冬。在杏仁开花时聚集在人工巢穴处筑巢，直接飞到杏仁花朵的繁殖器官上采集花粉，其蜂儿的正常发育必须依靠食用储备的杏仁花粉和花蜜（Torchio等，1987）。但是，像蓝壁蜂一样，许多雌性角壁蜂在筑巢前也会飞离果园。如果利用它们生活的巢穴释放成蜂而不是利用成虫羽化箱进行大量释放，就有可能降低春季飞离果园壁蜂的数量（Bosch，1994a）。

总之，大力开发利用角壁蜂为杏仁授粉似乎是合乎情理的；每只雌性角壁蜂在一个花季中能访问9 500～23 600朵杏仁花，并且每棵杏仁树只需3只雌蜂就能获得最大的授粉效益（Bosch，1994b）。

蓝壁蜂东部亚种和蓝壁蜂西部亚种是苹果的有效传粉者，因为它们会直接落在花的花药和柱头上，从而最大限度地增加成功授粉的机会（Torchio，1985）。但是，西方蜜蜂有时却只盗苹果花蜜而没有为苹果授粉。这种情况在‘元帅’苹果（中文名‘蛇果’）品种上很常见。在北卡罗来纳州的‘元帅’苹果园中，将蓝壁蜂东部亚种、蓝壁蜂西部亚种和角额壁蜂释放开展的实验研究。结果表明，靠近壁蜂巢穴的苹果坐果率比没有壁蜂巢穴的坐果率高，即使没有壁蜂巢穴的这些区域摆放有西方蜜蜂，靠近壁蜂巢穴的苹果树结出的苹果有相对较多的种子而且果形更好（Kuhn 和 Ambrose，1984）。然而，这些引进的壁蜂种群不能很好地在苹果园中安家，所以并不能保证获得长期效益。作者把这归咎于农药、雨天、成年蜂飞离授粉点以及蜂儿不明原因的高死亡率。在一个有西方蜜蜂和角额壁蜂的日本苹果园中，每只角额壁蜂每分钟能访问 15 朵苹果花，而西方蜜蜂只能访问 8.5 朵，并且 15min 内角额壁蜂与苹果花繁殖器官的接触达 105 次，而蜜蜂只能接触 4 次（Batra，1982）。角壁蜂更喜欢采集杏仁花粉，但如果有更多可采集的苹果花时，它更愿意飞到苹果花上去采集（Márquez 等，1994）。

花壁蜂（*O. ribifloris*）雌蜂飞行速度快，至少需要 11 次出巢采集才能为 1 个巢室储备好食物，并且能“合法地”访问蓝莓花朵，采集时用前足帮助蓝莓散粉（尽管雄性花壁蜂求偶时会发出“嗡嗡”声但却不能利用声振为蓝莓授粉）。雌性花壁蜂在每朵蓝莓花上约停留 3s，并且从形态学上看，它的头部能确保花粉在蓝莓植株之间传递。加利福尼亚州的一项研究表明，引进的花壁蜂只为巢室储备蓝莓花粉，且蜂儿也能正常发育。雌蜂也不像其他壁蜂一样容易飞离蓝莓园。该壁蜂能在人工巢穴中筑巢。田间收集后可以人工越冬、运输、控制羽化时间并保证与蓝莓花期同步。

但加利福尼亚州的研究也存在一些问题。其中一个实验点的蜂儿死亡率很高，种群数量下降。2 年来蜂茧的寄生率很高，且单雌产雄率较高，每只雌蜂产 2.2～4.6 只雄蜂（相对来说雄蜂是较差的传粉者）。然而，花壁蜂（*O. ribifloris*）似乎是高丛蓝莓商业授粉的一个很好的候选授粉蜂种。

壁蜂也是矮丛蓝莓有应用前景的候选授粉蜂种。在缅因州，壁蜂羽化与矮丛蓝莓开花同步，而且出巢采集的温度范围很广，只为巢室储备蓝莓花粉，并能成功地在蓝莓园中越冬（Stubbs 等，1994）。在加拿大魁北克，野生的 3 种壁蜂：黑腹壁蜂（*O. atriventris*）、意外壁蜂（*O. inspergens*）以及光洁壁蜂（*O. tersula*）是目前已知的矮丛蓝莓的拜访者。但它们可能不是矮丛蓝莓重要的传粉者（Morrissette 等，1985）。在加拿大新斯科舍，采集蓝莓花粉为巢室储备食物的壁蜂为无刺壁蜂（*O. inermis*）和近壁蜂（*O. proxima*）（Finnamore 和 Neary，1978）。

总之，在华盛顿，角额壁蜂（*O. cornifrons*）和蓝壁蜂西部亚种（*O. lignaria propinqua*）作为果园授粉者并不是令人很满意（D. F. Mayer，未发表资料）。春季引进到樱桃园和梨园的壁蜂，其繁殖数量只能维持在原有数量的 10%～50%，并且很少见到壁蜂访问樱桃花或梨花。经常见到这两种壁蜂的雌蜂在樱桃园或梨园中其他开花植物上采集，并且也会飞离这两种果园。

壁蜂的放蜂密度

Bosch（1994b）建议每棵杏仁树放 3 只角壁蜂（*O. cornuta*）的雌蜂为其授粉。1acre 的苹果只需有 250 只筑巢的蓝壁蜂西部亚种（*O. lignaria propinqua*）（相当于 $1hm^2$ 618

只）就能完成授粉（Torchio，1985）。对于大多数果树，Batra（1982）建议每英亩需释放 2 834 只角额壁蜂（*O. cornifrons*）（7 000 只/hm^2），Torchio（1990b）建议每英亩高丛蓝莓释放 300 只筑巢雌性花壁蜂（*O. ribifloris* ）（741 只/hm^2）。

壁蜂的饲养和管理

壁蜂喜欢在人工筑巢材料中筑巢，如钻有光滑孔洞的实心木块、天然中空的芦苇管和纸板管（Griffin，1993；Batra，未出版报告）。不管使用哪种筑巢材料，巢孔的直径均应为 8～10mm（5/16～3/8in），深约为 15.2cm（6in）。若巢孔直径小于 5/16in，将会产生大量的雄蜂，而雄蜂的授粉能力相对较差。

纸板管特别适合作为壁蜂筑巢材料，因为它们相对便宜、可一次性使用、其厚度足以阻止许多寄生虫进入（图 12.2）。而纸吸管容易被危害巢穴的天敌蛀穿，塑料吸管内的湿度则太高。纸板管可从当地的纸品供应公司或附录 1 中列出的经销商那里购买。

图 12.2　壁蜂喜欢的、用于筑巢的纸板管。每一个纸板管对折形成两个末端封闭的巢管（图片来源：Keith S. Delaplane）

筑巢材料必须安置在某种能防御恶劣天气的庇护所中。在架子上搭一块防雨布或使用披棚、干净的空桶或垃圾桶或建筑物上延伸出来的屋檐都可以做一个很好的庇护所。庇护所必须保护壁蜂巢穴免受雨淋和午后阳光直晒。庇护所的开口和巢穴出口都应朝东、南或东南，以便早晨的阳光能照射到巢穴并刺激壁蜂提早出勤。庇护所必须通风良好，防止积聚过多的热量。它们应涂成浅色，但不能有明亮的金属光泽，因为金属光泽可能会趋避壁蜂。为了防御鸟、浣熊或其他可能攻击壁蜂巢穴的动物，可以用鸟网或网眼为 3.8～5.1cm（1.5～2in）的鸡网盖住庇护所的入口。但鸟网是首选材料，因为鸡网网线会损害壁蜂的翅膀。

将一节白色的、直径为 7.6cm（3in）的 PVC 管平放，可以为纸板管中的壁蜂巢穴做一个很好的庇护所。方法为：将 PVC 管的一端削成 45°的斜角，斜面朝下，斜面顶端伸出部分（盖过底部）起到防雨罩的作用，另一端则用一个塑料盖封住；PVC 管底部（用于放置纸板管）长度不得少于 20.3cm（8in），然后将 0.8cm×40.6cm（5/16in×16in）的标准纸板管对折，做成 2 个 20.3cm（8in）长的、末端封闭的巢管（巢管一定要末端封闭，否则壁蜂不会在里面筑巢），将对折过的一束巢管水平放置在 PVC 管内。最后将每个装满纸板管的

PVC管牢固地固定在果园里的果树上或离地面至少0.8m（2.5in）的架子上（图12.3）。装满纸板管的PVC管一定不能悬挂在树上或支架上，因为风会使之摇摆。每个筑巢点前面必须有一个提供泥浆的地方，以便壁蜂采集并用于制作巢室的间隔。

如果想促进和扩增果园中现有壁蜂的自然种群数量，只需要在早春壁蜂开始活跃时，将装满筑巢材料的庇护所放在外面即可。壁蜂在这样的庇护所里筑巢的可能性很大。如果正在释放的是在巢管内越冬、尚未复苏的壁蜂，庇护所在早春果园作物开花3～7d前就放置在果园里。如果天气变冷，从而导致作物花期延迟，则需将装满壁蜂的巢穴放置在3.9～4.4℃（39～40℉）的冷藏室内，以延迟壁蜂羽化出房的时间。在预测的作物开花期前3～7d必须把壁蜂移出冷藏室，这样不久后雄蜂开始羽化，再过2～3d雌蜂开始羽化。一旦雌蜂开始筑巢，最好不要移动庇护所。如果迫不得已需要移动，那么最好选择在晚上进行，并且移到离原来位置至少0.8km（1/2mile）远的地方。

图12.3　壁蜂的一种田间庇护所：一节装满用于筑巢的纸板管的PVC管，其中每个纸板管都被对折成两个末端封闭的巢管。PVC管的前端切割成可以防雨的顶端向前延伸的斜面，后端用塑料盖密封。应将这种庇护所牢固地系在栅栏或树上，使其不会在风中摇摆
（图片来源：Keith S. Delaplane）

在筑巢季节结束、食物储备完成后，为了防止寄生虫和巢穴天敌的危害，应将育满壁蜂的筑巢材料从果园转移到一个凉爽且光线暗的地方。休眠中的壁蜂必须经历一段低温期才能在春天打破休眠，除了某些气温在－15℃（5℉）以下的严寒地区外，冬季的环境气温应该都适合壁蜂。在这段低温期，最好将壁蜂储存在4.4～12.2℃（10～40℉）这种较为温和的温度下。一些种植者在整个冬季都将越冬壁蜂放置在户外的庇护所中。如果这样做的话，要切记用网封住庇护所的入口以防止壁蜂天敌进入。

壁蜂寄生者可能会从储存壁蜂的巢室中羽化出来。可以在储存室的窗户旁边或其他光源处挂一张黏蝇纸对其进行捕捉。如果有老鼠危害，筑巢材料就必须储存在外面装有防鼠网的箱子中。

壁蜂会重复利用旧巢管，但为了避免病害、敌害严重发生，筑巢材料每隔2～3年就应重新更换。一种淘汰旧的筑巢材料的方法是：将装满壁蜂的旧巢放置在一个黑色的塑料袋里。春天准备释放壁蜂时，将该塑料袋放置在庇护所后方的阴凉处（这种方法最适合于像旧桶这样的宽敞的庇护所）。缩小塑料袋袋口，但足以让空气进入、壁蜂爬出，且袋子的开口应面向庇护所的入口。将新的、干净的空巢穴放在旧巢穴的前面并且要靠近庇护所的入口。当壁蜂回到庇护所后，它们更喜欢占据新的巢穴而忽略后方的旧巢穴。然后将旧的筑巢材料丢掉，如果是钻孔的实木巢穴可用烤箱进行消毒。

一些专家建议用多个小巢穴代替一个大巢穴，因为高密度的壁蜂会吸引捕食壁蜂的鸟类和浣熊，或导致滋生更多的寄生虫。将巢穴分散放在多个地方也可以提高授粉效率，因为每只壁蜂基本不会飞到离它们的巢穴92m（300ft）外的地方。

第 13 章 木　　蜂

木蜂的生活习性

木蜂（*Xylocopa* spp.，蜜蜂科木蜂属）是体型较大的独居蜂，其体长及体色与熊蜂类似。但与熊蜂不同的是木蜂的腹部光滑，体表没有绒毛（图 13.1）。早春时节雄蜂和雌蜂羽化并开始进入频繁交配的季节。具有领地行为的雄蜂会积极追逐雌蜂并驱赶其他雄蜂，这种激烈的飞行活动可能会惊吓到路人。尽管如此，木蜂很少蜇人，对人类只有轻微的防御攻击能力。交配后雌蜂开始筑巢并为巢室储备食物。雌蜂利用坚硬的上颚在木头中挖掘一条长的分支型巢穴。它们更喜欢占领并扩大现有的巢穴，但如果找不到旧的巢穴，就不得不开挖一个新的巢穴。然后雌蜂开始采集花粉和花蜜，并在巢穴尽头做成一团花粉球，在上面产卵。雌蜂会一直重复这个过程，直到在巢穴内一连串筑成大约 10 个巢室，并且用从巢壁上刮下来的木屑分隔巢室（图 13.2）。雌蜂对巢址的竞争非常激烈，有时当雌性繁殖蜂外出采集时，其他雌蜂就会抢夺巢穴并将巢穴内的原有蜂儿驱逐出去。在成功繁殖的巢穴内，新一代幼蜂夏季羽化并在巢穴内渡过秋季和冬季。美国佐治亚州的雌蜂能存活至少 2 年，其中第 1 年交配、第 2 年筑巢（Gerling 和 Hermann，1978）。裸露的建筑木材很可能成为木蜂的筑巢点，特别是在棚舍或门廊下的椽木遮阴处。经过木蜂多年的活动后，建筑木材会被损坏。

图 13.1　木椽蜂（*Xylocopa virginica*），腹部的金属光泽将其与腹部毛茸茸的熊蜂区分开来
（图片来源：Nancy B. Evelyn）

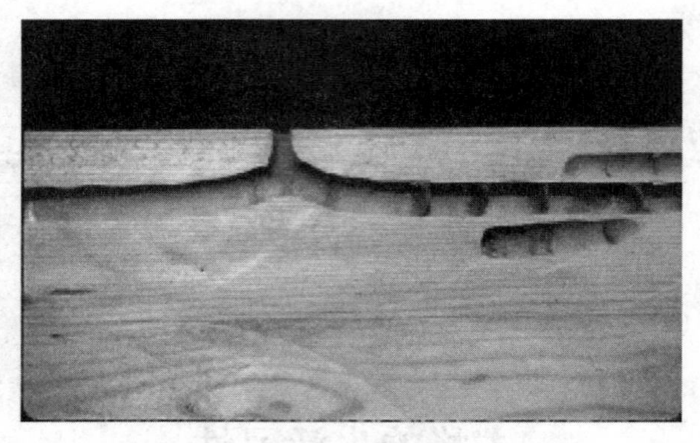

图 13.2　木蜂木板巢穴内部结构剖面图。雌性木蜂用一块浸过花蜜或唾液的巢室隔板分隔巢穴（大约 10 个巢室）。这种成串的巢室模式是大多数营巢独居蜂典型的筑巢方式

（图片来源：Keith S. Delaplane）

木蜂的传粉性能

木蜂不是北美洲作物的有效授粉者，但却是西番莲的有效传粉者（McGregor，1976），在印度一种木蜂能为葫芦和向日葵进行有效授粉（Sihag，1993）。在美国佐治亚州，木蜂会拜访黑莓、油菜、玉米、辣椒、豇豆（K. S. Delaplane，未发表资料），但它们在这些作物上的授粉价值尚不清楚。对于需要声振授粉的作物（如番茄）来说，木蜂是有效的授粉者，因为它们有声振授粉的能力（Adams 和 Senft，1994）。

已报道的木蜂授粉极好的案例之一是在美国西南部杂交棉花生产中的应用。用笼子将 7 只木蜂（*X. varipuncta*）和雄性不育的 A 型棉花罩在一起以排除其他授粉者，这 7 只木蜂授粉后产生的籽棉（种子＋棉绒）相当于一群西方蜜蜂授粉后产生的量（Waller 等，1985b）。

木蜂是臭名昭著的盗蜜者。为了更便捷地到达蜜腺，它们会在花的侧面切割出裂缝，从而在不接触花药和柱头的情况下盗走花蜜。在蓝莓生产中，木蜂的这种行为会带来严重的后果，因为它们盗蜜所打的孔可能会吸引其他本应该正常访花的蜜蜂。只要每 25 株蓝莓有 1 只木蜂以这样的方式盗蜜，或 4％的蓝莓花出现盗蜜孔，就会诱导 80％～90％的正常访花的西方蜜蜂转化成盗蜜者（Cane 和 Payne，1991）。佐治亚州南部拜访兔眼蓝莓的木蜂 100％都是盗蜜者（Delaplane，1995）。

第 14 章

蜜蜂和杀虫剂

大多数蜜蜂中毒事件发生于蜜蜂访问了喷洒过杀虫剂的花朵。这种访问接触的危害性可能比在蜂箱或蜂巢外直接喷洒杀虫剂更大，因为一些速效杀虫剂可能会在短时间内将采集蜂在田间杀死，然而慢性毒素的潜在危害性更大，因为采集蜂接触慢性毒素后还可以活着将含有毒素的花粉带回蜂巢，蜂巢内储存的蜂粮也因此受到污染，蜂儿在几周内食用后就会相继死亡。受到慢性毒素危害的蜂群不是直接死亡就是在其他季节逐渐变得衰弱。

非农用杀虫剂对蜜蜂也有危害。Pankiw 和 Jay 曾经将试验蜂群暴露于超低剂量的马拉硫磷喷雾中，用于模拟控蚊的使用剂量（Pankiw 和 Jay，1992）。研究结果显示，与对照组（未接触马拉硫磷）相比，喷洒过杀虫剂的蜂群数量减少，以及蜂群中的采集蜂数量均减少，重量减轻，采集花粉量也减少。

有些杀虫剂不会直接杀死蜜蜂而是趋避蜜蜂从而干扰作物授粉。有研究结果表明，苹果树喷洒乐果后至少 2d 内对蜜蜂都有驱避作用（Danka 等，1985）。

有研究显示，亚致死剂量的杀虫剂可以改变采集蜂的认巢行为。有研究者曾将一群蜜蜂放置在养虫笼中然后训练工蜂采集距离养虫笼 8m 远的饲喂器。选择一部分蜜蜂标记，经过亚致死剂量的杀虫剂（溴氰菊酯）处理后释放。观察这些蜜蜂的认巢行为，结果显示 81% 经过处理的蜜蜂都不能在 30s 内回巢，平均回巢时间是对照组的 3 倍（Vandame 等，1995）。因为典型农业区域内广泛使用杀虫剂，许多类似的亚致死效应处处可见，所以极有可能引发授粉问题。

通常植物开花期不能使用杀虫剂。然而，当害虫危害严重时，即使是在开花期也必须对植物喷洒杀虫剂。但庆幸的是还有一些方法可以在这种情况下减少杀虫剂对蜜蜂的危害。

首先要强调的是并非所有杀虫剂对蜜蜂的危害程度都一样，不同种类的蜜蜂对杀虫剂的敏感性不同（Mayer 等，1994 b）。附录 3 是部分杀虫剂对蜜蜂的危害等级，主要是基于其化学成分的毒力和使用后残留的时间评定的。

其次，不同的杀虫剂剂型对蜜蜂的毒性不同。通常颗粒状和液体状杀虫剂毒性小于可溶性粉状杀虫剂。不含糖的杀虫剂配方也相对比较安全。例如，人们在牧场通常使用胺甲萘与小麦麸皮的混合物毒杀蝗虫，这种杀虫剂对苜蓿切叶蜂的影响相对较小（Peach 等，1994；1995）。

再次，许多杀虫剂在刚喷洒后对蜜蜂是致死的，但经过几小时的分解，其毒害作用会降到相对较低的水平。所以有些速效杀虫剂可以在傍晚时喷施，到翌日早晨害虫得到了控制，残留的药物也充分降解，这样白天飞行采集的蜂类就相对安全了（见附录 3）。但这种情况并不适用于依赖熊蜂或壁蜂授粉的种植者。这些蜜蜂通常在晚上访问葫芦科植物，所以傍晚喷施杀虫剂并不能保证对这些蜜蜂是安全的。

最后，密切监测害虫情况、控制治理范围、正确使用杀虫剂及其他病虫害综合治理（IPM）措施，将减少每个季节中杀虫剂的使用次数。自20世纪60年代和70年代IPM在美国西部得到实施以来，苜蓿在每个季节喷洒杀虫剂的次数从6～8次减少到了1～3次，传粉者的生存环境也明显得到改善（Peterson等，1992）。

有时杀虫剂对蜜蜂的致死率出奇的高，甚至在蜜蜂很少采访的作物上也是如此。美国西南部的养蜂人就曾报道，在狗牙根花期为留种而使用杀虫剂后蜜蜂大量死亡。由此看来，当缺乏更好的采集对象时，蜜蜂不得不访问狗牙根从而接触到了杀虫剂（Erickson和Atmowidjojo，1997）。如果出现上述问题，唯一可行的方法就是将蜂群撤离这个区域。在其他情况下，如喷洒在作物上的杀虫剂飘散到杂草上后，蜜蜂访问开花的杂草时也可能接触到杀虫剂；因此Erickson等人建议（1994），在种植四季豆时尽量采用绿色无污染的种植方式，以减少这类现象的发生。

目前，基于生物性和植物性杀虫剂的研究结果，生产出了一些对蜜蜂相对安全的产品。附录3中列出了部分上述杀虫剂，它们的活性成分通常是苏云金杆菌和除虫脲。多数此类杀虫剂只作用于特定的昆虫种类，对非目标生物相对比较安全。但是，并非所有的含苏云金杆菌的杀虫剂对蜜蜂都是安全的。例如，XenTari®（Abbott Laboratories）的活性成分就是苏云金杆菌，其使用说明上标明“本产品对直接接触的蜜蜂有剧毒，蜜蜂采集积极的区域不宜使用”。

然而，许多生物性杀虫剂对蜜蜂还是相对安全的。在某些情况下，种植者可以在作物开花期间使用，在此阶段不宜使用其他有害化学杀虫剂。例如，在油菜花期喷洒浓度高达150mg/kg的印楝素（一种印楝树的提取物），不会趋避蜜蜂和其他传粉者，并且蜜蜂访问了喷洒过印楝素的植物后，其身上没有发现印楝素残留（Naumann等，1994a）。一定剂量的绿僵菌杀虫剂可以控制蝗虫，但不会对蜜蜂造成较大危害（Ball等，1994）。如果作物开花期间突然暴发虫害，这些杀虫剂可以作为比较理想的替代物。

应避免使用未经测试的两种或两种以上杀虫剂的混合物，因为杀虫剂混合后的活性是不可预知的。有时两种或两种以上杀虫剂的混合物，其毒性可能大于任何一种单一杀虫剂，这种交互性称为协同作用（增效作用）。例如，Karate®本身对蜜蜂的毒性很高（见附录3），但当其与杀虫剂Impact®或Sportak®混合后，混合物的毒性增加了16倍（Pilling和Jepson，1993）。

除草剂、植物生长调节剂、杀菌剂对于蜜蜂都相对比较安全，但也有一些例外，如除草剂2，4-D和甲基砷酸钠（MSMA）、生长调节剂胺甲萘、杀菌剂乐杀螨（Johansen和Mayer，1990；Drexel Chemical Co.，personal communication）。附录3列出了某些对蜜蜂有毒性的除草剂和杀菌剂。

有时被杀虫剂破坏的蜂群可以恢复。第一步是将蜂巢撤离出危险区域。如果只有老年蜂受到影响且蜂群有足够的蜂蜜和花粉，那么蜂群可以自行恢复。然而，如果幼蜂和哺育蜂持续死亡，就意味着花粉受到了污染。这种情况下，应该撤出所有的粉脾。将撤出的粉脾在水中浸泡数小时、洗出巢房中的花粉并烘干后可以回收利用，但更安全的做法是直接丢弃。群势弱的蜂群可以通过饲喂来促进蜂王产卵。也可以通过加入失王的蜜蜂或合并弱群来加强蜂群。重要的是要确定蜂王能否正常产卵，如果蜂王产卵能力下降那么就要更换蜂王。

显然，种植者和养蜂人必须协商好如何使用杀虫剂。通过签订授粉合同来保护自己的权益已成为一种常识。大多数合同要求种植者在喷洒杀虫剂前的 24～48h 告知养蜂人（见附录 2）。

对于任何一种害虫选择正确的杀虫剂十分重要。首先，只能使用政府批准在特定区域针对特定害虫的杀虫剂。其次，要选择最好的方式来保护地下水和有益物种（如传粉者和害虫天敌）。最后，有时可以利用其他害虫防治技术以减少或杜绝杀虫剂的使用。发达国家的农民通常能接触到大量的信息，这些信息能帮助他们采用可持续发展的方式来生产粮食和纤维。农业大学、推广服务、作物顾问和政府农业部门都可以为他们提供环保的害虫防治建议。

第 15 章

紫花苜蓿

开　　花

紫花苜蓿又称紫苜蓿（*Medicago sativa*），花朵着生在 2.5～10.2cm（1～4in）长的总状花序上。苜蓿花朵首先从底部盛开，开到顶部大约需要 7d。单朵苜蓿花的花冠由 1 片旗瓣、2 片翼瓣和 2 片龙骨瓣构成。花冠包裹着 1 个子房（含 10～12 枚胚珠）、1 个柱头和 10 个花药（图 15.1）。柱头在拉力的作用下被包裹在 2 片龙骨瓣中。当花朵盛开时，柱头弯向与旗瓣相反的方向，雄蕊散粉。在没有外力的作用下龙骨瓣也可以自发弹开，但只有当蜜蜂落在花朵上导致花朵（龙骨瓣）弹开，此时才会出现异花授粉。蜜蜂在花朵上探寻食物的行为会使花柱从龙骨瓣中弹出，同时击打到蜜蜂的头部，柱头进而接触到蜜蜂头部沾染的来自异株苜蓿的花粉。弹开的花朵多数可以结籽；未弹开的花朵不能结籽进而枯萎、死亡。一旦花朵弹开授粉过程随之完成。

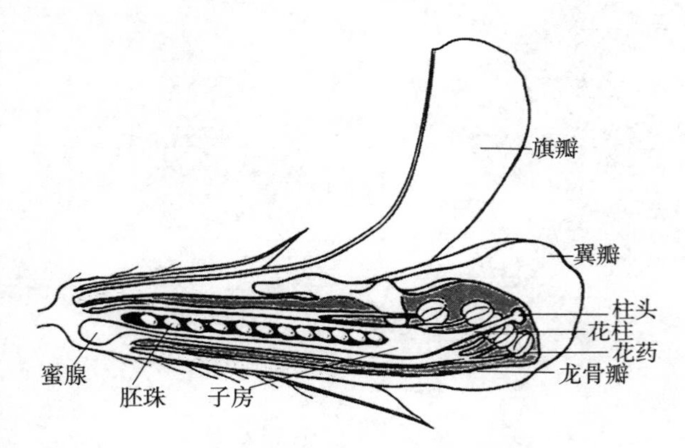

图 15.1　紫花苜蓿花朵
（图片来源：Darrell Rainey）

授　粉　要　求

紫花苜蓿的花朵弹开后才能结籽。并且为了实现异花授粉，柱头必须接触异株紫花苜蓿的花粉。尽管紫花苜蓿中既有完全自交不育又有完全自交可育的种类，但自花授粉中仅有 17％～46％能结荚（Free，1993）。异花授粉能增加花粉管的生长速率、提高花朵结荚的比例、增加单个荚内种子的数量，并使种子长得更大。自交植株的后代无论是出苗率还是结籽率都不如异花授粉的后代（McGregor，1976）。好在自然条件下，紫花苜蓿的异花授粉率达 90％（Free，1993）。

环境因素（干燥）可能会导致苜蓿花朵在没有昆虫访问时自发弹开（北美洲的比例约为 5％）。然而，这种自花授粉的结果并不利于提高产籽量。

传　粉　媒　介

为了提高（高品质种子的）产籽量，紫花苜蓿必须进行异花授粉，而通过蜂类访问使花朵弹开是紫花苜蓿异花授粉的唯一可行途径。花朵弹开是不可逆转的，因为柱头固定于旗瓣的凹槽内。当蜜蜂携带花粉从一朵花飞到另一朵花上时，异花授粉随之发生。后来的蜜蜂再采集同一朵花时就不再产生异花授粉。

紫花苜蓿传粉者——蜜蜂

在美国的加利福尼亚州、亚利桑那州、内华达州南部的部分地区，蜜蜂是紫花苜蓿的主要传粉者。在这些地区，20%～100%的授粉是由采粉蜂采集花粉时导致花朵弹开后完成的。采蜜蜂对紫花苜蓿授粉的贡献较小，虽然采蜜蜂访问紫花苜蓿花朵偶尔也会使花朵弹开完成授粉，但这种情况发生的概率仅为 2%。在美国的西南部，蜜蜂授粉后紫花苜蓿的产籽量高达 1 000lb/acre（Robinson 等，1989）。

但在加拿大和美国北部，采粉蜂仅占传粉者的 0～1%，而由采蜜蜂偶然弹开花朵起到传粉作用的比例仅为 0.2%～0.3%。在内华达州北部某些偏远的山谷中，甚至在高海拔地区，蜜蜂的传粉效率更高，因为那里没有其他粉源植物与紫花苜蓿竞争。

并非所有地区都愿意采用蜜蜂为紫花苜蓿传粉。在加拿大和华盛顿，就不建议将蜜蜂作为紫花苜蓿的传粉者，因为放置在紫花苜蓿附近的蜜蜂蜂群会趋避其他蜂类传粉者（Pesenko 和 Radchenko，1993）。

用于紫花苜蓿授粉的蜂群群势要足够强，应该具有底箱和继箱两部分，包含正在产卵的蜂王、八脾或八脾以上足蜂。蜂群必须有大量的蜂儿，尤其是能促进工蜂采集花粉的蜂儿。蜂群通常分 2 个时间段放置在紫花苜蓿田中：第 1 次是在 1/3 的紫花苜蓿开花时，第 2 次是花开一半或过半时。以蜂群放置点为中心，半径为 92m 范围内的绝大多数紫花苜蓿都能结籽。每个蜂群放置点应摆放 12～18 群蜂，两个放置点间的距离控制在 146m 左右。

相较于刚刚灌溉过或太干燥的紫花苜蓿，蜜蜂更喜欢采集略微缺水的植株。如果整块紫花苜蓿田在同一时间灌溉了，那么这块紫花苜蓿田在任何时间都不能吸引蜜蜂来采集。也就是说，如果紫花苜蓿太湿润或太干燥，蜜蜂就会倾向采集同期开花的其他蜜粉源。这个问题可以通过分块轮流灌溉的方式来解决，以使紫花苜蓿总能吸引蜜蜂来采集。

应在蜂巢附近放置一些水桶以便蜜蜂能在近处取水；如果蜜蜂必须去很远的地方取水，就难以保证它们有充足的精力为作物授粉。建议每 18.2hm^2（45acre）的紫花苜蓿田放置两个大桶盛水，并且根据需要补水，同时要放置一些漂浮物在水面上以防止蜜蜂溺水。

蜜蜂访问紫花苜蓿花朵时，花朵弹开会打到蜜蜂的头部，这种经历使得它们学会避免采集紫花苜蓿。而黑彩带蜂或切叶蜂则不会。不过，经过选育的蜜蜂就不会出现这种驱避情况。Nye 和 Mackenson（1968；1970）曾选育出一个喜欢采集紫花苜蓿花粉的蜜蜂品种；然而，该选育计划中断了。在后续工作中，经过三代人工选择，最终选育出花粉“高采集率”的蜜蜂，将它们放置于紫花苜蓿附近时，这些蜜蜂所采集的花粉是“低采集率”蜜蜂的 2.4 倍（Gordon 等，1995）。尽管这种高效采粉蜂不一定更青睐紫花苜蓿花粉，但总体来看，较高的花粉采集率可能会提高紫花苜蓿的授粉效率，因为采粉蜂通常是较好的传粉者。很遗憾，现在这种商业用的高效采粉蜂不复存在了。

紫花苜蓿传粉者——黑彩带蜂

黑彩带蜂（见第 9 章）被广泛用于内华达州及华盛顿州的图谢地区。1 块 0.4hm² (1acre) 的黑彩带蜂蜂床，平均包括 100 万只筑巢雌蜂（每公顷 250 万只），能为 81hm² 的紫花苜蓿提供优良的授粉服务。虽然在北美洲西部这些本地蜂是商业紫花苜蓿的优秀传粉者，但近年来它们在很大程度上被切叶蜂替代了。

紫花苜蓿传粉者——苜蓿切叶蜂

在美国西北部、加拿大和加利福尼亚州的部分地区，苜蓿切叶蜂（见第 11 章）是紫花苜蓿最重要的传粉者。1 只雌蜂授粉的苜蓿足以结出 0.1kg 的种子。大多数种植者期望的授粉蜂数量为每英亩 20 000 只（7 000 只雌蜂）或每公顷 50 000 只（18 000 只雌蜂）。在理想条件下，7 000 只雌蜂在 10～14d 就可以满足 1acre 紫花苜蓿的授粉需求。苜蓿切叶蜂还在蜂巢内休眠时即被成桶或成脾出售。虽然这种蜂名为苜蓿切叶蜂，却常会被白色草木樨和紫色马鞭草等其他植物吸引（Small 等，1997）。

紫花苜蓿传粉者——野生蜂

紫花苜蓿能吸引很多蜂类，且大多种类都能为紫花苜蓿提供有效的授粉服务。在加拿大的 20 个紫花苜蓿种植园中（16 个靠近渥太华和安大略湖，4 个位于皮斯河流域），数量最多的访问者是切叶蜂（*Megachile* spp.），其次是熊蜂。蜜蜂位列第 5，没有发现黑彩带蜂（Brookes 等，1994）。研究者在距离苜蓿切叶蜂人工蜂巢 90m 外的地方进行样本采集，以避免采集到人工饲养的苜蓿切叶蜂；而人工饲养的蜜蜂在距离采样点 2km 以外的地方。观察发现，在采样区紫花苜蓿不是最有吸引力的蜜源植物，有另外 3 种植物对传粉者更有吸引力。然而，紫花苜蓿似乎得益于周围存在的其他开花植物，因为这些植物能将传粉者吸引过来。相较于生长在大块紫花苜蓿田中的植株，10m 范围内有野花开放的紫花苜蓿植株被蜂类访问得更频繁。在一个仅有野生蜂授粉的试验点，种子产量为每公顷 240kg，这个产量恰好在未灌溉区域预期值范围内（表 15.1）。

表 15.1　苜蓿花期授粉推荐放蜂密度

苜蓿所需授粉蜂群数量（西方蜜蜂）	参考资料
7.4～14.8 群/hm²（3～6 群/acre）	Todd 和 Vansell (1952)
4.9～9.9 群/hm²（2～4 群/acre）	Vansell 和 Todd (1946)；Hobbs 和 Lilly (1955)；Bohart (1957)；McGregor (1976；1981)；Crane 和 Walker (1984)；Levin (1986)；Berg (1991)
2.5～8 群/hm²（1～3.2 群/acre）	Williams (1994)
7.9 群/hm²（3.2 群/acre）	表中上述文献放蜂密度的平均值
其他指标	
2～7 只采蜜蜜蜂（2.4～8.4m²）	Jones (1958)
7 410 只/hm² 黑彩带蜂	Mayer 和 Lunden (1993)
每 1.25 m²1 只切叶蜂	Bohart (1967)
50 000～123 500 只/hm² 切叶蜂	Strickler 等 (1996)
50 000 个/hm² 切叶蜂蜂巢	Kevan (1988)
15 000～40 000 个/hm² 切叶蜂蜂巢	Scott-Dupree 等 (1995)

第 16 章

巴 旦 木

开 花

巴旦木（*Prunus dulcis*）的花包括1枚雌蕊（单子房，内含2枚胚珠），10～30枚雄蕊和5片浅粉色的花瓣。通常只有1枚胚珠能发育成果实。花蜜分泌后储存在雌蕊基部的萼筒内（图16.1）。巴旦木的花期从1月底持续到3月底，在此期间蜜蜂能够很容易地采集它的花蜜和花粉。在欧洲，西班牙是巴旦木的主产地，而在美国，几乎所有的商品巴旦木都产于加利福尼亚州。

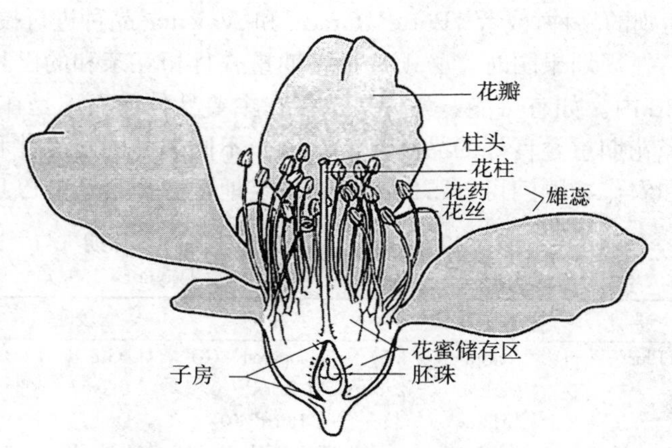

图16.1　巴旦木（*Prunus dulcis*）的花
（图片来源：Darrell Rainey）

授 粉 要 求

巴旦木是完全自交不育植物，所以必须与不同植株或品种进行异株异花授粉。巴旦木的授粉要求极其高，大多数果树只需要5%～10%的坐果率就可达到可观的产量，而巴旦木则需要30%～60%的坐果率才行（Traynor，1993）。并不是所有已授粉的花都能结果，而且巴旦木与苹果及其他果树不同，它不需要疏花。也就是说，为了达到可观的产量，几乎100%的花朵都需要异花授粉。

'Nonpareil'是加利福尼亚州最主要的巴旦木品种。人们通常将'Nonpareil'和与之亲和的授粉株品种如'Carmel''Fritz''Merced''Monterey''Price''Sonora'间作种植。一般推荐1∶1或1∶1∶1的间作模式，即一行种植'Nonpareil'品种，下1行或2行种植其品种的授粉株。20世纪40～50年代的种植经验表明，主要巴旦木品种的比例过高（4∶1或2∶1），会导致离授粉株最远一行的主要品种产量偏低（Traynor，1993）。所有间作品种都应具有杂交亲和性，这一点非常重要；在加利福尼亚州，至少使用了7种具有杂交亲和性的品种（表16.1）。

表 16.1 具有杂交亲和性的加利福尼亚州巴旦木品种组别（CIGs）
（Kester 等，1994）

组别	品种
CIG-Ⅰ	‘浓帕烈’（‘Nonpareil’）、‘I. X. L.’、‘Long I. X. L.’、‘Profuse’、‘晚花浓帕烈’（‘Tardy Nonpareil’）
CIG-Ⅱ	‘米森’（‘Mission’）、‘Ballico’、‘蓝桂大可’（‘Languedoc’）
CIG-Ⅲ	‘汤姆逊’（‘Thompson’）、‘Robson’、‘Harvey’、‘Granada’、‘Sauret ＃2’、‘Mono’、‘Wood Colony’
CIG-Ⅳ	‘麦森德’（‘Merced’）、‘尼·普鲁·乌特拉’（‘Ne Plus Ultra’）、‘Price Cluster’、‘Norman’、‘Ripon’、‘Rosetta’
CIG-Ⅴ	‘卡迈尔’（‘Carmel’）、‘Carrion’、‘Sauret ＃1’、‘Livingston’、‘Monarch’
CIG-Ⅵ	‘蒙特瑞’（‘Monterey’）、‘Seedling 1-98’
CIG-Ⅶ	‘索诺拉’（‘Sonora’）、‘Vesta’、‘索拉诺’（‘Solano’）、‘Kapareil’

注：同一 CIG 组别下的品种不能同时种植。

‘Jeffries’是‘Nonpareil’的一个高产突变种，但其具有单方亲和性，即所有巴旦木品种都能对‘Jeffries’进行授粉，但‘Jeffries’不能对‘Nonpareil’和所有 CIG-Ⅴ、CIG-Ⅵ和 CIG-Ⅶ组别的品种，或者‘Butte’‘Grace’和‘Valenta’品种进行授粉（Traynor，1993；Kester 等，1994）。

在规划果园时，必须选择花期重叠且相互亲和的巴旦木品种，且这些品种的花期间隔应在 3d 内。如有可能，最好是选择在主要品种前而不是在其后开花的授粉品种。表 16.2 对于选择花期重叠良好的品种有所帮助。不同品种的耐冻性和花粉产量也各不相同。农业推广服务和农作物顾问可以帮助人们为特定地区选择合适的巴旦木品种。

表 16.2 其他巴旦木品种开花期（与‘Nonpareil’对比）
（Traynor，1993）

早期	较早	中期	较晚	晚期	很晚
‘Ne Plus’（－6）	‘Sonora’（－3.5）	‘Nonpareil’（0）	‘LeGrand’（＋3）	‘Butte’（＋5）	‘Ripon’（＋12）
	‘Peerless’（－2.5）	‘Jeffries’（0）	‘Tokyo’（＋3）	‘Padre’（＋5）	‘Planada’（＋14）
	‘Milow’（－1）	‘Price’（0）	‘Drake’（＋3）	‘Thompson’（＋5）	‘Tardy Nonpareil’（＋17）
		‘Kapareil’（＋1）	‘Monarch’（＋3）	‘Livingston’（＋5）	
		‘Suaret ＃1’（＋1）	‘Suaret ＃2’（＋3）	‘Mission’（＋5）	
		‘Carmel’（＋2）	‘Norman，（＋4）	‘Mono’（＋7）	
		‘Monterey’（＋2）		‘Yosemite’（＋7）	
		‘Carrion’（＋2）		‘Ruby’（＋8）	
		‘Fritz’（＋2.5）			
		‘Merced’（＋2.5）			
		‘Harvey’（＋2.5）			
		‘Solano’（＋2.5）			

注：数字表示在‘Nonpareil’盛花期之前（－）或之后（＋）的天数。

如有可能，交替种植中期和晚期开花的巴旦木（在每块田中采用彼此亲和品种以 1∶1 或 1∶1∶1 的模式间作种植）不失为一个好方法。将租用的蜂箱放置在间作品种之间，可以轻松地获得两倍收益；蜜蜂为中期开花品种授粉 1 周后，还可为晚期开花品种进行授粉。

传 粉 媒 介

巴旦木传粉者——蜜蜂

在美国，蜜蜂是巴旦木最主要的传粉者（表 16.3）。蜜蜂乐于访问巴旦木并且可以提供有效的传粉服务。因为巴旦木的授粉要求比较高，所以要使用强群为其授粉，即巴旦木处于盛花期时，蜜蜂的群势也达到最强。一个理想的授粉蜂群应该有8脾蜜蜂。1脾即1张标准巢框在15.6℃时，2/3或3/4的区域被蜜蜂覆盖，并且有5 200cm^{2}的子脾（McGregor，1976）。然而，由于巴旦木的开花时间非常早，有时很难在盛花期找到群势最强的蜜蜂为其授粉。虽然养蜂人可以在仲冬时节采用饲喂的方式刺激蜂群繁殖，但这种方法成本很高，所以很多人还是选择租赁群势较弱的蜜蜂以缩减成本。多数巴旦木授粉合同中规定的收费标准是基于蜂脾的平均数量的；如果种植者想租用最少的脾数反而必须支付更高的费用，因为每群蜜蜂都必须经过检查。县农业部门、咨询师和一些经纪人可以提供蜜蜂群势检查的服务。

还有一个问题是，巴旦木开花早期天气非常寒冷。蜜蜂在气温低于12.8℃时不愿外出飞行。解决该问题的一个方法就是将蜂巢放置在阳光明媚、避风的地方以鼓励蜜蜂飞行。如果持续低温，就必须增加蜂群的数量以弥补外出数量少的问题。

对于其他作物来说，最好在植物开花后引入蜜蜂。但这并不适用于巴旦木，因为对于它来说最早开的花最易结果。而且，很少有植物与巴旦木同期开花，所以一旦它开花，蜜蜂就会急切地访问巴旦木而不会被其他植物吸引。因此，没有道理推迟引入蜜蜂，大多数种植者会在巴旦木开花前或刚开始开花时就引入蜜蜂。如果有早期盛开的杏花、芥菜或桃花与巴旦木竞争蜜蜂，则可喷洒蜜蜂引诱剂（见第7章，36页）。然而，至今没有证据证明蜜蜂引诱剂对巴旦木有效果（M. L. Winston）。

McGregor（1976）建议在果园内分组放置蜂群，每隔160m放置一组。但蜂群群势似乎比分布更重要。种植者将大量强群以每隔0.4～0.8km的距离放置在果园内的小道旁，能够获得较好的收益（Traynor，1993）。但对于其他作物，蜂箱集中摆放要好于分散放置。在加利福尼亚州，蜂群通常以16、24、32群为一组。

Webster等人（1985）在巴旦木果园内的研究结果表明，与未安装脱粉器的蜂群相比，安装脱粉器后采粉蜂的比例增加了。但安装脱粉器后，蜂群的增长减慢了，这种潜在好处也被抵消了。

表16.3 巴旦木花期授粉推荐放蜂密度

巴旦木所需授粉蜂群的数量（西方蜜蜂）	参考资料
5～7群/hm^2（2～3群/acre）	McGregor（1976）
2.5～7群/hm^2（1～3群/acre）	Thorp和Mussen（1979）
7～10群/hm^2（3～4群/acre）	Levin（1986）
5群/hm^2（2群/acre）	Traynor（1993）；Scott-Dupree等（1995）
6群/hm^2（2.5群/acre）	表中上述文献放蜂密度的平均值
其他指标	
角壁蜂雌蜂3只/棵（西班牙）	Bosch（1994b）

巴旦木传粉者——果园壁蜂

两种果园壁蜂——北美洲本地蓝壁蜂西部亚种（*O. lignaria propinqua*）和来自西班牙的角壁蜂（*O. cornuta*）是巴旦木的潜在传粉者（见第12章）。当这两种壁蜂被引入加利福尼亚州巴旦木果园后，会采集巴旦木花粉、在人造巢穴中筑巢，并以巴旦木花蜜和花粉为食发展蜂群。然而，许多雌蜂会在筑巢前飞离2月的释放地点。这些果园壁蜂是巴旦木的理想传粉者；在西班牙，每只雌性角壁蜂在花期内能访问9 500～23 600朵花，而且每棵树只需要3只雌蜂就能达到最大化的授粉效果（Bosch，1994b）。然而，对于果园壁蜂的大规模实际应用技术还不成熟。

第 17 章

苹　果

开　花

苹果（*Malus domestica*）花一般簇生于1～3年生的果枝顶端。每朵花有20～25枚雄蕊，雌蕊（花柱）位于雄蕊中间，每枚雌蕊有5个柱头，花柱基部合生（图17.1）。子房1个，花粉可育子房5室（1个子房含5个心室），每个心室有2枚胚珠。这意味着若授粉充分，最终每个果会形成10粒种子（'Northern Spy'每个心室有4枚胚珠，因此该品种最多可产20粒种子）。蜜腺在花柱基部周围分泌花蜜。5片粉白色花瓣围绕着雌蕊和雄蕊。苹果每个花序的主芽发育成中心花，中心花先开放并且结的果品质最好。由于苹果的花蜜和花粉较多，蜜蜂喜爱访问。

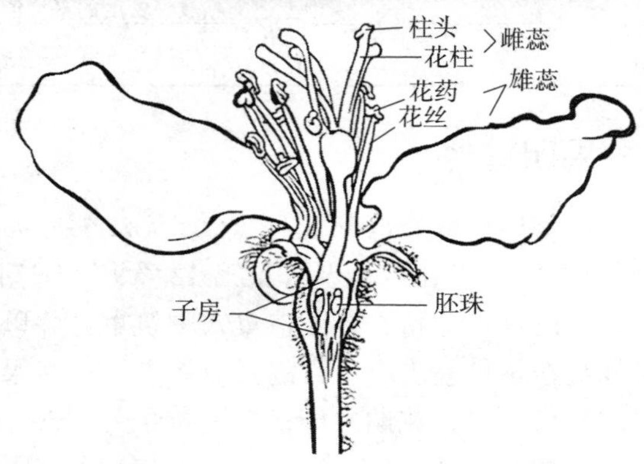

图17.1　苹果（*Malus domestica*）花，花纵切面，显示内部结构
（图片来源：文字 Darrell Rainey；图片 Jim Strawser）

授 粉 要 求

每朵苹果花至少要有 6～7 枚胚珠充分受精，否则结的果较小、畸形且会提前落果（McGregor，1976）。另外，授粉不足也会降低果中钙离子的浓度（Volz 等，1996），从而影响苹果的储存（Ferguson 和 Watkins，1989）。

大部分苹果品种都需要同与其具有亲和性的其他品种进行杂交授粉。而少数品种例外，如‘Newtown’‘Golden Delicious’和‘Rome Beauty’可以自交。尽管苹果的有些品种可以自花结实，但也不能大面积单作。因此，果农必须将主栽品种和具有亲和性的授粉品种进行间作种植。一般来说，亲缘关系较近的品种不能作为授粉树，如‘McIntosh’‘Early McIntosh’‘Cortland’和‘Macoun’就不能互相作为授粉树。同样，不能用接穗对亲本进行授粉。主栽品种与授粉品种的花期必须重叠。要想获得最佳的授粉效果，就要同时配置花期早于和晚于主栽品种的授粉树。这样，就有足够的花粉提供给主栽品种上早期开花的中心花，即便由于霜冻中心花被冻坏，花期较晚的授粉树也能为主栽品种上开花较晚的边花提供花粉。

一些苹果品种会产生不育的花粉。这些品种可以接受其他品种的花粉并结实，但是它们不能被用作授粉树。表 17.1 至表 17.4 列举了北美洲不同地域的一些苹果常见授粉品种、花粉活性及其与主栽品种之间的花期间隔，同时也列出了苹果的主栽品种及其具有亲和性的授粉品种。

昆虫是苹果唯一有效的传粉者。研究表明，利用机械动力花粉喷粉装置为苹果授粉不能提高苹果的坐果率、种子数量和产量，对果实的大小也没有影响（Schupp 等，1997）。

表 17.1　美国东南部的部分苹果品种、授粉品种、花粉活性及相对花期

（Horton 等，1990）

主栽品种	适宜间作的授粉品种	花粉的生活力	相对花期（d）							
‘青香蕉’(‘Winter Banana’)(Spur 嫁接)	√	较高	×	×	×	×	×	×	×	
‘泽西美’(‘Jersey Mac’)	√	较高	×	×	×	×	×	×		
‘恩派’(‘Empire’)		较高	×	×	×	×				
‘宝罗红’(‘Paulared’)		较高		×	×	×	×			
‘斯迪曼’(‘Stayman’)		较差		×	×	×	×			
‘雅茨’(‘Yates’)	√	较高		×	×	×	×	×		
‘乔纳金’(‘Jonagold’)		较差			×	×	×	×		
‘蛇果’(‘Delicious’)		较高			×	×	×	×		
‘布瑞本’(‘Braeburn’)		较高			×	×	×	×		
‘陆奥’(‘Mutsu’)		较差			×	×	×	×		
‘红玉’(‘Jonathan’)		较高				×	×	×	×	
‘澳洲青苹’(‘Granny Smith’)		较高				×	×	×	×	×
‘红印度’(‘Arkansas Black’)		较高				×	×	×	×	
‘嘎拉’(‘Gala’)		较高				×	×	×	×	
‘金蛇果’(‘Golden Delicious’)		较高				×	×	×	×	

（续）

主栽品种	适宜间作的授粉品种	花粉的生活力	相对花期（d）					
‘富士’（‘Fuji’）		较高	×	×	×	×	×	
‘瑞光’（‘Rome Beauty’）		较高		×	×	×	×	×

表 17.2　不列颠哥伦比亚内地的一些苹果品种及海棠品种和相对花期间隔

品种	相对花期间隔（d）														
‘道格海棠’（‘Dolgo’）	×	×	×	×	×	×	×								
‘旭日’（‘Sunrise’）	×	×	×	×	×	×	×	×	×	×					
‘马卡海棠’（‘Makamik’）		×	×	×	×	×	×	×							
‘恩派’（‘Empire’）		×	×	×	×	×	×	×	×						
‘旭苹果’（‘McIntosh’）			×	×	×	×	×	×	×						
‘金蛇果’（‘Golden Delicious’）				×	×	×	×	×	×	×					
‘乔纳金’（‘Jonagold’）				×	×	×	×	×	×	×	×				
‘伊斯达’（‘Elstar’）				×	×	×	×	×	×	×	×	×			
‘满洲’（‘Manchurian’）					×	×	×	×	×	×	×	×			
‘斯帕坦’（‘Spartan’）						×	×	×	×	×	×	×	×		
‘红蛇果’（‘Red Delicious’）						×	×	×	×	×	×	×	×		
‘皇家嘎拉’（‘Royal Gala’）							×	×	×	×	×	×	×	×	
‘瑞光’（‘Rome Beauty’）							×	×	×	×	×	×	×	×	
‘富士’（‘Fuji’）							×	×	×	×	×	×	×	×	
‘青香蕉’（‘Winter Banana’）							×	×	×	×	×	×	×	×	
‘澳洲青苹’（‘Granny Smith’）							×	×	×	×	×	×	×	×	
‘布瑞本’（‘Braeburn’）									×	×	×	×	×	×	×

表 17.3　不列颠哥伦比亚内地的主栽苹果品种及其适宜的授粉品种

主栽品种	适宜的授粉品种
‘旭苹果’（‘McIntosh’）	‘道格海棠’（‘Crabapples Dolgo’）以及‘加里海棠’（‘Garry’）、‘探索’（‘Discovery’），或者其他早春开花的苹果品种
‘斯帕坦’（‘Spartan’）	‘红蛇果’（‘Red Delicious’）、‘金蛇果’（‘Golden Delicious’）、‘青香蕉’（‘Winter Banana’）
‘金蛇果’（‘Golden Delicious’）	‘斯帕坦’（‘Spartan’）或‘红蛇果’（‘Red Delicious’）
‘红蛇果’（‘Red Delicious’）	‘斯帕坦’（‘Spartan’）、‘金蛇果’（‘Golden Delicious’）、‘嫁接青香蕉’（‘Spur Winter Banana’）
‘恩派’（‘Empire’）	‘旭苹果’（‘McIntosh’）
‘红玉’（‘Jonagold’）	‘旭苹果’（‘McIntosh’）、‘恩派’（‘Empire’）、‘斯帕坦’（‘Spartan’）
‘嘎拉’（‘Gala’）、‘布瑞本果’（‘Braeburn’）、‘富士’（‘Fuji’）	可以互相为授粉树，也可以用‘红蛇果’（‘Red Delicious’）、‘澳洲青苹’（‘Granny Smith’）和‘青香蕉’（‘Winter Banana’）作为授粉树

表 17.4　美国西北部的苹果品种、杂交亲和性及花期

多种花粉源	花期	‘洛迪’（‘Lodi’）	‘厄尔利戈尔德’（‘Earligold’）	‘红旭’（‘Jonamac’）	‘格拉文施泰因’（‘Gravenstein’）	‘麦金托什’（‘McIntosh’）	‘斯帕坦’（‘Spartan’）	‘利伯蒂’（‘Liberty’）	‘艾达红’（‘Idared’）	‘斯嘉丽嘎拉’（‘Scarlett Gala’）	‘阿肯（绅红）’［‘Akane(Prime Red)’］	‘约拿森’（‘Jonathen’）	‘斯迪曼’（‘Stayman’）	‘乔纳金’（‘Jonagold’）	‘穆拓苏（克里斯潘）’［‘Mutosu’（‘crispin’）］	‘柯特伦’（‘Cotlon’）	‘恩派’（‘Emprie’）	‘恩特普莱斯’（‘Enterprise’）	‘金蛇果’（‘Golden Delicious’）	‘红蛇果’（‘Red Delicious’）	‘青香蕉’（‘Spur Winter Banana’）	‘醇露’（‘Winesap’）	‘翠玉’（‘Newton Pippin’）	‘澳洲青苹’（‘Granny Smith’）	‘富士’（‘Fuji’）	‘布瑞本’（‘Braebum’）	‘兰梅约克’（‘Ramey York’）	‘罗马’（‘Rome’）	‘诺什斯派’（‘Northern Spy’）	‘蕾蒂’（‘Lady’）
授粉品种		初花期											中花期														晚花期			
‘洛迪’（‘Lodi’）	初花期	×																									0	0	0	0
‘厄尔利戈尔德’（‘Earligold’）	初花期		×																								0	0	0	0
‘红旭’（‘Jonamac’）	初花期			0																							0	0	0	0
‘格拉文施泰因’（‘Gravenstein’）	初花期	0	0	0	0	0	0	0	0	0	0	0	0	0	0	0	0	0	0		0	0	0		0	0	0	0	0	0
‘麦金托什’（‘Mclntosh’）	初花期			0		0																					0	0	0	0
‘斯帕坦’（‘Spartan’）	初花期						×																				0	0	0	0
‘利伯蒂’（‘Liberty’）	初花期							×																			0	0	0	0
‘艾达红’（‘Idared’）	初花期								×																		0	0	0	0
‘斯嘉丽嘎啦’（‘Scarlett Gala’）	初花期									×																				
‘阿肯（绅红）’［‘Akane(Prime Red)’］	初花期										×																			
‘约拿森’（‘Jonathcn’）	初花期											×																		
‘斯迪曼’（‘Stayman’）	中花期	0	0	0	0	0	0	0	0	0	0	0	0	0	0	0	0	0	0		0	0	0		0	0	0	0	0	0
‘乔纳金’（‘Jonagold’）	中花期	0	0	0	0	0	0	0	0	0	0	0	0	0	0	0	0	0	0		0	0	0		0	0	0	0	0	0
‘穆拓苏’（‘克里斯潘’）［‘Mutosu’（‘crispin’）］	中花期	0	0	0	0	0	0	0	0	0	0	0	0	0	0	0	0	0	0		0	0	0		0	0	0	0	0	0
‘柯特伦’（‘Cotlon’）	中花期															×														
‘恩派’（‘Emprie’）	中花期																×													
‘恩特普莱斯’（‘Enterprise’）	中花期																	×												
‘金蛇果’（‘Golden Delicious’）	中花期													0					×											
‘红蛇果’（‘Red Delicious’）	中花期																			×										
‘青香蕉’（‘Spur Winter Banana’）	中花期																				×									
‘醇露’（‘Winesap’）	中花期	0	0	0	0	0	0	0	0	0	0	0	0	0	0	0	0	0	0		0	0	0		0	0	0	0	0	0
‘翠玉’（‘Newton Pippin’）	中花期																						×							
‘澳洲青苹’（‘Granny Smith’）	中花期																							×						
‘富士’（‘Fuji’）	中花期																								×					
‘布瑞本’（‘Braebum’）	中花期																									×				
‘兰梅约克’（‘Ramey York’）	晚花期	0	0	0	0	0	0	0	0																		×			
‘罗马’（‘Rome’）	晚花期	0	0	0	0	0	0	0	0																			×		
‘诺什斯派’（‘Northern Spy’）	晚花期	0	0	0	0	0	0	0	0																				×	
‘蕾蒂’（‘Lady’）	晚花期	0	0	0	0	0	0	0	0																					×

注：空白框表示适宜的授粉品种组合；“0”表示两个品种互相不适合做授粉品种；“×”表示该品种在一定程度上能自交结果，但不能大面积单一种植。

如果备选授粉树结的果品质较差，树体太占空间，与主栽品种使用的杀虫剂种类或剂量等不一致，或结出的果与主栽品种类似，人工采摘时难以区分，果农就可以用开花的‘海棠’品种（野苹果树）作为授粉树替代一些商业授粉品种。因为访花时蜜蜂一般不会转而采集另外一种不同颜色的花朵，所以授粉品种的花朵颜色要与主栽品种的花朵颜色一致（Mayer 等，1989b）。‘海棠’品种可以间作种植在主栽品种植株之间或嫁接到主栽品种上；因此对于没有配置授粉树的老果园而言，用‘海棠’品种作为授粉树是一个很好的补救方法。

苹果开花期间，人们还可以剪一些正在开花的‘海棠’品种（或者任何一个授粉品种）的花枝捆成几束，插在装有水的桶内，再放置在行间。注意要等到中心花开放时才能剪下花枝，并且花束要做得大一些。花朵开始枯萎时就及时换水，此外将花束放置在无风且阳光充足的地方，这些措施都有助于授粉。

因为野苹果在一年生的枝条上开花，所以开花后要及时修剪，为来年做准备。有些‘海棠’品种更容易受到病毒侵害，但是相对于嫁接的枝条，整株则不易被感染。如果将‘海棠’品种嫁接到已感染病毒的主栽品种植株上，那么就会由于病毒诱导的不亲和而导致嫁接失败。

蜜蜂喜欢顺行而不是跨行访问花朵。这种情况在密植果园中特别明显，甚至是微风时。因此，人们在布局果园中的主栽品种和授粉品种时必须要考虑这一点。通常有 4 种布局方案可供选择。方案 1：每隔 1 株主栽品种栽种 1 株授粉树（图 17.2），按照这种方案配置的授粉树最多，但只适用于占有一定市场的授粉品种。其余 3 种方案都或多或少地降低了授粉效率，但方便采摘。方案 2：每隔 2 列每隔 2 株主栽品种种植 1 株授粉树（图 17.3），这样能够确保每一主栽品种能与一株授粉树或同列或处于对角线上或跨行相邻。方案 3：每隔 3 列主栽品种种植 1 行授粉树（图 17.4）。该方案保留了整列都是主栽品种，然而只有配置的授粉品种具有市场价值时这种方案才是可行的。方案 4：每隔 4 列主栽品种种植 2 列授粉树（图 17.5）。这是授粉效果最差的一个方案。如果主栽品种与授粉树对同一种化学试剂的耐受性不同，就不能种植在同一列，即不能采用方案 1 和方案 2。反之，应该将授粉品种种植在同一列，以便单独处理，即适宜采用方案 3 和方案 4。采用‘海棠’品种作为授粉树时要及时修剪，从而使得授粉树占用的空间较少甚至不占用额外的空间，这样每 1 列就能种植6～9 株授粉树。

图 17.2　利于异交授粉的授粉树布局方案 1，每隔 1 株主栽品种栽种 1 株授粉树

（Carol Ness 绘）

=主栽品种
=授粉树

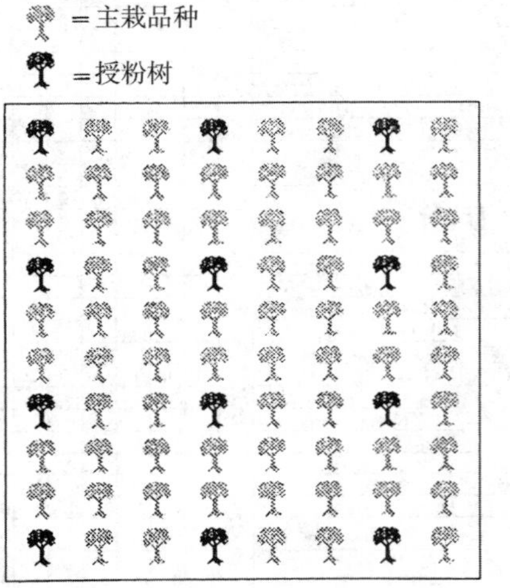

图 17.3　利于异交授粉的授粉树布局方案 2，每隔 2 列每隔 2 株主栽品种种植 1 株授粉树

（Carol Ness 绘）

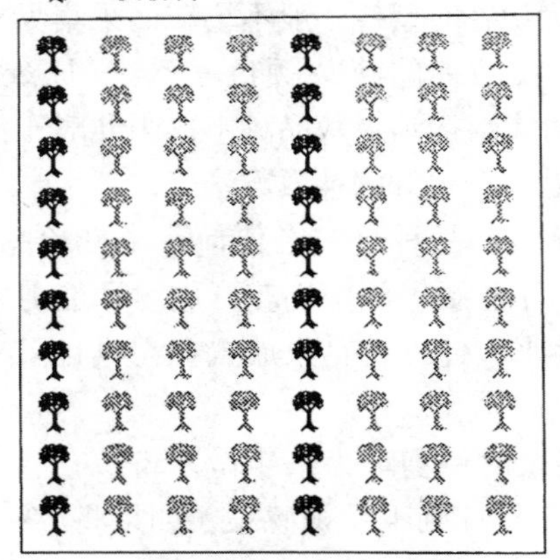

图 17.4　授粉树布局方案 3，每隔 3 列主栽品种种植 1 列授粉树

（Carol Ness 绘）

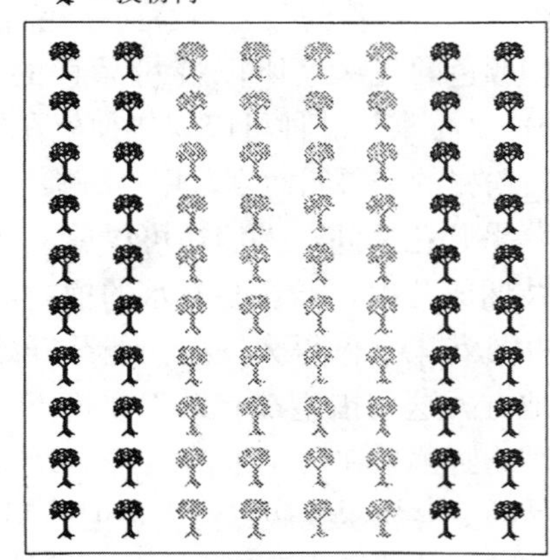

图 17.5　授粉树布局方案 4，每隔 4 列主栽品种种植 2 列授粉树

（Carol Ness 绘）

传 粉 媒 介

蜜蜂的传粉效率

在北美洲，蜜蜂是苹果最重要的传粉昆虫（表17.5）。在苹果花期，蜜蜂一般都能很快访花（蜜蜂喜欢访问苹果花），但苹果花并不总是最具吸引力的蜜源，同域开花的其他蜜源植物会与苹果的花朵竞争传粉昆虫。尽管蜜蜂为苹果授粉的效果较好，但蜜蜂并不是苹果最有效的传粉者。有时蜜蜂会盗取苹果的花蜜，却不为苹果授粉，这种现象常常发生在‘蛇果’这个品种上。与某些独居蜂相比，蜜蜂很少接触苹果花朵的生殖器官。

表17.5 苹果授粉推荐放蜂密度

苹果所需授粉蜂群的数量（西方蜜蜂）	参考文献
2.5群/hm^2（1群/acre）	Humphry-Baker（1975）；Crane 和 Walker（1984）；Ambrose（1990）；Kevan（1988）
5群/hm^2（2群/acre）	Mayer等（1986）
0.6 群/hm^2、1.2 群/hm^2、2.5 群/hm^2、5 群/hm^2（0.25群/acre、0.5群/acre、1群/acre、2群/acre）	McGregor（1976）
2.5～5群/hm^2（1～2群/acre）	Levin（1986）
1～5群/hm^2（0.4～2群/acre）	Kevan（1988）
2～3群/hm^2（0.8～1.2群/acre）	British Columbia Ministry of Agriculture，Fisheries 和 Food（1994）
4～12.5群/hm^2（1.5～5群/acre）	Scott-Dupree等（1995）
3.7群/hm^2（1.5群/acre）	表中上述文献放蜂密度平均值
其他传粉蜂类和放蜂量	
每观察1min每棵树投放20～25只蜜蜂	Mayer等（1986）
每分钟出巢75只蜜蜂	Ambrose（1990）；Mayer等（1986）
每1 000朵花放1只蜜蜂	Palmer-Jones 和 Clinch（1968）
每朵花上蜜蜂访问6次	Petkov 和 Panov（1967）
每公顷放618只果园壁蜂（每英亩放250只果园壁蜂）	Torchio（1985）
每公顷放7 000只果园壁蜂（每英亩放2 834只果园壁蜂）	Batra（1982）

研究表明，添加了信息素的引诱剂能够增加蜜蜂对苹果的访问次数（R. D. Fell，未发表报道；Mayer等，1989a；Currie等，1992b）。因此，采用这项新技术同时增加授粉蜂群的自然种群数量，可能有助于提高苹果的授粉效率。

授粉蜂群的群势

正如早期开花的作物一样，苹果开花时，人们很难获得群势较强的蜂群。但要尽可能培育强群，授粉蜂群要有大量的成年工蜂和蜂儿（见第7章，32页）。Mayer等人（1986）和Ambrose（1990）认为授粉蜂群应该最少有6框覆盖满成年工蜂的子脾。这样的蜂群大概有

20 000 只蜜蜂。

苹果授粉蜂群的管理

在较小的果园内，蜂群摆放适宜以 4～6 群为一组，相互间隔 137m。而对于较大的果园，以 8～16 群为一组，相互间隔 183～275m 摆放蜂群比较合适，注意要从距果园的边缘大约 92m 处开始放置蜂箱。与树龄较大的苹果树相比，幼龄树的花朵较少，对蜜蜂的吸引力也较弱，所以在树龄较小的果园内，果农要通过增加蜂群数量提高蜜蜂对蜜源的竞争力，进而增强授粉效果（Mayer 等，1986）。

蜂群不能全年放在果园内，授粉结束后就要撤走蜂群。果园内大约有 5%的花朵开放后或当第 1 朵中心花开放时蜂群进场，这样能够促使蜜蜂集中采集目标作物而不采访其他具有竞争力的蜜源植物。

携粉器是一种安装在蜂箱巢口并带有授粉品种的花粉的工具，当蜜蜂离开蜂巢时身上就会黏上花粉。尽管目前设计的携粉器还存在很多问题（Jay，1986；Mayer 等，1986），但许多果农依然在用。正如‘海棠’品种一样，携粉器也可很好地解决授粉不足的问题，尤其是对于没有配置授粉树的老果园而言（Anonymous，1983；Mayer 和 Johansen，1988）。另外，当天气制约授粉品种开花及蜜蜂的采集活动时，使用携粉器也能保证正常授粉。

在携粉器中只能放置人工采集的纯净的苹果花粉，这一点很重要，如果有成熟的花药则更好（Mayer 等，1986）。虽然利用安装在蜂箱巢门口的脱粉器很容易收集到花粉，但这样获得的是蜜蜂采集到的花粉块，是不能用来授粉的。有时人们也会用石松粉来打散花粉块，但石松粉会刺激蜜蜂，因此一般不推荐。携粉器内装的高质量的花粉一般都可以在市面上买到。花粉买来后，要立即放入冰箱保存。当蜜蜂开始积极外出采集后，应每隔几个小时在携粉器内补充（大约一汤匙）一次花粉。对于依赖携粉器授粉的品种，推荐每公顷配备 5 群（2 群/acre）蜜蜂（Mayer 等，1986）。

苹果传粉者——壁蜂

果园壁蜂［角额壁蜂（*O. cornifrons*），蓝壁蜂东部亚种（*O. lignaria lignaria*）和蓝壁蜂西部亚种］（见第 12 章）是苹果的潜在传粉者。蓝壁蜂东部亚种和蓝壁蜂西部亚种访花时直接落在花朵的花药或者柱头上，使得其为苹果成功授粉的概率最大化（Torchio，1985）。蜜蜂却有所不同，有时会先降落在花瓣上，然后才会接触花朵的生殖部分。日本的一项研究表明，与蜜蜂相比，果园壁蜂访花时接触花朵性器官的次数更加频繁，每分钟多达 26 次（Batra，1982）。当没有蜜蜂或在某些品种上（如‘蛇果’）蜜蜂的授粉效果较差时，利用果园壁蜂为苹果授粉的效果更加突出。研究表明，在北卡罗来纳州，即使果园内有蜜蜂，蓝壁蜂东部亚种、蓝壁蜂西部亚种和角额壁蜂仍然能提高‘蛇果’的坐果率，增加结籽数，并优化果形（Kuhn 和 Ambrose，1984）。尽管目前人们在有关壁蜂授粉方面的研究成果显著，但尚未达到大规模饲养管理的水平。而诸如苹果花期放蜂时间、放蜂后雌蜂易逃离果园，以及污染的筑巢材料诱发疾病等问题仍未得到有效解决。

苹果传粉者——土筑蜂（非彩带蜂属）

非人工饲养在土壤中筑巢的野生蜂类种群数量变化非常大：有的数量很多，有的则很少。有些野生蜂类在苹果花期大量出现为苹果授粉，从而成为苹果的优势传粉者。如在马里兰州，外来蜂种毛茸蜂（*A. pilipes villosula*）在苹果花期非常活跃，为其授粉。这种野生蜂类耐低温，耐潮湿，出勤时间长，一般外出活动从凌晨直到黄昏（Batra，1994）。目前，人们已经总结出了这种蜂的小规模饲养方法（S. W. T. Batra，未发表）。

苹果传粉者——切叶蜂

在华盛顿，人工饲养的切叶蜂会采访苹果花朵，但只有在外界温度高于24℃时才会出巢采集（D. F. Mayer，未发表数据）。此外，切叶蜂在苹果开花前的21d才开始孵化，而人们还不能准确预测苹果花期。

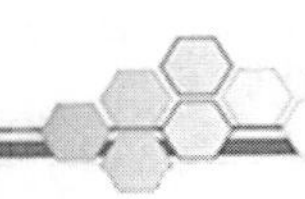

第 18 章

石　刁　柏

开　花

虽然石刁柏（*Asparagus officinalis*）植株上存在两性花，但其单性花（雄花或雌花）通常生长在不同的植株上。早期阶段的两性花朵形态比较相似，都具有雄性和雌性器官。随着花朵不断发育，其中一套器官通常会发育不全，花朵最后仅保留雄性或雌性器官。雄花（图 18.1）比雌花略大（图 18.2），且开放时间更早。花朵具有 6 个主要部分，6 枚雄蕊（在雌花中发育不良）和 1 枚具有 3 裂柱头的雌蕊（在雄花中发育不良）。雄花和雌花的花冠基部都有蜜腺。石刁柏绿白色的花朵呈铃形悬垂，约 0.6cm 长。花朵分泌花蜜和散粉吸引蜜蜂。

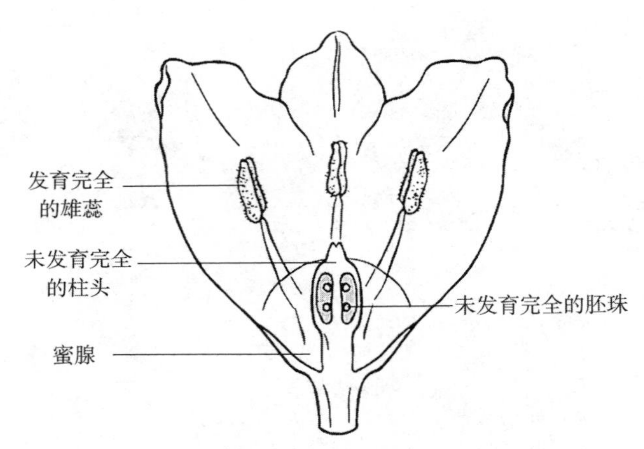

图 18.1　石刁柏（*Asparagus officinalis*）雄花
（图片来源：Darrell Rainey）

授　粉　要　求

花朵结构基本决定了该物种属于异花授粉植物。为了形成种子，花粉必须从雄花转移到雌花上。在早上散粉后、花粉未干前必须进行授粉。花粉不能通过风媒传播，所以通常都是依靠昆虫完成传粉。种植石刁柏时应确保在每棵雌株 1.5m 范围内至少有 1 棵雄株，且每 6 棵雌株对应 1 棵雄株（McGregor，1976）（表 18.1）。

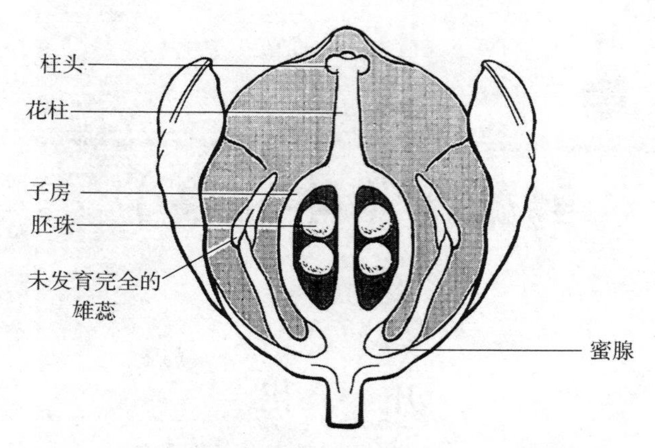

图 18.2　石刁柏（*Asparagus officinalis*）雌花
（图片来源：Darrell Rainey）

表 18.1　石刁柏花期授粉推荐放蜂密度

石刁柏所需授粉蜂群的数量（西方蜜蜂）	参考文献
2.5～5 群/hm^2、5 群/hm^2（1～2 群/acre、2 群/acre）	McGregor (1976)
4 群/hm^2（1～7 群/acre）	表中上述文献放蜂密度平均值

第 19 章

鳄梨树（牛油果）

开　花

一棵成熟的鳄梨树（*Persea americana*）在整个花期可开 100 万朵花。花朵盛开于圆锥花序的末端，且在开花季节，每天都有新的花朵盛开。鳄梨花是同时包含雄性和雌性部分的完全花（图 19.1），其花冠宽度和花朵深度均约为 1.3cm。雌蕊部分包括 1 个子房、1 个细长的花柱和 1 个柱头，9 枚雄蕊围绕着雌蕊。鳄梨花朵通过泌蜜和吐粉吸引蜜蜂。然而，柑橘属果树和芥菜因与鳄梨同一时期开花而相互竞争传粉者。

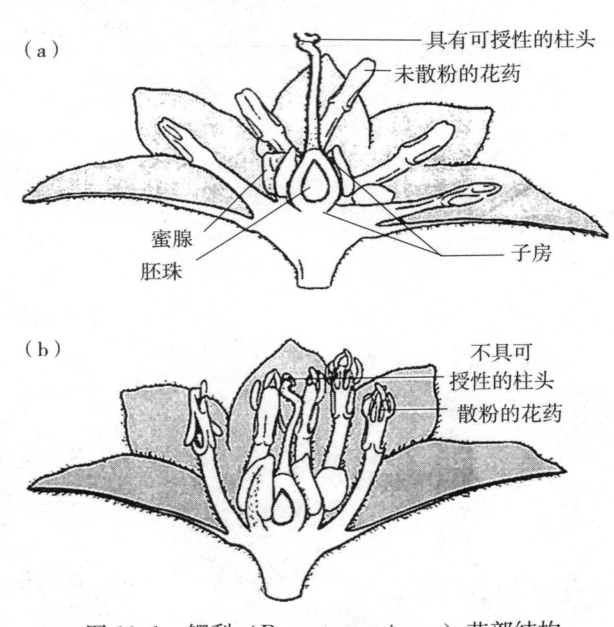

图 19.1　鳄梨（*Persea americana*）花部结构

(a) 单朵花期第 1 阶段　(b) 单朵花期第 2 阶段

（图片来源：Darrell Rainey）

每朵鳄梨花在单朵花期（2d）内闭合、开放 2 次。在第 1 次开放时（第 1 阶段），花朵只有雌性功能：不会散粉，柱头呈白色且能接受花粉。然后花朵闭合至翌日再次开放。在花朵第 2 次开放时（第 2 阶段），只有雄性功能：雄蕊散粉，柱头开始干枯并变为褐色。每个阶段均持续 3～4h。人们通常根据两个开花阶段在 1d 中的发生时间对栽培品系进行分类。品系 A 的第 1 阶段发生在第 1 天的早晨；第 2 阶段发生在翌日下午。品系 B 的第 1 阶段发生在第 1 天的下午，第 2 阶段发生在翌日早晨。

寒冷的夜晚或多云的早晨都可能会推迟花朵在早晨的开放和闭合。这可能会导致同一品系植株第 1 阶段和第 2 阶段的花朵在下午早些时候同时开放。开花阶段的重叠使得同株或同种异株之间可进行传粉，这种方式被称为近亲传粉。

在以色列，鳄梨树会与其他植物竞争传粉蜂类。开花初期，竞争主要发生在与柑橘属果树之间。采蜜昆虫尤其是这种特殊作物的主要传粉者，与柑橘属果树传粉者的竞争限制了鳄梨树早期结果（Ish-Am 和 Eisikowitch，1998）。

授　粉　要　求

鳄梨树部分自交结果。但其特殊的开花模式以及 A、B 两种品系的存在又似乎是为异花授粉精心设计的。在加利福尼亚州，果园套作不同品系的鳄梨树促进异花授粉，从而提高果实的产量（McGregor，1976）。

然而在佛罗里达州，第 2 阶段散粉的花朵，仍有 30%～80%的柱头呈白色、具有可授性；因此，部分鳄梨树存在自花授粉。此外，佛罗里达州大部分鳄梨树在花期第 2 阶段发生自花授粉是很常见的。

虽然将品系‘Hardee’（品系 B）和品系‘Simmonds’（品系 A）的单个花朵在花期的第 1 和第 2 阶段套袋以排除蜜蜂授粉，但其授粉率与没有套袋的花朵相同。处于第 2 阶段的花朵，其花粉通过风媒、重力或蓟马从花粉囊转移到自花可授柱头上。虽然第 1 阶段的花朵需要通过昆虫传粉，但第 1 阶段的授粉率仅为 1%。因此，在佛罗里达州，鳄梨树看似有两次授粉机会：第 1 阶段，通过传粉蜂类进行的异花授粉，第 2 阶段，通过风媒、重力或蓟马进行的自花授粉，但是最为重要的是第 2 阶段的授粉（Davenport 等，1994）。

鳄梨树自花授粉在其他地方并不常见，并且有些品系本身是自交不亲和的（Stout，1933；Lesley 和 Bringhurst，1951）。Davenport 等人（1994）发现，在佛罗里达州，鳄梨树的自花授粉率较高，这可能是因为潮湿的气候条件使柱头在第 2 阶段能保持湿润而具有可授性。在干燥地区，鳄梨树授粉必须在第 1 阶段完成，因为在此阶段柱头具有可授性，当然也需要传粉者将其他植株的花粉转移到柱头上。如果一棵植株上同时有第 1 和第 2 阶段的花朵，就可能会发生近亲授粉，因而需要昆虫来转移大量的花粉。鳄梨树的花粉个体大、黏性强，这表明它适合依赖昆虫进行异花授粉。在以色列，鳄梨树的坐果率较高，这与蜜蜂的积极活动密切相关（Ish-Am 和 Eisikowitch，1991）。因此，该植物的开花模式和生长过程使得彼此亲和的品系 A 和品系 B 能够进行昆虫介导的异花授粉（McGregor，1976；Free，1993；Davenport 等，1994）。在理想的异花授粉条件下，品系 A 早晨接受来自品系 B 的花粉，而品系 B 则在下午接受来自品系 A 的花粉。

与品系 A 相比，寒冷的天气对品系 B 更加不利。如果因恶劣的天气导致品系 A 第 1 阶段的开花时间推迟到下午，此时昆虫仍比较活跃，还可以为这些花朵授粉。而如果是品系 B，第 1 阶段的开花可能会延迟到当天较晚的时候，此时昆虫不再活跃（Peterson，1956）。

人们可以通过在同一行内交替种植彼此亲和的品系 A、品系 B 以达到最优化的昆虫介导的异花授粉。栽种时，不同品系植株间的距离不能超过 15m（Free，1993）。在一些地区，大面积种植单一鳄梨品系也确实会结果，但这主要是近亲授粉（同时包含第 1 阶段和第 2 阶段的花朵）或是自花授粉（在第 2 阶段柱头仍有可授性）。

传 粉 媒 介

在鳄梨的发源地中美洲，其授粉者是当地的群居性蜂类和胡蜂。而在其他地方，蜜蜂是其最主要的传粉者。

然而，鳄梨树的花朵并不非常适合蜜蜂授粉。因为鳄梨树的花朵非常小，蜜蜂在花朵上爬行困难，而且它的花蜜和花粉对蜜蜂的吸引力并不大。尽管如此，如果没有更好的食物可选，蜜蜂也会访问鳄梨树。在澳大利亚（Vithanage，1988）、美国加利福尼亚州（McGregor，1976）和以色列（Ish-Am 和 Eisikowitch，1991），蜜蜂为鳄梨树成功授粉后提高了鳄梨树的坐果率（表 19.1）。

表 19.1　鳄梨树花期授粉推荐放蜂密度

鳄梨树授粉所需授粉蜂群的数量（西方蜜蜂）	参考文献
5～7.5 群/hm^2（2～3 群/acre）	McGregor（1976）
2～3 群/hm^2（0.8～1.2 群/acre）	Free（1993）
2～7.5 群/hm^2（0.8～3 群/acre）	Williams（1994）
4.5 群/hm^2（1.8 群/acre）	表中上述文献放蜂密度平均值

当蜜蜂访问第 2 阶段的花朵时，其身体的特定部位会接触到花药；当蜜蜂访问第 1 阶段的花朵时，花粉会留在这些采集部位（也称为安全部位），随后转移到柱头上。这种花粉转移容易实现，因为蜜蜂正常访问时，第 1 阶段和第 2 阶段花朵的雄性和雌性器官都会接触到蜜蜂携带花粉的部位。采蜜蜂既访问第 1 阶段的花朵，也访问第 2 阶段的花朵，而采粉蜂则喜欢访问第 2 阶段的花朵。因此，采蜜蜂是鳄梨树最主要的传粉者。

因为蜜蜂容易被其他具有竞争性的开花植物所吸引，所以最好在鳄梨树种植区域放置高密度的蜂群。

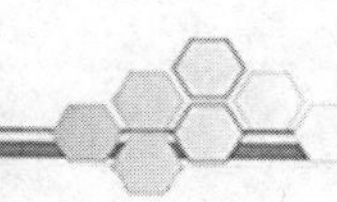

第 20 章

利 马 豆

开 花

利马豆（*Phaseolus lunatus*）的花朵着生在 5～10cm（2～4 in）长的总状花序上每个花梗的末端。这种豆类植物花朵的龙骨瓣延长先端卷曲呈喙状。龙骨瓣内包裹着花柱、柱头和产生花粉的花粉囊（图 20.1）。花粉散落在柱头下方的花柱部分。当花朵受到外界压力时（如蜂类访花的压力），柱头和部分花柱由龙骨瓣向外伸出；压力消除后，又缩回龙骨瓣内。柱头缩回时，花柱上黏附的花粉会黏附在龙骨瓣末端从而与柱头接触。如果在柱头缩回之前柱头得到蜂类授粉，那么利马豆就会发生异花授粉。

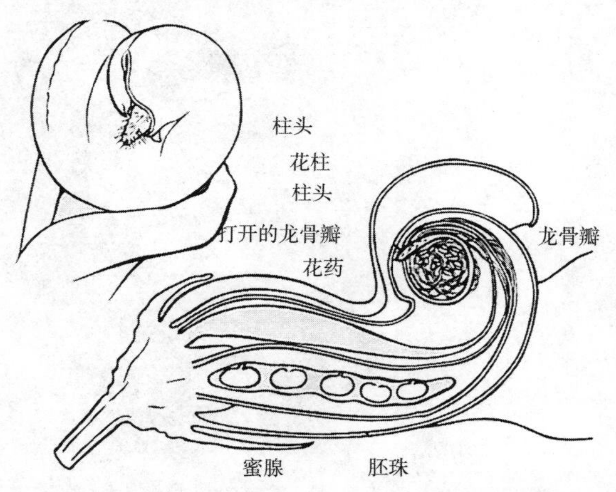

图 20.1　利马豆（*Phaseolus lunatus*）花部结构
（图片来源：Darrell Rainey）

不是所有的总状花序上的花朵都会坐果。温度过高、湿度过低或授粉不佳均可能导致总状花序上部分花朵不能结果（McGregor，1976）。如果外界没有更具有吸引力的蜜源植物，蜂类就会采集利马豆花朵分泌的花蜜和花粉。

授 粉 要 求

利马豆既可以进行自花授粉，又可以进行异花授粉。与带有网罩以排除蜂类授粉的利马豆植株相比，无网罩植株的结荚数、每个豆荚结籽数和籽粒总重量均有所增加；但有些研究与上述结果并不完全一致。异花授粉能促进利马豆杂交优势，但是异花授粉并不完全依赖蜂类。不过蜂类授粉会增加杂交种子的产量。总而言之，尽管利马豆几乎不需要异花授粉，但异花授粉对其繁衍应该是有益的（McGregor，1976）。

传 粉 媒 介

西方蜜蜂和熊蜂都喜欢采集利马豆并能促进其异花授粉。有研究表明，蜂类授粉能提高利马豆的产量（McGregor，1976）。此外，花上大量的蓟马可以帮助利马豆完成自花授粉，甚至异花授粉（Free，1993）。

关于利马豆花期的放蜂密度，基于研究的建议鲜见报道。然而有研究表明，蜂类授粉肯定有助于提高利马豆的产量。每 2.5hm^2（每英亩）利马豆放置一箱西方蜜蜂就可使其异花授粉和产量均达到最佳水平。通过保护当地熊蜂种群也可实现这种效果，即在田块周边保留自然栖息地，并种植一些蜜源植物，以便在自然界食物匮乏期给熊蜂补充食物（见第 8 章，42 页）。

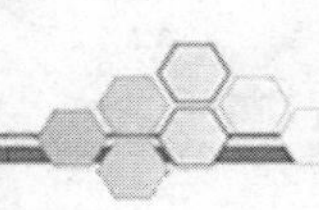

第 21 章

菜　豆

开　花

菜豆（*Phaseolus vulgaris*）花朵的龙骨瓣细长，呈螺旋状，里面包裹着 1 个花柱和 10 枚雄蕊。晚上花朵开放之前，内部的花粉囊裂开，花粉散落到花柱上。翌日，如果花朵受到诸如昆虫访花的压力，花柱和柱头便从龙骨瓣内向外伸出；压力消失后，花柱和柱头则缩回龙骨瓣内。这样，花柱上的花粉便留在龙骨瓣开口处。如果柱头伸出时正好接触到携带花粉的蜂类，就有可能实现异花授粉。否则，柱头缩回时会在龙骨瓣开口处接触到自身的花粉，从而完成自花授粉（McGregor，1976）。

授　粉　要　求

菜豆通常为自花授粉，该过程可能在早晨花开时或花开前自动发生。然而，花粉管的生长和种子受精需花费 8～9h。在此期间，蜜蜂和熊蜂可能会访花并导致异花授粉。由于来自其他植株的外源花粉的花粉管比其自身花粉的花粉管生长更快，异花授粉很可能导致该株菜豆出现杂交（Free，1993）。对于菜豆种植者而言，异花授粉对其产量或其他经济性状没有任何好处。对于菜豆育种者而言，事实上异花授粉对保持品种纯度是不利的。为了减少不利的杂交，人们可以用高而密实的栅栏将不同品种隔开，距离至少保持 1.8～3.7m（6～12ft）宽。也有学者尝试种植加拿大菜豆品种作为隔离带。若分隔“合格种”菜豆需要宽 46m（150ft）的隔离带；若分隔“良种”菜豆需要宽 500m（0.3mile）的隔离带（Free，1993）。

传　粉　媒　介

有研究表明，菜豆花期访花熊蜂数量要比西方蜜蜂多（McGregor，1976）。然而，蜂类授粉对菜豆生产的综合效益可能很小。

第 22 章

甜　　菜

开　　花

甜菜（*Beta vulgaris*）的花较小，呈绿色，通常 2～3 朵簇生于种株分生的花枝上（图 22.1）。甜菜花为两性花，但因柱头比花粉囊成熟晚，所以自花授粉非常罕见。花朵在早晨开放，花粉囊在中午前散粉。下午柱头开始打开，直到 2～3d 后，同一朵花的花粉囊不再产生花粉时柱头才完全打开。一旦完全打开，柱头可授性可以保持 2 周多。花粉靠风媒传播。许多昆虫如西方蜜蜂可访问甜菜花，但西方蜜蜂容易转移到更具吸引力的蜜源植物上。

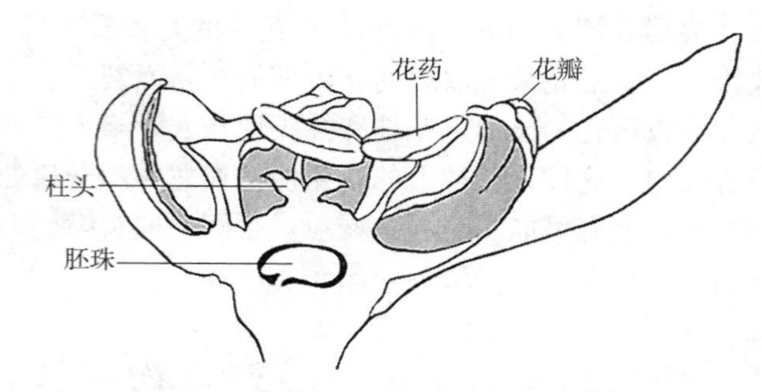

图 22.1　甜菜（*Beta vulgaris*）花部结构
（图片来源：Darrell Rainey）

授　粉　要　求

甜菜通常为自交不亲和，因此通过风媒和虫媒进行异花授粉非常重要。毫无疑问，风是甜菜最重要的传粉媒介。有研究发现，在距离甜菜作物 4.5km（2.8mile）远的地方及其上方 5km（16 393ft）的高空都能找到甜菜花粉（Meier 和 Artschwager，1938）。而风传播大量花粉所造成的品种污染已经成为合格种子和杂交种子生产过程中控制异花授粉所面临的难题。由于用于生产杂交种子的 4 倍体植株比 2 倍体植株产生的花粉粒数量少且体积大，因此，相比正常种子，昆虫授粉对于杂交种子的生产可能更为重要（Scott 和 Longden，1970）。

传　粉　媒　介

风是甜菜主要的传粉媒介。大量蝇类、甲虫和蜂类也会造访甜菜花朵。这些访花者大部分都能携带甜菜花粉并可能帮助其授粉（Free 等，1975）。西方蜜蜂访花有时会增加甜菜种子产量（Mikitenko，1959），授粉的总体贡献可能微不足道（Aleksyuk，1981）。

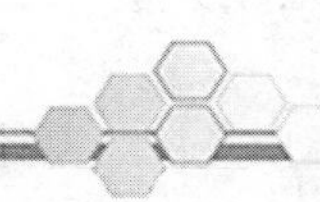

第 23 章

黑　　莓

开　　花

黑莓（*Rubus fruticosus*）花呈白色，直径约 2.5cm（1in），为两性花。花朵有 4 片花瓣，50～100 枚雄蕊簇拥着 50～100 枚雌蕊（图 23.1）。由于每枚雌蕊受精后发育成一个多汁的小核果（这样一个花托上就会着生很多小核果），因此黑莓果为聚合果。花蜜由花朵基部分泌。蜂类喜欢采集黑莓的花蜜和花粉。除了满足蜂群的需要外，美国南部和太平洋沿岸各州的养蜂者还可额外收获黑莓蜂蜜。蜂类多在花开后 1～2d 给黑莓授粉。

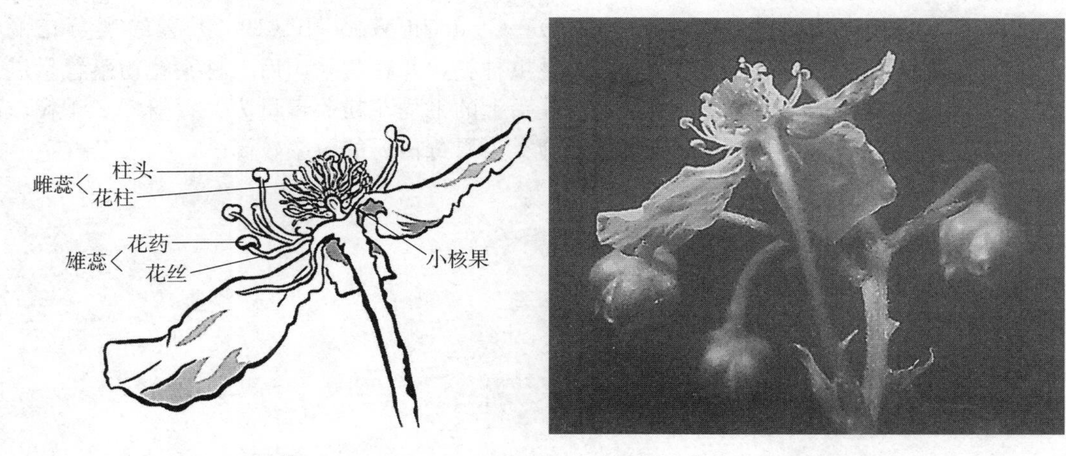

图 23.1　黑莓（*Rubus fruticosus*）花朵，左图为黑莓花朵内部结构解剖图
（绘图来源：Darrell Rainey；照片来源：Jim Strawser）

授　粉　要　求

在北美洲，人工栽培及野生黑莓品种一共有 400 多种。一些品种自交不育，需要异花授粉；另一些品种一定程度上自交可育。‘Cory Thornless’‘Flordagrand’和‘Mammoth’3 个品种在一定程度上自交不育，因此异花授粉大有裨益。为了实现‘Flordagrand’品种的异花授粉，人们已培育出‘Oklawaha’授粉品种专门为其提供花粉；如果对‘Oklawaha’品种进行异花授粉，该品种也能结果（McGregor，1976）。

鉴于野生黑莓在异花授粉方面的优势，建议保护野生黑莓并利用其为附近商业种植的黑莓提供授粉。但野生黑莓也会成为黑莓病虫害的避难所，为病虫害防治带来困难。

不管黑莓是自交可育还是自交不育，蜂类传粉者都有益于传播花粉到黑莓花朵所有可授性柱头以实现最大程度的授粉（表23.1），这样可以提高核果数量，使果实增大，从而改善果形外观。

表23.1　黑莓花期授粉推荐放蜂密度

黑莓授粉所需授粉蜂群数量（西方蜜蜂）	参考文献
7.5～10群/hm^2（3～4群/acre）	Crane和Walker（1984）
2.5群/hm^2（1群/acre）	Scott-Dupree等（1995）
6.7群/hm^2（2.7群/acre）	表中上述文献放蜂密度平均值
其他指标	
每100朵花1只蜜蜂	McGregor（1976）

传　粉　媒　介

蜂类喜欢访问黑莓花朵，并通过授粉使黑莓聚合果增大、果形更加美观。即使自交可育的黑莓品种，如‘无刺常绿黑莓’（‘Thornless Evergreen’），西方蜜蜂授粉有时也能增加果实产量并促使其提早成熟（Praagh，1988）。Gyan和Woodell（1987）曾给黑莓花蕾套袋，花朵开放后去袋观察，记录第1只访花昆虫种类，并在其采访后对柱头花粉落置量进行计数。结果表明，传粉昆虫访问一次带到其柱头上的平均花粉落置量为：食蚜蝇2.1粒、西方蜜蜂6.4粒、熊蜂8.3粒。该研究证实了蜂类为黑莓传粉的效率较高。

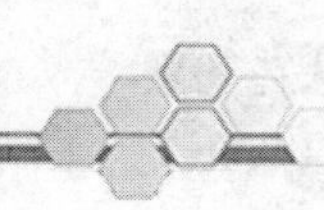

第 24 章

蓝　莓

商业种植的蓝莓通常有 3 类：高丛蓝莓［南方高丛越橘（*Vaccinium australe*）、北方高丛越橘（*V. corymbosum*）］、矮丛蓝莓［狭叶越橘（*V. angustifolium*）、加拿大越橘（*V. myrtilloides*）］和兔眼蓝莓［兔眼越橘（*V. virgatum*），异名 *V. ashei*］。矮丛蓝莓株丛大而密，树形呈匍匐状，广泛种植于美国北部和加拿大。矮丛蓝莓由受精种子发育而成，依靠地下茎无性繁殖蔓延，覆盖大片区域。在焚烧或砍伐过的土地上，矮丛蓝莓能迅速定殖/拓殖蔓延。高丛蓝莓和兔眼蓝莓均为直立单株，便于果园集约化管理。高丛蓝莓广泛种植于欧洲及北美洲的大部分地区；兔眼蓝莓主要种植在美国南部。通过杂交将北方高丛蓝莓品种的某些基因整合到南部的蓝莓（*Vaccinium* spp.）种子中，已培育出比兔眼蓝莓成熟更早的南方高丛蓝莓品种。早熟果实是鲜果市场获得品牌溢价的一个重要因素。

开　花

蓝莓花为侧生或顶生总状花序。粉白色花瓣合生形成长 0.6～1.3cm 的管状花冠，花冠筒下垂。花冠基部围绕 1 个长花柱着生 8～10 枚雄蕊，花柱高度超过花粉囊并延伸到花冠口（图 24.1）。花柱上只有柱头接受花粉，在柱头具有可授性期间，花粉通过每个花粉囊末端

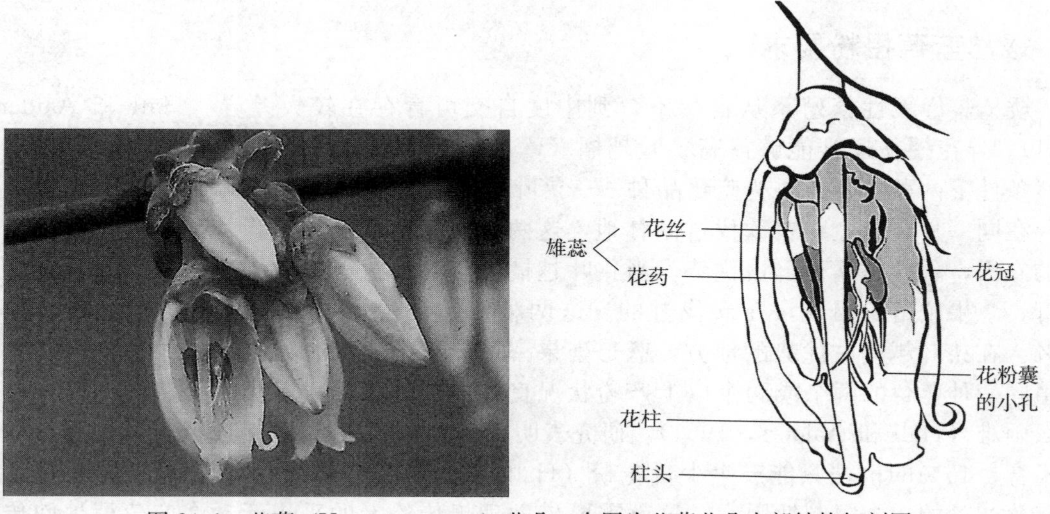

图 24.1　蓝莓（*Vaccinium* spp.）花朵，右图为蓝莓花朵内部结构解剖图
（绘图来源：Darrell Rainey；照片来源：Jim Strawser）

的小孔释放出来。花蜜由花冠基部分泌。如果花朵在开放后 3d 内未授粉，就不能坐果。若成功受精，2～3 个月后子房便发育成熟，形成一个包裹着多达 65 粒小种子的浆果。

蓝莓花朵很适合蜂类声振传粉。当花朵受到诸如熊蜂等传粉昆虫声振时，花粉从花粉囊小孔散出并落在正在采食花蜜的昆虫身上。许多蜂类喜欢采集蓝莓的花蜜和花粉，但蓝莓花部形态不利于一些蜂类（包括西方蜜蜂）正常访花传粉。蓝莓在轻微压力下也可以释放一些花粉，因此，只要访花时落在花冠口，即使非声振传粉者也能获得并传播花粉（McGregor，1976；Delaplane，1995）。Lyrene（1994）认为，花冠短而宽、花冠口大以及柱头与花粉囊距离短的蓝莓花朵，有利于西方蜜蜂为其授粉。高丛蓝莓的花具有上述部分特征，但兔眼蓝莓的花往往花冠较长、花冠口窄、柱头与花粉囊之间距离远，其花朵形态非常不利于西方蜜蜂授粉（Ritzinger 和 Lyrene，1999）。一项育种研究表明，由兔眼蓝莓（*V. ashei*）和一个花部特征有利于蜜蜂授粉的野生蓝莓品种（*V. constablaei*）杂交形成的 F_1 代，其花朵特征通常介于双亲之间（Ritzinger 和 Lyrene，1999）。因此，可以利用该野生蓝莓品种（*V. constablaei*）培育出一批对西方蜜蜂更具吸引力的兔眼蓝莓品种。

一些蜂类（尤其是木蜂，见第 13 章）通常在蓝莓花冠筒上切割出裂缝，绕过花部繁殖器官而盗取花蜜，这些访花行为很可能对蓝莓授粉没有作用。研究表明，正常采集蜂类携带的蓝莓（*Vaccinium* spp.）花粉量（占花粉总量的77.7%）通常高于盗蜜蜂类携带的花粉量（占 47%）（Delaplane，1995）。

授 粉 要 求

通常，矮丛蓝莓、高丛蓝莓品种的自交亲和性从中度自交不育至自交可育不一，而几乎所有的兔眼蓝莓品种均为自交不育，需要异花授粉。但所有类型的蓝莓，其每个浆果受精胚珠的数量越高，形成的种子越多，蓝莓坐果越好、果实越大、成熟也越早。因此，蜜蜂访花对于将花粉传授到有可授性的柱头上至关重要，甚至对自交可育的品种也是如此。Eck（1988）计算出蓝莓必须有 60%～80%的花朵坐果，才能达到商业产量的要求。

矮丛蓝莓授粉要求

矮丛蓝莓无性繁殖系从自交不育到中度自交可育存在较大差异（Hall 和 Aalders，1961）。异花授粉通常能够提高狭叶越橘（*V. angustifolium*）的坐果率（Wood，1968）。自然条件下两种主要的矮丛蓝莓品种——狭叶越橘和加拿大越橘（*V. myrtilloides*）通常生长在同一片空地上。在砍伐过的林地，这两种矮丛蓝莓种群数量大致相同，然而在荒废的农田，狭叶越橘种群占优势。当狭叶越橘授以加拿大越橘的花粉后，会导致其种子败育、浆果脱落。因此，在砍伐过的、这两种蓝莓同域生长的林地，坐果率最高约为50%。在狭叶越橘占优势的地方，蓝莓坐果率可能要高很多。如果在一个地方限制只能种植同一种蓝莓的两个或两个以上产粉状况良好的无性系品种，矮丛蓝莓的授粉将不会那么困难（Hall 和 Aalders，1961）。研究表明，就狭叶越橘而言，超过 5%的植株存在雄性不育、45%的植株只能产生少量花粉（Hall 和 Aalders，1961）。因此，花粉不足是影响蓝莓产量的一个限制性因素，这就需要借助理想传粉者的采集活动在蓝莓植株间传播具有活性的花粉。

高丛蓝莓授粉要求

高丛蓝莓品种大部分自交可育（El-Agamy 等，1979），但异花授粉有时也能增加每个浆果的结籽数、坐果率、成熟速度，还可增大果个。西方蜜蜂为南方高丛蓝莓品种‘夏普蓝’（‘Sharpblue’）（‘海滨’‘Gulf Coast’为授粉品种）异花授粉后，其早熟果实的产量提高了140%、大果实（≥0.75 g）的产量提高了13%、小果实的产量降低了66%，进而早期市场价值增加了43%（相当于经济效益提高了约2 000美元/acre）（Lang 和 Danka，1991），但坐果率没有变化。然而，给‘夏普蓝’授以北方高丛越橘（*V. corymbosum*）无性系品种——‘奥尼尔’（‘O'Neal’）或‘FL 2-1’的花粉，坐果率至少是其自交植株的2倍。此外，这种异花授粉也增加了‘夏普蓝’每个浆果的结籽数、提高了成熟速率（Lyrene，1989）。‘夏普蓝’自交坐果率最低；‘夏普蓝’与‘夏普蓝’＋‘FL 2-1’混交（子代）异花授粉，坐果率居中；‘夏普蓝’＋‘FL 2-1’异花授粉坐果率最高。这反映了‘夏普蓝’自交不结实程度。Huang 等人（1997）研究均发现，相对于‘夏普蓝’自花授粉而言，以‘奥尼尔’或‘海滨’为父本，为‘夏普蓝’异花授粉，减少了胚珠发育不良、胚珠败育的概率，增加了成熟果实的重量。

Gupton 和 Spiers（1994）研究表明，不同的高丛蓝莓品种作为花粉供体对浆果发育的影响不同。用7个南方高丛蓝莓品种作为花粉供体进行异交授粉试验，结果表明，自交授粉通常不会影响坐果率，但会减少每个浆果的结籽数、降低果重和成熟速率，这也验证了之前的研究结果。对于主栽品种（‘夏普蓝’）的授粉而言，花粉来源于‘乔治宝石’（‘Georgiagem’）和‘开普菲尔’（‘Cape Fear’），果实成熟所需时间通常最长，花粉来源于‘奥尼尔’和‘海滨’，果实成熟时间最短，花粉来源于‘花脊’（‘Blue Ridge’）、‘海滨’（‘Gulf Coast’）和‘奥尼尔’（‘O'Neal’），浆果最重。

用兔眼蓝莓的花粉为南方高丛蓝莓品种授粉，不会影响其坐果率和成熟速率，但会减少每个浆果的结籽数和果重（Gupton 和 Spiers，1994）。

大面积单一种植南方高丛蓝莓品种（尤其是‘夏普蓝’）非常普遍，但基于上述研究，蓝莓种植者可通过间作具有异交亲和性的其他高丛蓝莓品种授粉树进行授粉，从而获得更好的经济效益。在加工型的高丛蓝莓种植区域，果实成熟速率（相应的异花授粉）则不太重要。大面积单一种植即可获得满意的效果。

在纽约，一项历时两年的研究明确了3个北方高丛蓝莓品种的授粉要求（MacKenzie，1997）。就品种‘蓝丰’（‘Bluecrop’）而言，分别用‘斯巴达’（‘Spartan’）、‘康维尔’（‘Coville’）或‘爱国者’（‘Patriot’）品种的花粉对其进行异花授粉，其效益与‘蓝丰’自花授粉相比差异并不明显。就品种‘北陆’（‘Northland’）而言，如果对其花朵进行套袋以隔离传粉媒介，其坐果率非常低（≤20%）；而为期一年的试验表明，利用‘康维尔’（‘Coville’）的花粉对其进行异花授粉，其果重、结籽数和果实成熟速率均高于自花授粉或自由授粉。就品种‘爱国者’（‘Patriot’）而言，分别用‘斯巴达’（‘Spartan’）、‘康维尔’（‘Coville’）或‘蓝丰’（‘Bluecrop’）为其异花授粉，可育种子的数量均高于自由授粉或自花授粉；第1年用品种‘斯巴达’（‘Spartan’）或‘康维尔’（‘Coville’）进行异花授粉后，其果重也高于自由授粉，随后第2年用品种‘蓝丰’（‘Bluecrop’）进行异花授粉时，其果重和果实成熟速率均高于自花授粉。这3个北方高丛蓝莓品种在单性结实方面也存在不同程度的差异。品种‘北陆’（‘Northland’）只产生了2个无籽的浆果，而‘爱国者’（‘Patriot’）无籽浆果比例为58%，明显高于品种‘蓝丰’（‘Bluecrop’）的比例（20%）。

兔眼蓝莓授粉要求

兔眼蓝莓大部分品种自交不育，并需要与相应的兔眼蓝莓品种进行异花授粉才能结实（El-Agamy 等，1979）。‘森图里昂’（‘Centurion’）兔眼蓝莓则是个例外，至少是种植在美国北卡罗来纳州的该品种是自交可育的（P. Lyrene，Univ. Florida，个人通信）。用不同兔眼蓝莓品种进行异花授粉，通常能增加兔眼蓝莓的坐果率、提高果实成熟速度，增大果个。而用南方高丛蓝莓的花粉进行异花授粉，则会降低兔眼蓝莓的坐果率、减少单个浆果的结籽数、降低浆果重量和种子成熟速度（Gupton 和 Spiers，1994）。

如果仔细筛选，就有可能找到与主栽品种花期重叠、有异交亲和性、有利于异花授粉的兔眼蓝莓品种用于果园间作，从而延长蓝莓的收获期。选择与主栽品种具有类似低温需求时数（冬天气温低于7.2℃时数）的品种用于间作非常重要，因为这些品种与主栽品种花期重叠时间最长。表24.1描述了广泛种植于美国南部的部分兔眼蓝莓品种的特征。

表 24.1　兔眼蓝莓品种

(Krewer 等，1986，1993)

品　　种	低温需求时数（h）	春季能否抗冻
早熟品种		
‘碧吉蓝’（‘Beckyblue’）	300	
‘波尼塔’（‘Bonita’）	300	
‘灿烂’（‘Brightwell’）	350～400	√
‘顶峰’（‘Climax’）	450～550	
‘杰兔’（‘Premier’）	550	
‘乌达德’（‘Woodard’）	350～400	
中熟品种		
‘蓝铃’（‘Bluebell’）	450～500	
‘布莱特蓝’（‘Briteblue’）	400～650	
‘粉蓝’（‘Powderblue’）	550～650	√
‘梯芙蓝’（‘Tifblue’）	550～750	√
晚熟品种		
‘芭尔德温’（‘Baldwin’）	450～500	
‘森图里昂’（‘Centurion’）	550～650	√
‘巨丰’（‘Delite’）	500	

表24.1能够帮助我们挑选适合间作的兔眼蓝莓品种。例如，将具有相似低温需求时数的‘碧吉蓝’（‘Beckyblue’）、‘波尼塔’（‘Bonita’）和‘乌达德’（‘Woodard’）兔眼蓝莓品种间作，就可很好地促进花期重叠和异花授粉。将‘顶峰’（‘Climax’）、‘蓝铃’（‘Bluebelle’）和‘芭尔德温’（‘Baldwin’）兔眼蓝莓品种间作，可最大限度地实现异花授粉，延长收获间隔期。然而，间作品种的搭配还要考虑许多其他因素，包括不同品种的口感差异、收获方式及花粉亲和性等。农业技术推广员和农业顾问对特定区域最佳间作品种搭配的意见颇具参考价值。

兔眼蓝莓的种植模式对优化异花授粉至关重要（Krewer 等，1986），其目的是为了增加蜂类每次出巢采集2个或以上品种的概率。如果计划种植同等数量的2个品种，可采用方案1（图24.2）；如果计划种植2/3的品种A、1/3的品种B，可采用方案2（图24.3）。如果计划种植3个不同品种，方案3（图24.4）是更合适的种植模式。

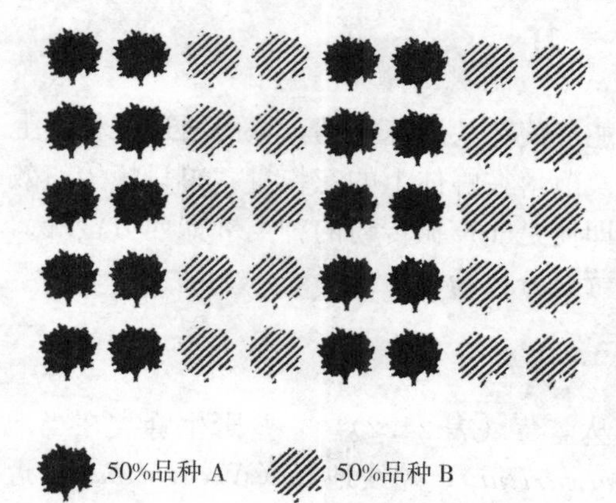

图24.2　蓝莓果园种植模式设计方案1，有利于兔眼蓝莓异花授粉。图中两个不同蓝莓品种各占相同的数量
（图片来源：Carol Ness）

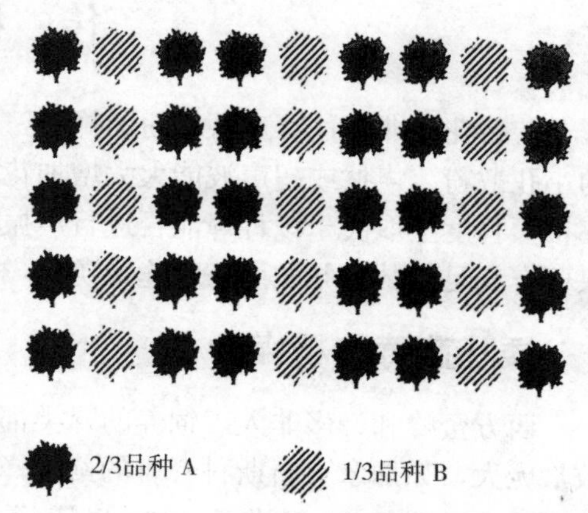

图24.3　方案2：要求种植2/3的品种A、1/3的品种B
（图片来源：Carol Ness）

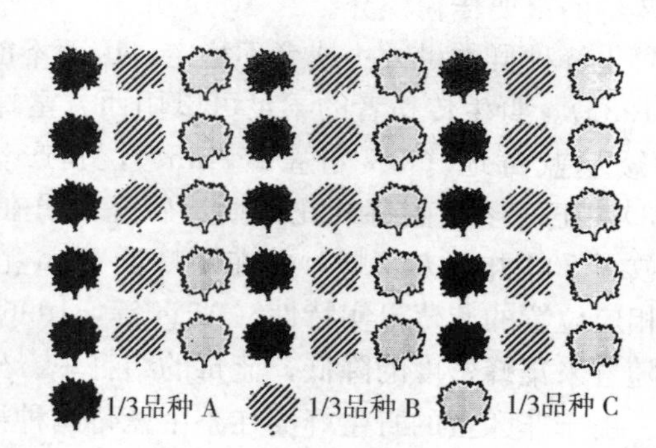

图24.4　方案3：要求3个品种各占相同数量
（图片来源：Carol Ness）

美国南部的种植者认为授粉是影响兔眼蓝莓生产的一个限制因素。问题在于，一方面兔眼蓝莓花朵的形态不利于西方蜜蜂（种群数量最大的传粉者）为其授粉（Ritzinger 和 Lyrene，1999）（见109页）；另一方面兔眼蓝莓在春季授粉关键时期经常面临冻害风险。NeSmith 等人（1999）将正值花期的品种‘灿烂’（‘Brightwell’）和‘梯芙蓝’（‘Tifblue’）植株分别置于0、−1℃、−3℃或−4.5℃下冷冻1h，然后仅让熊蜂为这些植株授粉或在授粉的同时涂抹植物生长调节剂赤霉素（GA_3）。同样采用蜂类授粉，在−1℃或更低温度下冷冻1h的植株，与未经冷冻的植株相比，其坐果率急剧下降；如果在蜂类授粉的同时又在花上涂抹了赤霉素，与未经冷冻的对照组植株相比，只有处理温度低于−3℃时的植株，其坐果率才明显下降。可见，赤霉素在一定程度上可以弥补冷冻引起的授粉不足。虽然美国南部大面积使用赤霉素，但不能认为赤霉素就可以替代授粉。与人工授粉相比，仅用赤霉素处理过的兔眼蓝莓品种‘碧吉蓝’（‘Beckyblue’）单果更轻、成熟时间更长，而把赤霉素和授粉结合起来时，单果最重（Cano-Medrano 和 Darnell，1998）。因此，使用赤霉素充其量可以看作授粉条件不理想时对授粉不足的补充或弥补。

传 粉 媒 介

蓝莓花朵非常适合声振传粉的蜂类，因为它们能够使花朵迅速振动，从而通过花粉囊上的小孔散粉。声振或超声波能大大增加花的散粉量及散落在蜂体上的花粉量，单只蜂传粉效率很大程度上取决于该种蜂能否进行声振传粉。但即使是非声振传粉的种类（如西方蜜蜂），只要有充足的数量并按照正常途径访问，也能为蓝莓充分授粉。

矮丛蓝莓传粉媒介

西方蜜蜂和许多非人工饲养的蜂类都会采访矮丛蓝莓（表 24.2）。一些野生蜂类在当地数量庞大，如加拿大新斯科舍省的蓟地蜂（*Andrena carlini*）、端线地蜂（*A. carolina*）、近地蜂（*A. vicina*）、魁北克胫淡脉隧蜂（*Evylaeus quebecense*）[sic]、浅绿带淡脉隧蜂（*Dialictus viridatus*）、残织熊蜂（*Bombus perplexus*）、三合熊蜂（*B. ternarius*）和土著熊蜂（*B. terricola*）（Finnamore 和 Neary，1978）以及魁北克省萨嘎咩（Sagamie）的多毛带淡脉隧蜂（*D. pilosus pilosus*），魁北克胫淡脉隧蜂、三合熊蜂和土著熊蜂（Morrissette 等，1985）很可能是矮丛蓝莓的重要传粉媒介。

但通常情况下大多数野生蜂种群数量太小或者不稳定，因而不能满足矮丛蓝莓的商业授粉需求（Morrissette 等，1985）。野生传粉者的不足可以用西方蜜蜂来补充。在加拿大纽芬兰省，摆放了西方蜜蜂的矮丛蓝莓地（0.7 群蜜蜂/hm^2），其产量比未摆放的高出 54%（Lomond 和 Larson，1983）。正值矮丛蓝莓开花时期，研究人员在加拿大魁北克省一个大型矮丛蓝莓农场的一端摆放了 500 群西方蜜蜂，并在距蜂群 5km 范围内按照一定的间隔距离，测定采集蜂的密度和相应位置的蓝莓果实特性（Aras 等，1996）。结果表明，距离蜂群越远，采集蜂密度越低；随着采集蜂密度的降低，蓝莓的结籽率、坐果率、浆果重和果实成熟速率都相应地有所下降。由于非酿蜜的野生蜂类在整个蓝莓园种群密度是均匀一致的，因此，上述结果证明了西方蜜蜂及其数量变化对矮丛蓝莓授粉效果的贡献。

引入西方蜜蜂授粉之所以能取得好的效果，一定程度上是因为狭叶越橘和加拿大越橘在同一田块特定的混种模式。狭叶越橘和加拿大越橘同域等量种植时，杂交不亲和性导致坐果率最大只有 50%（Hall 和 Aalders，1961）。但在狭叶越橘为主栽品种的蓝莓园，杂交不亲和性可忽略不计，蓝莓坐果潜力会得到充分发挥，蜜蜂授粉潜在价值也更加凸显（Free，1993）。

人工饲养的切叶蜂和壁蜂也可能是矮丛蓝莓的潜在传粉媒介。美国缅因州的矮丛蓝莓园曾引入了苜蓿切叶蜂（见第 11 章）和花壁蜂（*Osmia ribifloris*）（见第 12 章）。这两种蜂均会访问蓝莓花并采集花粉。但是花壁蜂仅采集蓝莓花粉，且成蜂活动季节与蓝莓花期完全同步，而苜蓿切叶蜂虽然也会采访蓝莓，但可能更喜欢采访比蓝莓更有竞争力的其他开花植物（Stubbs 等，1994）。

在美国缅因州另外一项研究中，苜蓿切叶蜂为矮丛蓝莓授粉表现出较好的应用前景（Stubbs 和 Drummond，1997）。大多数情况下，离苜蓿切叶蜂庇护所更近的试验小区，蓝莓坐果率明显提高。在西方蜜蜂和本地野生蜂类授粉的基础上，如果再引入苜蓿切叶蜂为矮丛蓝莓授粉，其坐果率还可提高 30%。但每个能成功孵育的剥离巢室的繁殖成功率不足 20%，因此，如果用苜蓿切叶蜂为矮丛蓝莓商业授粉，则每年可能都得购买新的巢室。

表 24.2 矮丛蓝莓非酿蜜蜂类传粉媒介

（Finnamore 和 Neary，1978；Morrissette，等，1985）

Colletidae 舌蜂科
- *Colletes consors mesocopus* 姊妹分舌蜂中分亚种
- *Colletes inaequalis* 凹凸分舌蜂属
- *Hylaeus modestus modestus* 静叶舌蜂静亚种

Andrenidae 地花蜂科 *Andrena* 地花蜂属
- *Andrena algida* 冷地蜂
- *Andrena bipunctata* 细孔地蜂
- *Andrena bradleyi* 光滑地蜂
- *Andrena carlini* 蓟地蜂
- *Andrena carolina* 端线地蜂
- *Andrena ceanothi* 多刺地蜂
- *Andrena clarkella* 靓丽地蜂
- *Andrena crataegi* 山楂地蜂
- *Andrena cressonii* 有力地蜂
- *Andrena frigida* 寒地蜂
- *Andrena grandior* 伟地蜂
- *Andrena kalmia* 石南地蜂
- *Andrena lata* 偏地蜂
- *Andrena miserabilis bipunctata* 贱地蜂细孔亚属
- *Andrena nivalis* 雪地蜂
- *Andrena planida placida* 平坦地蜂
- *Andrena regularis* 正规地蜂
- *Andrena rufosignata* 红标地蜂
- *Andrena sigmundi* 弯曲地蜂
- *Andrena thaspii* 毒胡萝卜地蜂
- *Andrena vicina* 近地蜂
- *Andrena wilkella* 威尔克地蜂

Halictidae 集蜂科
- *Halictus confusus* 杂隧蜂
- *Halictus rubicundus* 红足隧蜂
- *Lasioglossum athabascence* 无淡脉隧蜂
- *Lasioglossum forbesii* 丛林淡脉隧蜂
- *Evylaeus arcuatus* 弓淡脉隧蜂
- *Evylaeus cinctipes* 带胫淡脉隧蜂
- *Evylaeus comagenensis* 同族胫淡脉隧蜂
- *Evylaeus divergens* 广布胫淡脉隧蜂
- *Evylaeus foxii* 狐胫淡脉隧蜂
- *Evylaeus macoupinensis* 伊利诺斯胫淡脉隧蜂
- *Evylaeus quebecensis* 魁北克胫淡脉隧蜂
- *Dialictus cressonii* 克利特带淡脉隧蜂
- *Dialictus disabanci* 二分带淡脉隧蜂
- *Dialictus imitatus* 仿带淡脉隧蜂
- *Dialictus pilosus pilosus* 多毛带淡脉隧蜂
- *Dialictus viridatus* 浅绿带淡脉隧蜂
- *Augochlora pura pura* 纯亮绿淡脉隧蜂纯亚种
- *Augochlorella striata* 条纹亮绿淡脉隧蜂
- *Sphecodes cressoni* 有力细淡脉隧蜂
- *Sphecodes persimilis* 似细淡脉隧蜂
- *Sphecodes ranunculi* 蛙细淡脉隧蜂
- *Sphecodes solinis* 索利尼斯细淡脉隧蜂

Megachilidae 切叶蜂科
- *Megachile melanophoea* 黑切叶蜂
- *Osmia atriventris* 黑腹壁蜂
- *Osmia inermis* 无刺壁蜂
- *Osmia inspergens* 意外壁蜂
- *Osmia proxima* 近壁蜂
- *Osmia tersula* 光洁壁蜂

Anthophoridae 条蜂科（Roig-Alsina 和 Michener，1993）
- *Nomada cressonii* 力艳斑蜂
- *Nomada lepida* 可爱艳斑蜂

Apidae：Bombinae 蜜蜂科熊蜂亚科 *Bombus* 熊蜂属
- *Bombus borealis* 北方熊蜂
- *Bombus fervidus* 火熊蜂
- *Bombus rufocinctus* 红带熊蜂
- *Bombus perplexus* 残织熊蜂
- *Bombus sandersoni* 沙熊蜂
- *Bombus ternarius* 三合熊蜂
- *Bombus terricola* 土著熊蜂
- *Bombus vagans vagans* 褐足熊蜂褐足亚种
- *Psithyrus ashtoni* 阿什顿拟熊蜂
- *Psithyrus fernaldae* 凶拟熊蜂
- *Psithyrus insularis* 岛拟熊蜂

高丛蓝莓传粉媒介

尽管北方和南方高丛蓝莓品种从轻微自交可育至高度自交可育程度不一，但多个品种间的异花授粉能增大果个、增加结籽数、提前果实成熟时间，这些都是经济价值考虑的重要因素（Lang 和 Danka，1991）。蜜蜂种群数量越大，传播花粉的数量越多，越有助于高丛蓝莓的异花授粉。一项研究表明，西方蜜蜂采访高丛蓝莓品种‘海滨’（‘Gulfcoast’）可使其果实提前 5d 成熟，并使浆果重量增加 28%。这些授粉效果并不取决于蜜蜂所携带的花粉类型（携带高丛蓝莓类型相同品种的花粉可以自交、携带高丛蓝莓类型不同品种的花粉可进行杂交，或与兔眼蓝莓类型的品种的花粉杂交），因此该研究证明了西方蜜蜂作为南方高丛蓝莓传粉媒介的价值（Danka 等，1993b）。

就北方高丛蓝莓品种‘蓝丰’（‘Bluecrop’）而言，利用人工合成的蜂王上颚腺信息素（QMP）引诱剂可增加西方蜜蜂对其访问次数，从而使其果实产量至少提高 6%，农场收入平均每公顷增加 900 美元（Currie 等，1992a）。

独居蜂可能有助于高丛蓝莓传粉。花壁蜂（*O. ribifloris*）（见第 12 章）是美国加利福尼亚州高丛蓝莓的有效传粉者。每公顷（英亩）高丛蓝莓仅需 741 只（300 只）筑巢雌性花壁蜂就能完成授粉任务（Torchio，1990b）。在美国马里兰州，土中筑巢的独居蜂（*Colletes validus*）会按正常途径拜访蓝莓（包括高丛蓝莓在内的多种蓝莓）花朵，且其筑巢活动与蓝莓花期同步，因此是马里兰州蓝莓野生授粉蜂类中的首要保护对象（Batra，1980）。

兔眼蓝莓传粉媒介

从单只蜂的访花行为来看，东南部蓝莓蜂和熊蜂是兔眼蓝莓较有效的传粉者（Cane 和 Payne，1990）。东南部蓝莓蜂（*Habropoda laboriosa*）（见第 10 章）在 2—4 月羽化出房、交配、筑巢，与美国东南部蓝莓花期几乎同步。这些蜂类似乎是蓝莓的专一性传粉昆虫，有时会大量自然发生在美国东南部的蓝莓果园里，甚至能满足蓝莓商业授粉的需要（Cane，1993，1994；Cane 和 Payne，1988，1991，1993）。

在美国东南部的一些兔眼蓝莓果园内，野生熊蜂（见第 8 章）尤其是筑巢蜂王，数量非常多。然而，在早春季节兔眼蓝莓花期，美国东南部的熊蜂种群仅有筑巢蜂王或只有几只工蜂的幼小蜂群，远未达到最大采集群势，因此无法为这一区域的蓝莓大规模授粉。所以，一些蓝莓种植者会购买一批商业饲养的成熟蜂群（每群≥80 只工蜂）（见第 8 章，51 页）分散放置在果园内；然而，这种做法的效果未经证实。

木蜂（见第 13 章）可以通过在兔眼蓝莓花朵侧面切出缝隙的方式盗取花蜜，无须接触花粉囊或柱头，这些盗蜜孔随后会吸引其他正常采访花朵的蜂类。只要每 25 株蓝莓有 1 只木蜂，或者 4%的蓝莓花朵出现盗蜜孔洞，就会引诱 80%～90%的西方蜜蜂变为盗蜜者（Cane 和 Payne，1991）。蓝莓种植者应尽可能地控制木蜂种群数量，如搬走堆放在果园附近能为木蜂提供筑巢地点的木材。若木蜂在果园附近人工搭建的木棚里筑巢，可在每个巢穴通道里注入允许使用的杀虫剂，然后堵上巢穴入口，再用油漆粉刷木头表面从而控制木蜂数量（表 24.3）。

表 24.3　蓝莓授粉推荐放蜂密度

蓝莓所需授粉蜂群的数量（西方蜜蜂）	参考文献
2.5 群/hm^2、12 群/hm^2、25 群/hm^2（1 群/acre、5 群/acre、10 群/acre）	McGregor（1976）
5～12 群/hm^2（2～5 群/acre）	McCutcheon（1983）
2.5 群/hm^2（1 群/acre）	Krewer 等（1986）
7.4～10 群/hm^2（3～4 群/acre）	Levin（1986）
5 群/hm^2（2 群/acre）	Kevan（1988）
1.2 群/hm^2、2 群/hm^2、5 群/hm^2（0.5 群/acre、0.8 群/acre、2 群/acre）	Free（1993）
10 群/hm^2（4 群/acre）	Williams（1994）
2.5～10 群/hm^2（1～4 群/acre）	Scott-Dupree 等（1995）

（续）

蓝莓所需授粉蜂群的数量（西方蜜蜂）	参考文献
7.5群/hm^2（3群/acre）	表中上述文献放蜂密度平均值
其他蜂类	
741只/hm^2（300只/acre）雌性花壁蜂（*O. ribifloris*）	Torchio（1990b）
每株蓝莓1～4只熊蜂或东南部蓝莓蜂	Cane（1993）
49 420只/hm^2（20 000只/acre）苜蓿切叶蜂	Stubbs和Drummond（1997）

在兔眼蓝莓开花期间，西方蜜蜂是美国佐治亚州南部数量最多的蜂类采访者，其次分别是熊蜂蜂王、熊蜂工蜂、木蜂和东南部蓝莓蜂。不同类型的蜂，其采粉蜂所占比例不同，熊蜂工蜂中的采粉蜂比例最高（76.3%），随后依次是东南部蓝莓蜂（60%）、熊蜂蜂王（38%）、西方蜜蜂（3.2%）、木蜂（1%）。熊蜂蜂王和工蜂所携带的蓝莓（*Vaccinium* spp.）花粉所占比例最高（70.2%），其次分别是西方蜜蜂（67.7%）、东南部蓝莓蜂（58.1%）、木蜂（29.5%）。因此，虽然熊蜂和东南部蓝莓蜂是兔眼蓝莓更积极、有效的采粉者，但即便是西方蜜蜂和木蜂，也能携带蓝莓花粉（Delaplane，1995）。

第 25 章

甘蓝和其他十字花科作物

本章包括十字花科植物甘蓝（*Brassica oleracea*）或甘蓝类蔬菜：甘蓝、花椰菜、西兰花、球芽甘蓝、大头菜（球茎甘蓝）和羽衣甘蓝。其他芸薹属植物（*Brassica* spp.），如油菜或加拿大油菜，详见第 26 章。甘蓝类蔬菜开花前叶片较大、植株低矮，大多是二年生植物，唯有花椰菜是一年生植物。

开　花

叶片停止生长后，着生花的茎开始向上生长。茎上有许多分枝、小叶片以及嫩黄色或白色的花。每朵花有 4 片长度为 1.3～2.5cm 的花瓣，呈“十”字形，故称该科为十字花科。每朵花有 6 枚雄蕊，其中 2 枚比花柱短、4 枚比花柱长。花柱的顶端有 1 个柱头（图 25.1）。花朵早上开放，但花粉囊在花开数小时后才会散粉。花蜜在短雄蕊和子房的基部分泌。单朵花的花期为 3d，由蜂类访花采集花蜜和花粉。

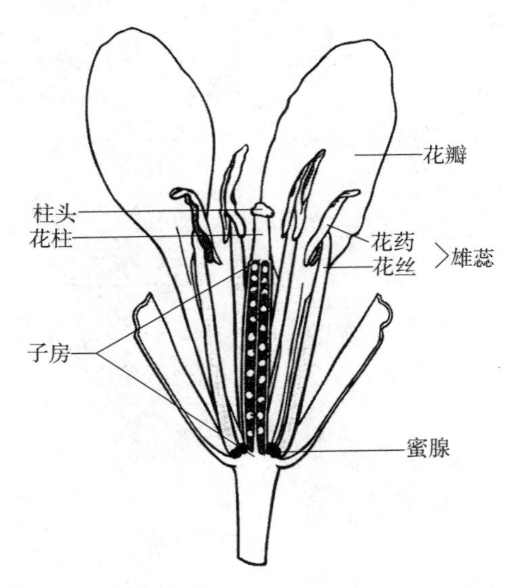

图 25.1　甘蓝（*Brassica oleracea*）花朵模式图

（图片来源：Darrell Rainey）

授 粉 要 求

虽然一些花椰菜品种可自花结果，但 95%的情况下十字花科植物都需要异花授粉（表 25.1）。很多十字花科植物自交不亲和，部分杂交不亲和。完全依赖自花授粉通常会使种子变小、产量降低，而且也会使其后代的种子产量降低（McGregor，1976）。除了加拿大油菜（见第 26 章）以外，风媒传粉对其他芸薹属植物（*Brassica* spp.）来说效果不佳，所以蜂类授粉至关重要，尤其在杂交制种中，因为许多母本雄性不育，种子的形成依赖昆虫将有活性的花粉从雄性可育植株上传播到雄性不育植株上。

表 25.1　十字花科植物授粉推荐放蜂密度

十字花科植物所需授粉蜂群的数量（西方蜜蜂）	参考文献
自由制种	
5～10 群/hm^2（2～4 群/acre）	McGregor（1976）
2.5 群/hm^2（1 群/acre）	Mayer（1986）
5 群/hm^2（1 群/acre）	表中上述文献放蜂密度平均值
杂交制种	
5 群/hm^2（2 群/acre）	Mayer（1986）

传 粉 媒 介

甘蓝花朵非常受昆虫青睐，许多蝇类和蜂类都喜欢访问。非人工饲养蜂类（野生蜂类）可能大量出现，成为甘蓝重要的传粉者，尤其是在气温较低、蜜蜂不能外出采集飞行的情况下。其他情况下，田间 84%～100%的传粉者都是西方蜜蜂，通常被认为是十字花科植物的主要传粉者（McGregor，1976）。如果十字花科植物花朵在为期几天的花期内有蜜蜂多次采访，将会得到充分授粉，种子产量也会达到最佳水平；但只有具有大量的传粉者才最有可能实现这一目标（Mayer，1986）。

当十字花科植物花朵开放的数量足以吸引西方蜜蜂时，蜂群就可以进场了。它们往往顺行采集；但对杂交制种而言，蜜蜂跨行同时采访雄性和雌性植株对提高种子产量非常重要。因此，应在便于出巢蜜蜂跨行采集的地方摆放蜂群。

在杂交制种生产中，蜜蜂不加区别地既采访雄性品系行又采访雌性品系行是很重要的。如果它们只喜欢采集其中一个品系而不喜欢另一个品系，就会只关注于所喜欢的品系行，从而不利于作物异花授粉。要最大限度地解决这个问题，就应该确保雄性品系和雌性品系有相同的株高、花色和花期。

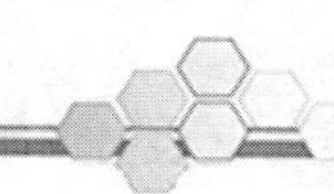

第 26 章

油 菜

油菜包括 2 种芸薹属植物：波兰油菜（*Brassica campestris*），又称芥菜、野油菜、芜菁油菜；阿根廷油菜（*Brassica napus*），又称瑞典油菜。菜籽油富含天然芥酸，菜籽粕富含芥子油苷，这两种物质都限制了人类及动物对油菜产品的食用。然而，植物育种专家已经培育出了完全适合食用的低芥酸、低芥子油苷的油菜品种（称为"双低"品种）。这种"双低"油菜品种在北美洲被称为'Canola'，是'Canadian oil，low-acid'（加拿大低芥酸菜籽油）的首字母缩写。欧洲、加拿大和美国北部种植的油菜类型是波兰油菜（*B. campestris*）和阿根廷油菜（*B. napus*），而美国南部种植的类型大多是阿根廷油菜。

开 花

亮黄色的油菜花朵着生在总状花序的末端。每个花朵有 4 片呈"十"字形排列的花瓣、1 个中心花柱、6 枚雄蕊（4 枚比花柱长，2 枚比花柱短）以及 4 个蜜腺（图 26.1）。油菜花朵可在 1d 内的任何时间开放。阿根廷油菜（*B. napus*）的花朵开放后，柱头发育成熟并具有可授性，但花粉囊此时还不具备散粉功能，而在花冠完全打开之前，4 枚长雄蕊弯离花柱并散粉，2 枚短雄蕊则在柱头下方散粉。花朵开放末期，长雄蕊弯向花柱，如果植株具有自交亲和性，则可实行自花授粉。因此，油菜花的习性和形态导致其先是促进异花授粉，然后才是

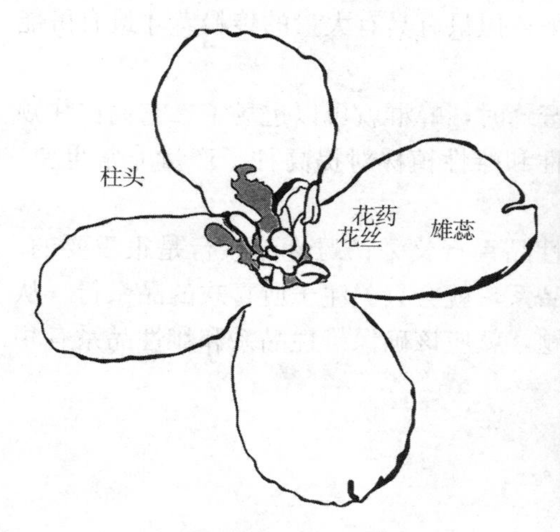

图 26.1 阿根廷油菜（*Brassica napus*）花朵（右），阿根廷油菜花朵结构图（左）
（绘图来源：Darrell Rainey；照片来源：Jim Strawser）

自花授粉。油菜群体花期可持续22～45d（McGregor，1976）。油菜是加拿大和英国重要的蜜源植物之一。在欧洲，油菜蜂蜜的产量为100～500kg/hm²（90～450lb/acre）（Williams，1980）。在美国南部，养蜂者每群蜂能收获16～32kg（35～70lb）油菜蜂蜜。

“双低”油菜‘Canola’授粉要求

通常，波兰油菜（*B. campestris*）是异花授粉，而阿根廷油菜（*B. napus*）自交可育。通过对波兰油菜的品种‘火炬’（‘Torch’）和‘Span’的研究发现，与自交植株相比，异花授粉的植株结荚数、荚内结籽数更多且籽粒更重（Williams，1978）。昆虫是波兰油菜异花授粉的重要媒介；优化昆虫授粉后，波兰油菜的结荚数、产籽量、籽重量、成熟速率和产油量都会有所提高（Langridge和Goodman，1975；Fries和Stark，1983；Holm等，1985；Mishra等，1988；Singh和Singh，1992）。结黄色籽粒的品种‘Sampad’‘Sampad-1’‘Sonali’和‘M-91’虽然自交可育，但它们不能进行有效的自花授粉（Holm等，1985）。总而言之，在波兰油菜种植区域引进大量传粉蜂类种群，可使油菜种植者获得最大化的收益。

阿根廷油菜品种中的‘Erglu’‘Gulle’‘Janetskis’‘Maris Haplona’‘Midas’‘Oro’‘Turret’和‘Zephyr’自交可育，而且不管是进行自花授粉还是异花授粉，植株结籽率都很高。“Erglu”和“Turret”异花授粉后，每个荚内结籽率都略有提高。‘Gulle’虽然自交可育，但人工授粉能够提高其早期花朵结籽率。这表明补充授粉（如西方蜜蜂授粉）可提高早期花朵结籽率，使得荚内的油菜籽成熟更加均匀，易于收获（Williams，1978）。虽然阿根廷油菜自交可育，但并非总是自花授粉（Eisikowitch，1981），因此，还需要依赖昆虫将花粉从花粉囊转移到柱头。研究结果表明，阿根廷油菜的大部分花粉是由蜂类从一株油菜转运到相邻的一株油菜上，也可能散播到与原植株相隔40株的油菜上（Cresswell等，1995）。

当油菜花朵无论受风或昆虫的影响而振动时，花粉囊就会散粉。这种振动对油菜授粉非常重要；生长在静止无风环境并隔绝昆虫的网罩里的油菜，其结籽率往往很低（Eisikowitch，1981；Mesquida和Renard，1982；Mesquida等，1988）。置于风中，但用网罩隔绝昆虫的油菜其产量通常至少与露天自由授粉的产量差不多（Free和Nuttall，1968；Langridge和Goodman，1982）。但是，像大部分昆虫传播的花粉一样，油菜花粉粒有黏性，因此，对于油菜传粉昆虫是有益的补充。

在欧洲，人们担心可食用的“双低”油菜籽可能会被休耕地里的高芥酸含量的油菜花粉污染。这种污染在某种程度上源于风媒或虫媒授粉。食用的油菜籽芥酸含量按照欧盟标准要低于2%。在英国曾做过一次田间试验（Bilsborrow等，1998），把“双低”油菜与芥酸含量高的油菜相邻种植，然后从“双低”油菜种植区广泛采集种子并分析其芥酸含量，结果为芥酸含量为0～9.9%，而只有最多不超过4%的采样区域的芥酸含量达到或超过了2%。结果表明，可食用油菜的芥酸污染不足为患，尤其是在大规模栽培区。

“双低”油菜‘Canola’传粉媒介

蜂类特别偏爱“双低”油菜‘Canola’。在佐治亚州，约63.8%采访油菜的蜂类都是西方蜜蜂，木蜂占23.8%，熊蜂占7.5%，其他蜂类占5%（K. S. Delaplane，未公开发表数据）。许多蝇类、蝶类和蝽类（Hemiptera）也采访油菜花朵，但是，通常蜂类携带的花粉量更高（Williams，1985）。

无论是采蜜还是采粉，大部分蜂类都可为油菜异花授粉。当西方蜜蜂正常访花时，能将花粉转移到柱头上（Free和Nuttall，1968；Eisikowitch，1981）。然而，有时西方蜜蜂只盗蜜而不为油菜花朵授粉。对于阿根廷油菜来说，18%～65%的西方蜜蜂采蜜活动属于盗蜜行为（Mohr和Jay，1988）。不过总的来说，西方蜜蜂访花时能够接触75%的柱头（Free和Nuttall，1968）。熊蜂也可将花粉转移到柱头上，而且与其他蜂类相比，熊蜂的访花行为较少受恶劣天气影响（Eisikowitch，1981）。苜蓿切叶蜂在温室里能为波兰油菜有效传粉（Holm等，1985）。

波兰油菜和阿根廷油菜对西方蜜蜂的吸引力不一。在法国，波兰油菜与阿根廷油菜的传粉昆虫总数一样，但访问波兰油菜的西方蜜蜂密度是阿根廷油菜的3～7倍。访问两种油菜的熊蜂和独居蜂的数量是一致的（Brunel等，1994）。不过在加拿大，西方蜜蜂对波兰油菜的‘Candle’和‘Tobin’两个品种的访问与阿根廷油菜的‘Altex’‘Andor’和‘Regent’3个品种之间没有明显的偏好（Mohr和Jay，1990）。

在加拿大，人们饲养蜂类为“双低”油菜杂交制种授粉。然而，很少有油菜种植者为了给油菜授粉而饲养蜂类。虽然如此，蜜蜂的确能够提高油菜产量（如波兰油菜）或帮助自交可育的“双低”油菜传粉（如阿根廷油菜）。既然蜂类有益无害，种植者就不该在油菜花期采取会减少蜂类种群的措施（如使用杀虫剂）。

在油菜花期喷施杀虫剂会破坏当地蜂类的种群，因为对蜂类来说油菜是一种种植面积大、吸引力很强的蜜源植物。例如，20世纪70年代末，英格兰和威尔士使用三唑磷来控制甘蓝荚象甲和芸薹荚瘿蚊，结果造成采访油菜的蜂类大量死亡。针对该情况，农业、渔业和食品部门规定，三唑磷只能在90%的花瓣凋谢以后使用。到1991年，虽然油菜种植面积急剧扩大，但蜜蜂的死亡率已经有所下降（Greig-Smith等，1994）。这个历史案例表明，有时在杀虫剂使用上的细小改变既能控制害虫又不会伤害有益生物（表26.1）。

表26.1　油菜花期授粉推荐放蜂密度

油菜所需授粉蜂群的数量（西方蜜蜂）	参考文献
2.5～5群/hm^2（1～2群/acre）	McGregor（1976）
对白菜型油菜（波兰油菜）而言	
2群/hm^2（0.8群/acre）	Langridge和Goodman（1975）
3～4群/hm^2（1.2～1.6群/acre）	Kevan（1988）
2.5～15群/hm^2（1～6群/acre）	Scott-Dupree等（1995）
5群/hm^2（2群/acre）	表中上述文献放蜂密度平均值

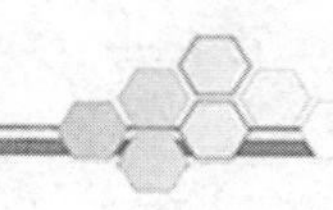

第 27 章

哈 密 瓜

开　花

每株哈密瓜（*Cucumis melo*）植株既有两性花又有单性花（只有雄花）。花朵直径为2～3.8cm（0.5～1.5in）；每朵花有5片花瓣，在花朵的基部簇成管状，然后延展形成一个朝外的轮生体（图27.1）。两性花有数个花粉囊和1个被蜜腺包围的三裂柱头。单性花（雄花）具有5枚雄蕊，其中2对联生；花冠基部有1个被蜜腺包围的非功能性花柱。雄性花的数量通常超过两性花，约为12∶1；但是，如果结实状况不佳，哈密瓜会产生更多的两性花来补充。哈密瓜的花朵在日出后不久开放，并在当天下午凋谢。早上的柱头具有可授性，可持续几小时，但天气炎热时，柱头的可授性就只有几分钟。因此，早上蜂类的有效访花对哈密瓜的结实非常重要。蜂类访花是为了获取哈密瓜的花粉和花蜜。

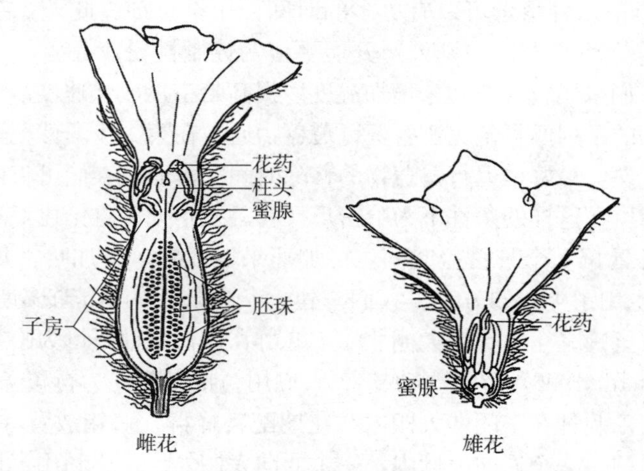

图 27.1　哈密瓜（*Cucumis melo*）的两性花（左图）和雄花（右图）
（图片来源：Darrell Rainey）

授 粉 要 求

哈密瓜自交可育，但是两性花不能进行自花授粉。为了产生达到上市标准的果实，哈密瓜至少需要结出400粒种子。相应地，每个柱头必须接受至少400粒花粉粒（Bohn和Davis，1964）。由于哈密瓜的花粉太重，无法依靠风媒授粉，因此花粉的传播必须通过昆虫实现。虽然哈密瓜自交结实，但异花授粉可以略微增加果重（McGregor，1976）。

传 粉 媒 介

尽管蚂蚁、蓟马和甲虫也会访花，但在北美洲（McGregor，1976）、以色列（Dag 和 Eisikowitch，1995）和非洲西部（Vaissière 和 Froissart，1996），普遍用西方蜜蜂为哈密瓜授粉。

在哈密瓜种植区域，增加西方蜜蜂蜂群密度和蜂群分散程度，可增加‘Primo’品种哈密瓜的产量、果重和甜味。人们在美国得克萨斯州的格兰德河谷下游进行了一个试验，将蜂群以 3 群/hm^2 或 7.4 群/hm^2（1.25 群/acre 或 3 群/acre）的密度集中摆放，或 7.4 群/hm^2（3 群/acre）分散摆放，结果为，哈密瓜的数量和重量随蜂群密度和分散程度的增加而增加，果实甜度也随果重的增加而增加（Eischen 和 Underwood，1991）。

人为延迟蜂类授粉能刺激哈密瓜植株产生更多的两性花，即可以结实的花。在一个历时两年的研究中（Eischen 等，1994），‘Cruiser’‘Explorer’‘Mission’和‘Primo’4 个品种雌花开花时为其套袋隔绝蜂类，使得授粉时间大约推迟 6d 或 12d。试验期间，西方蜜蜂蜂群就放置在测试区旁。1992 年，对‘Primo’品种的研究发现，与没有套袋的对照组的植株或套袋推迟 12d 授粉的植株相比，推迟 6d 授粉的植株达到上市标准的哈密瓜（无瑕疵，最大直径＞30in）的数量有所增加；1993 年，研究‘Mission’品种时发现，与没有推迟授粉的对照组或套袋推迟 6d 授粉的植株相比，推迟 12d 授粉的植株每株的结实量（最大直径≥23in）以及果实总重量均有所增加。但推迟授粉通常对其他哈密瓜品种没有好处。推迟授粉最大的优点是哈密瓜种植者可以有更多的时间使用杀虫剂。此外，在哈密瓜推迟授粉时间之前，也便于养蜂人将蜂群用在别处，开展更多的控制授粉业务。

在一些地区，人们采用行覆盖物来增加温度以提高哈密瓜成熟速度。但是行覆盖物会隔绝传粉昆虫。在加拿大的不列颠哥伦比亚省，行覆盖物通常在第 1 拨两性花开花时移除，但为了持续加快哈密瓜的成熟，最好推迟行覆盖物的移除时间。幸而，人们可将西方蜜蜂蜂箱放置在行覆盖物下面，蜜蜂可在这样的条件下为哈密瓜授粉。在不列颠哥伦比亚省，在行覆盖物下面引入西方蜜蜂蜂群且延长 1 个月覆盖时间，可加速果实成熟、增加哈密瓜产量和果重（Gaye 等，1991）。以色列也用了类似的方法。人们修建一条条长长的、能抵御强劲南风的南北向可穿越的大棚，将西方蜜蜂蜂箱放置在大棚北端，蜂群在这样条件下可为哈密瓜提供最适宜的授粉（Dag 和 Eisikowitch，1995）。在塞内加尔，人们用纺粘布料作为行覆盖物以隔绝大量害虫，保护哈密瓜。将哈密瓜栽种在密闭的大棚内，花期配备蜂群，蜂箱放置在大棚外，适当改进，在蜂箱上开设两个巢门，一个通向大棚内，一个通向大棚外。这样利用蜜蜂为大棚哈密瓜授粉的方式，出口级别的哈密瓜产量可达最高（Vaissière 和 Froissart，1996）（表 27.1）。

表 27.1 哈密瓜花期授粉推荐放蜂密度

哈密瓜所需授粉蜂群的数量（西方蜜蜂）	参考文献
1.2～12.4 群/hm^2（0.5～5 群/acre）	McGregor（1976）
5～7.4 群/hm^2（2～3 群/acre）	Atkins 等（1979）
0.3 群/hm^2，0.5 群/hm^2，3 群/hm^2，7.5 群/hm^2（0.1 群/acre、0.2 群/acre、1.2 群/acre、3 群/acre）	Crane 和 Walker（1984）

（续）

哈密瓜所需授粉蜂群的数量（西方蜜蜂）	参考文献
2.5～5群/hm^2（1～2群/acre）	Levin（1986）
3.2群/hm^2、7.4群/hm^2（1.3群/acre、3群/acre）	Eischen和Underwood（1991）
0.5～7.5群/hm^2（0.2～3群/acre）	Williams（1994）
2.5群/hm^2（1群/acre）	Scott-Dupree等（1995）
4.4群/hm^2（1.8群/acre）	表中上述文献放蜂密度平均值
其他建议	
10朵两性花需要1只西方蜜蜂	McGregor（1976）
1 000株温室哈密瓜需要3群熊蜂	Fisher和Pomeroy（1989）

在哥斯达黎加，相较于欧洲蜜蜂或欧洲蜜蜂与非洲化蜜蜂（杀人蜂）的杂交蜂种，非洲化蜜蜂更喜欢采访蜂巢附近的哈密瓜花朵（Danka等，1993a）。因此，用来为哈密瓜授粉的非洲化蜜蜂的蜂群应均匀摆放在整个哈密瓜种植区域，以确保哈密瓜充分授粉。

在新西兰，熊蜂也能为玻璃温室内的哈密瓜进行有效授粉（Fisher和Pomeroy，1989）。熊蜂的工蜂采访哈密瓜花朵可以从清晨一直持续到傍晚，且很少（约20%）从温室的窗口飞出去采访其他植物。经过熊蜂授粉，90%的哈密瓜果重均能达到上市标准。

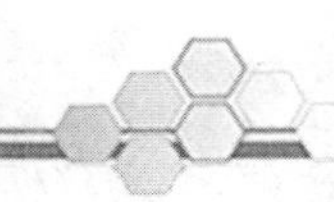

第 28 章

胡　萝　卜

开　　花

胡萝卜（*Daucus carota*）是二年生植物或冬季一年生植物，这表明胡萝卜必须经历一段寒冷的时期才能开花结籽。

其伞形花序组成一个大的复伞状花序。主要的或最大的伞状花序着生在胡萝卜植株顶部附近，随后依次是许多的第 2、第 3 和第 4 伞状花序。胡萝卜的这种发育模式使得其在夏季 6～8 周均有处于不同成熟阶段的花朵和种子，整株花期（群体花期）约持续 1 个月，单个伞状花序开花期约 7d。

单个白色的小花是两性花，花朵有 5 枚雄蕊和 2 个花柱，花柱通向子房内的 2 个隔室，每个隔室包含 1 枚胚珠，因此每朵花能产生 2 粒种子。显然，每朵花只需要 2 个花粉粒就能使 2 枚胚珠受精。在小花开放 1～2d，花粉囊进行散粉，柱头在第 3 天或第 4 天开始具有可授性且持续 1 周或更长时间，子房的上表面分泌花蜜。许多昆虫喜好取食胡萝卜的花粉和花蜜。

授　粉　要　求

虽然有一小部分胡萝卜植株能通过自身的花粉结籽，但大多数植株通过昆虫从其他植株上转运的花粉才能授粉结籽。许多传粉昆虫都可增加胡萝卜的结籽数并加速其种子的成熟（McGregor，1976；Free，1993）。在北美洲，自由授粉的胡萝卜种子产量约为 952kg/hm^2，杂交种子产量约为 280kg/hm^2（表 28.1）。

表 28.1　胡萝卜花期授粉推荐放蜂密度

胡萝卜所需授粉蜂群的数量（西方蜜蜂）	参考文献
自由授粉	
5 群/hm^2（2 群/acre）	Mayer 和 Lunden（1983）
7.4～10 群/hm^2（3～4 群/acre）	Levin（1986）
7.5 群/hm^2（3 群/acre）	表中上述文献放蜂密度平均值
杂交制种	
10～14.8 群/hm^2（4～6 群/acre）	Mayer 和 Lunden（1983）
其他建议指标	

（续）

胡萝卜所需授粉蜂群的数量（西方蜜蜂）	参考文献
9.6只/m^2（8只/yd^2）*	Hawthorn等（1960）
7.2～9.6只/m^2（6～8只/yd^2）	Mayer和Lunden（1983）
8.8只/m^2（7.3只/yd^2）	表中上述文献放蜂密度平均值

由于杂交胡萝卜的根光滑均匀，色彩鲜艳，所以很有价值。胡萝卜杂交制种需要将花粉从雄性可育授粉供体传播到选育的雄性不育系的柱头上。由于胡萝卜的异花授粉很普遍，因此，存储种子时，为了保持种子的纯度，需要得到胡萝卜育种者的合作，同意将相同品种的胡萝卜种植区与不同品种种植区隔离开来。

传粉媒介

胡萝卜商业制种需要昆虫授粉。许多昆虫都会采访胡萝卜花；但有时传粉者的数量并不充足。野生蜂类和蜜蜂是最重要的传粉者。而这些传粉者中只有西方蜜蜂能进行大规模人工饲养。由于西方蜜蜂往往在蜂巢附近觅食，因此应将蜂群分开放置在田间多个区域。

西方蜜蜂倾向于采访某些特定的胡萝卜品种花朵，这会导致不同品种的结籽情况有很大差异（Erickson和Peterson，1979a，1979b）。与雄性不育的胡萝卜植株（雌株）相比，在杂交制种时，西方蜜蜂更喜欢采访产花粉的雄性可育植株。这样，对这2种植株均会采访的采蜜的传粉者可能更适宜为胡萝卜授粉。西方蜜蜂可有效地为胡萝卜授粉，但却不是特别喜食胡萝卜花朵，因而很容易转移到其他更具吸引力的开花植物上觅食。

* 码（yd）为非法定计量单位。1yd=0.914 4m——译者注

第 29 章

樱桃（甜樱桃、酸樱桃）

开　　花

甜樱桃（*Prunus avium*）和酸樱桃（*P. cerasus*）的花朵都呈白色，每2～5朵簇生在侧边的短枝上。每朵花直径约为2.54cm，有5片花瓣，1枚直立雌蕊（含1个子房、2枚胚珠），以及约30枚雄蕊（图29.1）。花期持续3～5d。花粉囊散粉之前柱头已具有可授性，但之后不久花粉囊开始散粉。花蜜在雌蕊基部附近分泌。相比酸樱桃，西方蜜蜂通常更喜欢采访甜樱桃的花朵，因为甜樱桃的花蜜更多；但这2种樱桃的花粉对蜜蜂具有相同的吸引力。

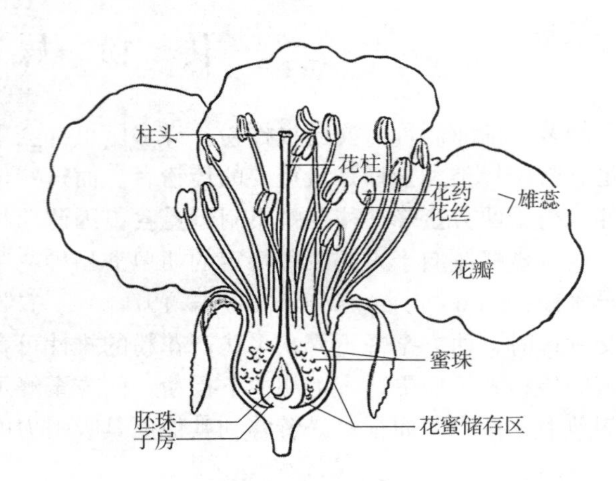

图 29.1 樱桃（*Prunus* spp.）花朵
（图片来源：Darrell Rainey）

授　粉　要　求

一些樱桃花朵的胚珠甚至在其开放之前就开始退化。因此，樱桃花朵开放后尽快对其授粉非常重要。先开放的20%的花朵如果能授粉，结出的樱桃比剩下80%的品质更好（Mayer等，1988b）。

几乎所有甜樱桃的品种都需要从合适的授粉品种获得花粉以进行异花授粉（表29.1）。为了优化异花授粉，应该将果园内主栽樱桃品种和授粉品种间作。传粉者（主要是西方蜜蜂）的数量必须足够多，从而能将花粉从授粉品种转移到主栽品种上。品种‘Stella’自交亲和，虽不需要配置授粉品种，但仍需要传粉者将花粉从花粉囊转移到柱头上。

甜樱桃品种‘Bing’是阐明授粉不佳影响坐果的一个极好的例子。为结出1个优质的樱桃，‘Bing’的柱头需要来自授粉品种约100个的花粉粒（Mayer等，1988b），这需要蜂类多次采访同一朵花才能实现。如果‘Bing’的花粉落在其柱头上，那么花粉也会萌发成花粉管，并向下生长直达子房。这样虽然也会刺激果实生长，但约5周后随即落果。如果‘Bing’的花粉过多地在其柱头上萌发生长，则柱头表面就没有多余的空间留给授粉品种的花粉。如果果园内授粉树密度不够，那么落到‘Bing’柱头上的许多花粉还是自身花粉。最终导致许多果实长到豌豆大小时掉落。

表 29.1　甜樱桃品种及适宜的授粉品种

	授粉品种														
多种花粉源	‘秦林’（‘Chelan’）	‘黑鞑靼’（‘Black Tartarian’）	‘皇家安’（‘Royal Ann’）	‘雷尼尔’（‘Rainier’）	‘万安’（‘Van’）	‘宾恩’（‘Bing’）	‘哈迪巨星’（‘Hardy Giant’）	‘黑色共和’（‘BLack Republican’）	‘斯特拉’（‘Stella’）	‘海迪芬茵’（‘Hedelfingen’）	‘罗亚尔顿’（‘Royalton’）	‘兰伯特’（‘Lambert’）	‘拉宾斯’（‘lapins’）	‘戈尔德’（‘Gold’）	‘甜心’（‘Sweetheart’）
‘秦林’（‘Chelan’）	0														
‘黑鞑靼’（‘Black Tartarian’）		0													
‘皇家安’（‘Royal Ann’）			0			0						0			
‘雷尼尔’（‘Rainier’）				0											
‘万安’（‘Van’）					0										
‘宾恩’（‘Bing’）			0			0						0			
‘哈迪巨星’（‘Hardy Giant’）							0								
‘黑色共和’（‘Black Republican’）								0							
‘斯特拉’（‘Stella’）									×						
‘海迪芬茵’（‘Hedelfingen’）										0					
‘罗亚尔顿’（‘Royalton’）											0				
‘兰伯特’（‘Lambert’）			0			0						0			
‘拉宾斯’（‘lapins’）															
‘戈尔德’（‘Gold’）														0	
‘甜心’（‘Sweetheart’）															

注：空格表示适宜的授粉品种组合；“0”表示两个品种互相不适合做授粉品种；“×”表示该品种在一定程度上能自交结果，但不能大面积单一种植。

所有重要的酸樱桃品种都能接受自身花粉并结实，但是只有在蜂类将其花粉从花粉囊转移到柱头后才能发生。不过，即便酸樱桃能自交结实，只要果园内间作多个酸樱桃品种，其坐果率也会更高。

传粉媒介

在美国西北部，商业樱桃果园内 99%的采访昆虫均为蜂类。虽然西方蜜蜂喜欢采访樱桃，但养蜂人几乎从未得到商品樱桃蜜。樱桃花蜜中富含糖类（30%～45%）；然而，70%～95%的访花蜜蜂都是采集樱桃花粉（Mayer 等，1988b）。

风不能为樱桃授粉。西方蜜蜂才是樱桃的主要传粉者（表 29.2）。不管是酸樱桃还是甜樱桃，在花粉囊开始散粉后应尽快授粉，这一点非常重要。果园内应每 4～12 只蜂作为一组分组摆放，每组蜂群间距不能超过 91.4 m。对于甜樱桃园，授粉蜂群进场时间应该在樱桃花期开始当天或前 1d。而对于酸樱桃园，授粉蜂群进场时间最好至少在花期开始 1d 以后，因为酸樱桃花蜜对蜜蜂的吸引力较小，果园内必须有大量花朵开放时才能使蜜蜂不离开果园去寻找花蜜更丰富的蜜源植物。

表 29.2 樱桃花期授粉推荐放蜂密度

樱桃所需授粉蜂群的数量（西方蜜蜂）	参考文献
甜樱桃或普通樱桃	
2.5 群/hm^2（1 群/acre）	Schuster（1925）；Tufts 和 Philp（1925）；Luce 和 Morris（1928）；Marshall 等（1929）
2.5～3 群/hm^2（1～1.2 群/acre）	Yakovleva（1975）
12.4 群/hm^2（5 群/acre）	McGregor（1976）
2.5～5 群/hm^2（1～2 群/acre）	Levin（1986）；Scott-Dupree 等（1995）
3.7～6.2 群/hm^2（1.5～2.5 群/acre）	Kevan（1988）
5 群/hm^2（2 群/acre）	Mayer 等（1988b）
3 群/hm^2（1.2 群/acre）	British Columbia Ministry of Agriculture，Fisheries 和 Food（1994）
1.3～3 群/hm^2（0.5～1.2 群/acre）	Williams（1994）
4.2 群/hm^2（1.7 群/acre）	表中上述文献放蜂密度平均值
酸樱桃	
0	Kevan（1988）
2.5～5 群/hm^2（1～2 群/acre）	Scott-Dupreeet *al*.（1995）
2.5 群/hm^2（1 群/acre）	表中上述文献放蜂密度平均值
其他建议指标	
25～35 只/（株・min）	Mayer 等（1988b）

蜜蜂引诱剂用在不同的樱桃品种上，效果不尽相同。使用蜜蜂引诱剂 Bee-Scent® 24h 内，西方蜜蜂采访樱桃品种‘Van’的次数明显增加，且坐果率提高了 12%（Mayer 等，1989a）。Bee-Scent Plus®使得‘Van’品种的坐果率提高了 15%。然而，针对甜樱桃品种‘Bing’，一种实验所用的蜂王上颚腺信息素引诱剂却不能增加蜜蜂的采访次数、提高樱桃的坐果率，或增加其果实大小（Naumann 等，1994b）。

在美国华盛顿中南部，春天引入的果园壁蜂，即角额壁蜂（*O. cornifrons*）和蓝壁蜂西部亚种，其繁殖率为 10%～50%，但却很少见到这类蜂采访樱桃花朵（D. F. Mayer，未发表数据）。在华盛顿，果园壁蜂可能是商业樱桃的潜在传粉者，但尚需更多的研究来评估其传粉效率。

第 30 章

三叶草 (杂三叶)

开　　花

杂三叶（*Trifolium hybridum*）的花朵着生在顶端，由许多粉色或白色的小花构成。每朵小花由 1 片旗瓣、2 片侧翼瓣和 2 片较低的龙骨瓣构成。每朵小花有 10 枚雄蕊，其中 1 枚离生，另外 9 枚包裹着较长的子房，且花丝联合形成管状（图 30.1）。如有外力触及花朵（如昆虫采访），花朵弹开露出柱头，待外力消失，花朵缩回原状，这一点与紫花苜蓿不同，如遇类似情况，紫花苜蓿的花朵则会保持弹开的状态。每一朵杂三叶的小花产出 2～3 粒种子，丰年时每个头状花序将产出大约 100 粒种子。杂三叶花蜜和花粉产量丰富，因此吸引了许多蜂类访花。

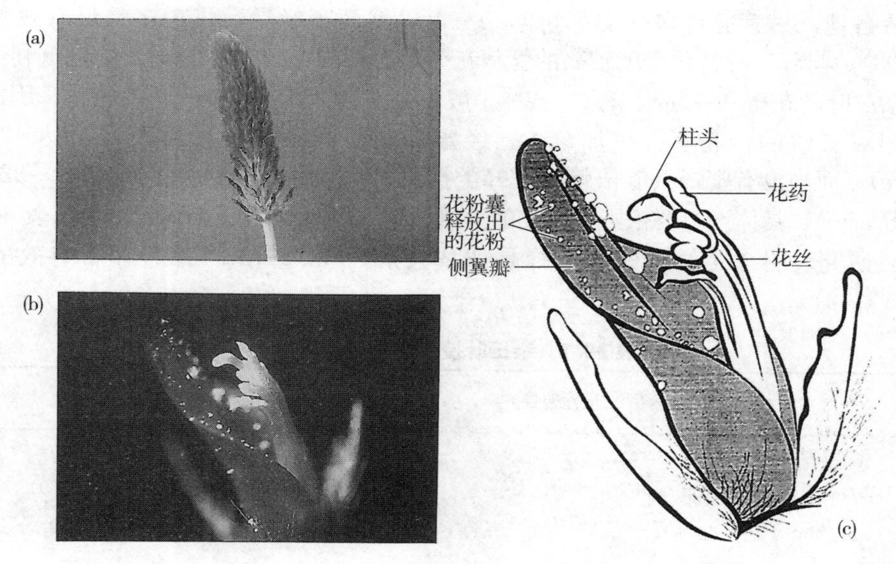

图 30.1　典型的三叶草（*Trifolium* spp.）的花序（a）及其花序上的单个小花（b）、(c)
（绘图来源：Darrell Rainey；照片来源：Jim Strawser）

授　粉　要　求

杂三叶高度自交不育。这意味着每朵小花必须接受来自其他植株的花粉才能够结籽。很多套袋试验都表明蜂类授粉可以提高其种子产量（表 30.1）。单个头状花序种子产量的差异可能导致每英亩杂三叶种子总产量的显著差异。例如，对于每平方米有 1 200 个头状花序（1 000 个/yd² 头状花序）的杂三叶种植区，每个头状花序产生 50 粒种子，则杂三叶的种子产量为 392kg/hm²（350lb/acre）；若每个头状花序产生 90 粒种子，则杂三叶的种子产量为 700kg/hm²（625lb/acre）；而若每个头状花序产生 120 粒种子，则杂三叶的种子产量可达 924kg/hm²（825lb/acre）（Dunham，1939）。在美国，杂三叶的平均产量为 157kg/hm²（140lb/acre），但偶尔也有报道称其产量高达 1 120kg/hm²（1 000lb/acre）（McGregor，1976）。在美国，杂三叶种子产量普遍较低可能是因为其授粉不佳。

表 30.1　蜂类授粉对杂三叶种子产量的益处

有蜜蜂授粉的套袋植株	无蜂类授粉的套袋植株	自然授粉植株	参考文献
122	2	39	Dunham（1939）
107	0.4	57	Crum（1941）
NA	0.4	126	Scullen（1956）
115	0.9	74	平均值

注：数据为不同授粉试验中每个头状花序的结籽数（粒），NA 指无数据。

传　粉　媒　介

在世界各地，尽管有许多蜂类都访问杂三叶，然而蜜蜂是数量最多且最有效的传粉者（Free，1993）。与红三叶特化程度较高的管状花朵形态不同，杂三叶的花朵结构更利于蜜蜂进入。由于杂三叶的花蜜和花粉很丰富，蜜蜂一般不会去选择其他同期开花的植物。因此，蜜蜂是杂三叶相对有效的传粉者。在加拿大，经蜜蜂授粉的杂三叶种子产量可达 420kg/hm²（375lb/acre），而当没有蜜蜂只能依赖野生蜂类授粉时，其种子产量会下降到 32～328kg/hm²（29～293lb/acre），具体产量要依野生蜂类的数量而定（Pankiw 和 Elliot，1959）（表 30.2）。

此外，研究表明人工饲养的切叶蜂是加拿大杂三叶'Dawn'品种非常有效的传粉者（Richards，1991）。

表 30.2　杂三叶授粉推荐放蜂密度

杂三叶所需授粉蜂群的数量（西方蜜蜂）	参考文献
2.5～7.4 群/hm²（1～3 群/acre）	McGregor（1976）；Scott-Dupree 等（1995）
3～4 群/hm²（1.2～1.6 群/acre）	Háslbachová 等（1980）
2.5～5 群/hm²（1～2 群/acre）	Levin（1986）
5～8 群/hm²（2～3.2 群/acre）	Kevan（1988）
2.5～8 群/hm²（1～3.2 群/acre）	Williams（1994）
4.8 群/hm²（2 群/acre）	表中上述参考文献放蜂密度平均值
其他推荐密度	
7 410 只/hm²（3 000 只/acre）	Dunham（1957）
8 000～13 000 只/hm²（3 240～5 260 只/acre）	Háslbachová 等（1980）
50 000 只/hm²（20 000 只/acre）	Scott-Dupree 等（1995）

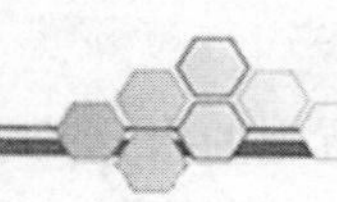

第 31 章

三叶草（绛三叶）

开　　花

绛三叶（*Trifolium incarnatum*）的花朵形态与其他种类的三叶草（图 30.1）相似。每个头状花序有 65～125 朵淡红色的小花。与杂三叶不同，绛三叶花朵不便于蜜蜂取食。尽管如此，蜜蜂仍会访问绛三叶花朵，采集其花蜜和花粉，有时甚至还有多余的花蜜可以用来酿造蜂蜜。蜂类采集绛三叶的花粉或花蜜时，花朵会弹开。花朵一经授粉，1d 内就会枯萎。因此，授粉较好的绛三叶种植区看起来比较暗淡，而授粉不良的种植区颜色鲜艳，并且花期可长达 2 周。

授　粉　要　求

绛三叶大多可以自花结实，然而其花朵不能自行弹开。因此，要想获得理想的产籽量，必须依靠昆虫授粉（表 31.1）。

表 31.1　蜜蜂授粉对绛三叶种子产量的益处

有蜜蜂的罩网区	无蜜蜂的罩网区	自然授粉	参考文献
53kg/hm^2（47lb/acre）	3lb/hm^2（2.747lb/acre）	64lb/hm^2（57lb/acre）	Killinger 和 Haynie（1951）
261lb/hm^2（233lb/acre）	66lb/hm^2（59lb/acre）	333lb/hm^2（297lb/acre）	Weaver 和 Ford（1953）
NA	46lb/hm^2（41lb/acre）	238lb/hm^2（212lb/acre）	Johnson 和 Nettles（1953）
NA	101lb/hm^2（90lb/acre）	527lb/hm^2（470lb/acre）	Beckham 和 Girardeau（1954）
NA	100lb/hm^2（89lb/acre）	658lb/hm^2（587lb/acre）	Blake（1958）
NA	47lb/hm^2（42lb/acre）	184lb/hm^2（164lb/acre）	Girardeau（1958）
157lb/hm^2（140lb/acre）	61lb/hm^2（54lb/acre）	334lb/hm^2（298lb/acre）	平均值

注：NA 指无数据。

传　粉　媒　介

有史以来，蜜蜂是绛三叶最重要的传粉者。与套网隔离蜂类的绛三叶植株相比，经蜜蜂授粉的绛三叶，每个头状花序的籽重增加 2.4 倍、结籽数增加 14 倍、每英亩籽重增加 4～21 倍（McGregor，1976）。通常种植在养蜂场附近的绛三叶结荚数（有种子的）和种子产量是最高的。

由于绛三叶花朵在授粉之后会枯萎，因此绛三叶种植区的表观颜色是一个非常有用的指标，可以根据其颜色是否鲜艳来判断传粉者的数量是否充足。若授粉情况良好，每个头状花序上方会有轮生开放的小花和花蕾，下方则是枯萎的小花（Weaver 和 Ford，1953）（表 31.2）。

表 31.2　绛三叶授粉推荐放蜂密度

绛三叶所需授粉蜂群的数量（西方蜜蜂）	参考文献
2.5～12.4 群/hm^2（1～5 群/acre）	McGregor（1976）
2.5～5 群/hm^2（1～2 群/acre）	Levin（1986）
5.6 群/hm^2（2.3 群/acre）	表中上述文献放蜂密度平均值
其他推荐密度	
每 100 个头状花序 2～3 只蜜蜂	Knight 和 Green（1957）

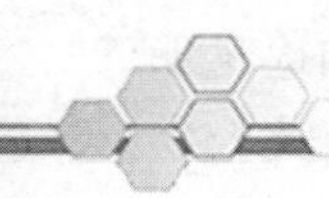

第 32 章

三叶草（红三叶）

开　花

红三叶（*Trifolium pratense*）的花朵形态与其他种类的三叶草（图 30.1）相似，每个浅粉红色的头状花序由 55～275 朵小花组成，小花从花序底部到顶部依次开放，单朵花期 6～10d。每朵小花长 6.4～12.7mm、直径 2.1mm。每朵小花的子房内有 2 枚胚珠，但通常只有 1 枚发育。红三叶的性器官由 10 枚雄蕊和 1 个略高于雄蕊的柱头构成，柱头延伸至花冠管口，性器官被包裹在花冠管基部的龙骨瓣内。当蜂类用头触碰龙骨瓣时，柱头和花药随即被弹出，使蜂触及。

红三叶的花冠管较长（6.4～12.7mm），短喙蜂类（如蜜蜂，平均喙长 6mm）很难触及其性器官基部的蜜腺。某些情况限制了短喙蜂类对红三叶的访问。通常情况下，花期较晚的红三叶的花冠管相对较短。

授　粉　要　求

红三叶很大程度上自交不育，需要接受其他植株的花粉才能结出可育的种子。蜂类是红三叶最重要的传粉者。每朵小花必须在开放后 2～4d 完成授粉。因此，在整个红三叶花期内应该引入大量蜂群才能确保其授粉良好。

从红三叶头状花序小花的颜色就可看出花朵的授粉情况。红三叶花朵经授粉后会很快枯萎，但未授粉的花朵颜色比较鲜艳。因此，每个头状花序顶端都有一轮含有花苞的新生花朵，下面则是授粉后枯萎的小花。当授粉蜂类数量充足时，其种植区看上去呈锈棕色。

传　粉　媒　介

蜜蜂和熊蜂是红三叶较重要的传粉者。一般来说，熊蜂比蜜蜂的传粉效率更高，因为熊蜂飞行速度较快、访花频率较高，而且熊蜂的喙比较长，更容易采访红三叶花朵。然而，野生熊蜂的蜂群数量是难以预测的。尽管蜜蜂的喙较短、传粉效率相对较低，但蜜蜂更易于人工饲养管理、可批量转移，因此蜜蜂也是红三叶比较理想的传粉者。

红三叶花朵的花冠管较长，因此更有利于长喙蜂类（如熊蜂）的访问。不同种类的熊蜂喙的长度也不同，这种差异使得不同种类的熊蜂趋向于为不同种类的植物传粉，从而导致长喙熊蜂在长花冠管植物的传粉者中占据绝对优势，而短喙熊蜂在短花冠管植物的传粉者中占据优势（Ranta 和 Tiainen，1982；Fairey 等，1992）。例如，在亚伯达皮斯河地区和不列颠哥伦比亚，长喙熊蜂（*Bombus borealis*）（平均喙长 10.2 mm）是红三叶（花冠管平均长 7.2 mm）上的常见访花者，而短喙的红带熊蜂（*B. rufocinctus*，喙长 7.7 mm）和褐足熊蜂褐足亚种（*B. vagans*，喙长 8.3 mm）是紫花苜蓿和杂三叶（花冠管长 3.9 mm）比较常见的访花者（Fairey 等，1992）。与二倍体红三叶品种相比，四倍体的红三叶品种分泌的花蜜更多，但是花冠管要更长一些。因此，长喙熊蜂是四倍体红三叶最重要的传粉者(McGregor，1976；Free，1993)。

长喙熊蜂是红三叶的高效传粉者，然而，一些短喙的熊蜂［如近熊蜂（*B. affinis*）、明亮熊蜂（*B. lucorum*）、欧洲熊蜂（*B. terrestris*）和土著熊蜂（*B. terricola*）］往往会在花朵基部打孔盗取花蜜，完全绕过柱头不进行传粉（Free，1993）。其他蜂类（如蜜蜂）则又会通过盗蜜的熊蜂在花朵基部打下的孔进行二次盗蜜，也没有接触到柱头。

很多实验性研究都一致表明，蜜蜂能够为红三叶授粉（表 32.1），然而，问题是野外授粉蜜蜂的数量是否充足（表 32.2）。如果其附近有更容易获得的蜜源，蜜蜂便不会采集红三叶。但在炎热干旱的气候条件下，红三叶可能会分泌大量的花蜜，从而使花冠管中的花蜜升高到便于蜜蜂采集的高度，这种情况下蜜蜂的访花频率会大大增加。但采粉蜂一般会选择较易接近的花药采集花粉，这种情况下，花冠管深度会影响蜜蜂授粉，这是一个有待解决的问题。

表 32.1　蜜蜂授粉对红三叶种子产量的益处

罩网且有蜜蜂授粉的植株	罩网隔离蜜蜂的植株	自然授粉的植株	参考文献
61.5	NA	67.3	Richmond (1932)
107	0	57	Crum (1941)
56	1	37	Anderson 和 Wood (1944)
74.8	0.5	53.8	平均值

注：表中数据为不同授粉试验中每个头状花序的结籽数（粒）；NA 指未提供数据。

表 32.2　红三叶授粉推荐放蜂密度

红三叶所需授粉蜂群的数量（西方蜜蜂）	参考文献
10～25 群/hm^2（4～10 群/acre）	Beard 等 (1948)
2.5～7.4 群/hm^2（1～3 群/acre）	Hammer (1950)
2.5～5 群/hm^2（1～2 群/acre）	Thomas (1951)；Johansen (1960)
2.5～10 群/hm^2（1～4 群/acre）	Johansen 和 Retan (1971)
3～15 群/hm^2（1.2～6 群/acre）	Crane 和 Walker (1984)
7.4～10 群/hm^2（3～4 群/acre）	Levin (1986)
2.5～8 群/hm^2（1～3.2 群/acre）	Kevan (1988)
2.5～10 群/hm^2（1～4 群/acre）	Scott-Dupree 等 (1995)

（续）

红三叶所需授粉蜂群的数量（西方蜜蜂）	参考文献
7.7群/hm^2（3群/acre）	表中上述文献放蜂密度平均值
其他推荐密度	
1.2～21.5只/m^2蜜蜂（1～18只/yd^2）	McGregor（1976）
1.2只/m^2熊蜂（1只/yd^2）	
2 000只/hm^2长喙熊蜂（800只/yd^2）	Macfarlane等（1991）

蜜蜂易于管理且数量众多，是红三叶最重要的传粉者。蜜蜂采集红三叶的花粉，但却不易获得花蜜。在面积较大的单作田里，蜜源匮乏将可能导致蜜蜂群势衰减。然而，杀虫剂对于蜜蜂也是致命的，也会导致蜂群数量减少，因此难以辨别蜜蜂群势下降的真正原因。鉴于此，租用蜜蜂时，需要定期为其补充饲喂糖或玉米糖浆，养蜂人的这些额外劳动应计入租赁费。对于25acre（10hm^2）或以内的红三叶田，蜂箱可以集中摆放在一个地方。当红三叶田的面积超过25acre或田块又长又窄时，蜂箱应该集中摆放在2个或多个地方。

苜蓿切叶蜂也能为红三叶授粉。在加拿大亚伯达北部，为红三叶田引入苜蓿切叶蜂时，其平均产籽量从291kg/hm^2（260lb/acre）增加到410kg/hm^2（366lb/acre）。此外，这类蜂对紫花苜蓿的授粉效果也不错（Fairey等，1989）。Richards（1991）认为苜蓿切叶蜂是红三叶品种‘Norlac’和‘Ottawa’非常理想的授粉者。

良好的开花条件是刺激蜜蜂高效传粉的首要因素。在红三叶的盛花期，蜜蜂的采集最为活跃。然而当灌溉不佳导致田间缺水时，红三叶花朵就会变成褐色，蜜蜂将飞到其他地方。

第 33 章

三叶草（白三叶‘Ladino’）

开　　花

白三叶（*Trifolium repens*）有 3 种重要类型：大型（即‘Ladino’）、中型和小型。白三叶的花序和其他种类的三叶草（图 30.1）类似，每个头状花序有 50～250 朵小花，花冠管很短，长约 3mm，这使得大部分蜂类都能采集到其花蜜。小花完全开放后，柱头高于花药，这种空间位置有利于其异花授粉。每朵小花的子房内含有 6 枚胚珠，每朵小花平均产生 2.5 粒种子（McGregor，1976）。在欧洲北部，白三叶是最常见的豆科饲料。在美国，白三叶花朵能产生大量的花蜜和花粉，而中型和小型的白三叶是极重要的蜜源植物。

授　粉　要　求

白三叶大多自交不育，需要接受其他白三叶植株的花粉才能结籽。然而，也有个别自交系品种的白三叶是自交可育的（Michaelson-Yeates 等，1997）。

虽然大部分白三叶品种自交不亲和，但在花朵完全开放之前，柱头上往往就已经沾上了自身的花粉（Thomas，1987；Rodet 等，1998）。据估计，白三叶柱头上最多可落置大约 300 粒花粉，其中平均有 137 粒是自身花粉，而这些花粉还不足以使胚珠成功受精。一只蜂访花，可在柱头上落置 115 粒花粉（包含不同比例的自身花粉和其他植株的花粉），加上原有的自身花粉，柱头上的花粉量仍达不到饱和，也达不到亲和花粉的最佳比例。因此，为了提高柱头上具有亲和力的异交花粉的比例，有必要让不同种类的蜂类访问白三叶。一般来说，一只蜜蜂访花后平均有 60%～70%的概率使胚珠成功受精，但若想优化花粉管的生长，且使花粉管里 90%以上的胚珠得以发育，就必须有多种蜂类为其授粉（Rodet 等，1998）。

如果白三叶的花朵没有被授粉，那么其花期能持续 1 周或更久，但若花朵开放后很快就完成了异花授粉，那么其结籽率就能达到最佳比例。例如，花朵在开放后的第 5 天成功授粉，结籽率为 60%，明显低于开花当天即完成授粉的结籽率（Jakobsen 和 Martens，1994）。在蜜蜂授粉后的几个小时内，白三叶的花朵就会枯萎变成棕色（Rodet 等，1998）。因此，在良好的授粉条件下，每个白三叶头状花序的中部是新鲜的、盛开的小花，上部是含苞待放的小花，而下部则是枯萎的小花。

传 粉 媒 介

蜜蜂是白三叶最重要的传粉者。中型和小型白三叶的蜜粉丰富且容易获得，因而对蜜蜂具有很强的吸引力，同时蜜蜂在采集花蜜或花粉时也能有效接触到柱头为其授粉。而大型的白三叶品种‘Ladino’分泌的花蜜量较少，因此对蜜蜂的吸引力较弱。为了弥补蜜蜂较低的访问频率对其产籽量的不利影响，在花期内，品种‘Ladino’需要更高的授粉蜂群密度（表33.1）。

表33.1　白三叶授粉推荐放蜂密度

白三叶所需授粉蜂群的数量（西方蜜蜂）	参考文献
0.2群/hm^2（0.1群/acre）	Palmer-Jones等（1962）
0.1～5群/hm^2（0.04～2群/acre）	McGregor（1976）
2～3群/hm^2（0.8～1.2群/acre）	Crane和Walker（1984）
2.5～5群/hm^2（1～2群/acre）	Levin（1986）
5～8群/hm^2（2～3.2群/acre）	Kevan（1988）
0.1～7.5群/hm^2（0.04～3群/acre）	Williams（1994）
2.5～7.5群/hm^2（1～3群/acre）	Scott-Dupree等（1995）
3.7群/hm^2（1.5群/acre）	表中上述文献放蜂密度平均值
‘Ladino’	
5群/hm^2（2群/acre）	Scullen（1956）
其他推荐密度	
2.4只/m^2蜜蜂（2只/yd^2）	Scullen（1956）

在澳大利亚维多利亚，自然授粉的白三叶品种‘Haifa’的产籽量为403kg/hm^2（360lb/acre），但罩网隔离蜂类昆虫后，产籽量只有13kg/hm^2（12lb/acre）。蜜蜂占白三叶访花蜂类的95%，占所有访花昆虫的88%。本土蜂类（*Lasioglossum* spp.）占访花蜂类的5%，占所有访花昆虫的4.3%（Goodman和Williams，1994）。

在北美洲，野生蜂类［包括壁蜂（*Osmia* spp.）和熊蜂］也会访问白三叶，但通常不能满足商业授粉需求。Richards（1991）发现，在加拿大，人工饲养的切叶蜂是白三叶很好的授粉者。

如其他种类的三叶草一样，白三叶田间花朵的颜色是判断其传粉者是否充足的最重要的指标。如果白三叶田间花朵比较鲜艳，则说明花朵授粉不足，需要增加蜂群数量。

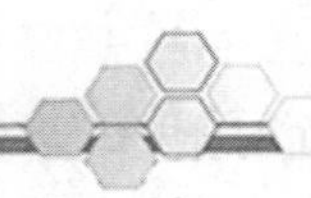

第 34 章

三叶草（甜三叶）

开　花

白花甜三叶（*Melilotus alba*）和黄花甜三叶（*M. officinalis*）的总状花序长 2.5～10cm，花序上有多达 100 朵白色或黄色小花，每朵小花长约 3mm。甜三叶花冠较短，短喙和长喙蜂类都能觅食其花蜜。由两朵花瓣形成的龙骨瓣包裹着雄蕊和雌蕊。当访花者向龙骨瓣施压时，性器官（雄蕊和雌蕊）即被弹出，从而接触到访花昆虫，当压力消失后雄蕊和雌蕊又收缩到初始位置。甜三叶能产生大量的花蜜和花粉，是一种非常重要的蜜源植物。

授　粉　要　求

甜三叶的繁育系统较广，从部分自交可育到自交不育都有。与一年生品种相比，很多白花甜三叶和黄花甜三叶的二年生品种自交不育的程度更高（Sano，1977）。若雄蕊和雌蕊的长度相同，自花授粉的概率就会增加，但自交可育的品种甚至也需要蜂类采访才会打开龙骨瓣。不管是白花甜三叶还是黄花甜三叶，蜂类异花授粉可提高大部分甜三叶的产籽量。

传　粉　媒　介

多种蜂类都会采访甜三叶，但截至目前，蜜蜂是数量最多且最重要的传粉者。从表 34.1可看出蜜蜂对甜三叶增产的益处。Richards（1991）认为，切叶蜂是加拿大白花甜三叶和黄花甜三叶的优良授粉者。甜三叶授粉推荐放蜂密度见表 34.2。

表 34.1　蜜蜂授粉对甜三叶种子产量的益处

罩网，蜜蜂强制授粉	罩网，隔离蜜蜂授粉	自然授粉	参考文献
二年生白花甜三叶			
130kg/hm^2（116lb/acre）	37kg/hm^2（33lb/acre）	164kg/hm^2（146lb/acre）	Alex 等（1952）
NA	12kg/hm^2（11lb/acre）	323kg/hm^2（288lb/acre）	Holdaway 等（1957）
一年生白花甜三叶			
176kg/hm^2（157lb/acre）	18kg/hm^2（16lb/acre）	146kg/hm^2（130lb/acre）	Weaver 等（1953）

（续）

罩网，蜜蜂强制授粉	罩网，隔离蜜蜂授粉	自然授粉	参考文献
二年生黄花甜三叶			
278kg/hm^2（248lb/acre）	146kg/hm^2（130lb/acre）	444kg/hm^2（396lb/acre）	Alex 等（1952）

注：NA 指未提供数据。

表 34.2　甜三叶授粉推荐放蜂密度

甜三叶所需授粉蜂群的数量（西方蜜蜂）	参考文献
2.5～25 群/hm^2（1～10 群/acre）	McGregor（1976）
2.5～5 群/hm^2（1～2 群/acre）	Levin（1986）
5～8 群/hm^2（2～3.2 群/acre）	Kevan（1988）
2.5～7.4 群/hm^2（1～3 群/acre）	Scott-Dupree 等（1995）
7.2 群/hm^2（3 群/acre）	表中上述文献放蜂密度平均值

第 35 章

棉　花

开　花

北美洲有 2 种重要的棉花品种：短绒棉，又称陆地棉（*Gossypium hirsutum*）；长绒棉，又称皮马棉（*G. barbadense*）。棉花花冠口直径 5～10cm、宽 5cm。棉花的花朵有 5 朵花瓣；多枚雄蕊，雄蕊花丝基部联合形成雄蕊柱，包围着雌蕊花柱；另有子房 1 个，位于花冠基部（图 35.1），子房 3～5 室，每室有 5～10 枚胚珠或发育中的种子。棉花的花朵仅开放 1d，翌日花冠和雄蕊柱即脱落。皮马棉的柱头相对较易进行异花授粉，而陆地棉的柱头被花药紧紧包裹，不易进行异花授粉。棉花的花内蜜腺和位于叶子上的花外蜜腺都可以分泌花蜜。一般情况下，即使花蜜很丰富，蜜蜂也不会访问棉花，可能是因为棉花花蜜中的蔗糖含量相对较低（蔗糖对蜜蜂有很强的吸引力）。然而，有时棉花也能吸引蜜蜂访花，如果杀虫剂用量较少，蜜蜂甚至能将其多余的花蜜酿造成棉花蜂蜜。皮马棉的花蜜量高于陆地棉（McGregor，1976）。

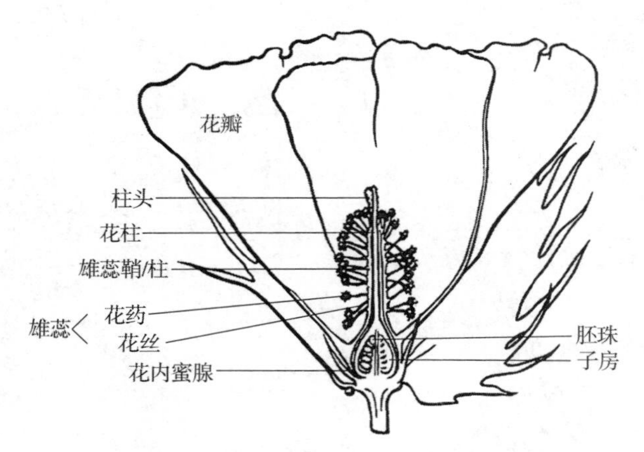

图 35.1　棉花（*Gossypium* sp.）的花朵
（图片来源：Darrell Rainey）

授　粉　要　求

棉花以自花授粉为主且自交可育。然而，蜂类授粉可以提高皮马棉‘S-1’单个棉铃的结籽率和棉花产量，促进陆地棉‘A-33’　‘A-44’早熟，提高其结籽率（McGregor，

1976)。蜂类授粉通常能够增加棉铃数量、提高单个棉铃的棉籽量和棉花产量、提高棉籽重和棉铃重，进而能够提高棉花总产量；还有助于促进棉铃在同一时段成熟，同时降低棉铃脱落率（McGregor，1976；Free，1993)。一般而言，被套袋的棉花花朵上，花粉未必能覆盖整个柱头，但在花朵盛开且昆虫访花频率较高的时候，花粉足以覆盖整个柱头（Kearney，1923)。因此，蜂类采访对棉花大有益处，不仅可以增加柱头上的花粉量，而且使花粉的分布更均匀。棉花柱头上大约需要 100 粒有活性的花粉粒才能结出 1 个棉铃（Waller 和 Mamood，1991)。

蜂类介导的异花授粉在一定程度上对棉花是有益的，但蜂类异花授粉并不适用于所有的棉花品种。如皮马棉，当其柱头上有外源花粉时，会影响花粉管的萌发和生长速度，可能变快也可能变慢（Kearney，1923)。有时异花授粉无法控制，可能会产生突变型后代，不利于棉花育种。

在美国，棉花一直是使用杀虫剂较多的农作物之一，由于大量杀虫剂的存在，蜂类对棉花的访问量很低，在这种条件下，棉花的产量尚可接受。然而，随着害虫逐渐减少，杀虫剂的使用量也在下降，现今棉花种植者可以利用蜂类授粉进一步提高棉花产量。通过根除棉铃象甲的项目，北卡罗来纳州、南卡罗来纳州、佐治亚州和佛罗里达州的大部分棉花种植区，现在已基本消灭了这种害虫（Haney 和 Lewis，未发表)，因此现在杀虫剂的用量已大幅降低。据蜂农报道，如今蜜蜂为棉花授粉还可以生产棉花蜂蜜——这在几年前是根本不敢想象的。因此，利用蜂类为棉花进行商业授粉现在已经不是一件遥不可及的事情了，但这是否对棉花种植者和养蜂者都有利，还需要进一步研究证明。

杂交棉的种子产量

不同品种的棉花杂交后，有些后代会比亲代更加优良。在种植业和畜牧业中，这种现象非常普遍，被称为杂交优势。随着对雄性不育系的深入研究，杂交棉花也有可能结籽(Meyer，1969)。雄性不育系不能自花授粉，但若在其附近种植选育的雄性可育系棉花，并引入传粉者进行授粉，即可实现异花授粉。在得克萨斯州和美国西南部，人们租用蜜蜂为雄性不育系的棉花授粉以获得杂交棉。4 行雄性不育系的棉花与 2 行雄性可育系的棉花间作，获得的杂交棉种子产量最高（Loper，1987)。而将雄性不育系棉花与雄性可育系棉花并列种植时，转移到柱头上的花粉量及单个棉铃的产籽量都比较高，但如果蜜蜂数量够多，无论采用哪种种植方式，每枚雌蕊就都能被授粉（DeGrandi-Hoffman 和 Morales，1989)。

有时蜜蜂比较喜欢棉花的某一种亲本，这种情况会影响异花授粉。一般情况下，蜜蜂更喜欢访问雄性不育系（Waller 等，1985a)，然而有时也没有明显偏好（DeGrandi-Hoffman 和 Morales，1989)。如果种植者间作具有相似花朵颜色、花部形态和花蜜特性的棉花品系，授粉效果会更理想。此外，为了保证父本雄性不育系的纯度，避免异花授粉，必须在田间设置雄性不育系屏障（Loper，1987）或隔离带。

传 粉 媒 介

采访棉花的昆虫类型多种多样，但在北美洲，棉花最重要的传粉者是蜜蜂、熊蜂和某些木蜂种。

几乎所有的蜜蜂访问棉花花朵都是为了取食花蜜，但在其访花时，身体不可避免地会沾上一些花粉。少量的花粉会沾到巢内其他蜜蜂的身上（Loper 和 DeGrandi-Hoffman，1994），所以当蜜蜂连续采访 2 朵或更多花朵时极有可能进行了异花授粉。蜜蜂通常更喜欢花外蜜腺，然而这一点不利于传粉，最好的解决方法就是增加蜂群数量，使棉花种植区的传粉者数量达到饱和。尽管蜜蜂偏爱花外蜜腺，但从世界范围来看，它们依然是棉花最重要的传粉者（表 35.1）。

表 35.1　蜜蜂授粉对棉花产量的影响

蜜蜂授粉对棉花产量的影响	参考文献
皮马棉‘S-1’产量提高了 24.5%	McGregor 等（1955）
‘Ashmouni’产量提高了 22.4%	Wafa 和 Ibrahim 等（1960）
结铃率增加了 12%，单个棉铃的结籽数增加了 5%，单个棉铃的棉花产量（棉籽＋棉绒）提高了 11%	Moffett 等（1978）
在正常的雄性可育系中，每米棉铃数提高了 37.6%，每米棉花种子数提高了 29.9%	Waller 等（1985b）

棉花花粉非常适于昆虫转移，但并非对所有蜂类都具有同等的吸引力。棉花花粉外壁有刺突，因此蜜蜂很难将其花粉置于花粉筐内。尽管蜜蜂采集花蜜时会沾上一些花粉，但蜜蜂通常不会有意采集棉花花粉（Vaissière 和 Vinson，1994）。熊蜂则不然，能够轻易地在田间采集到棉花花粉。相比蜜蜂，熊蜂体表可携带更多的棉花花粉。与罩网放入蜜蜂强制授粉的处理相比，罩网并放入熊蜂进行强制授粉的雄性不育植株上单个棉铃结籽数更多（Berger 等，1988）。

在罩网强制授粉实验中，木蜂（*Xylocopa varipuncta*）能够增加雄性不育杂交系每米棉花的棉铃数量、单株棉花的棉铃数量、每米棉花的籽棉（棉籽＋棉绒）产量、单株棉花的籽棉产量及单个棉铃的籽棉产量。然而，该木蜂对野生型雄性可育系的棉花产量没有影响（Waller 等，1985b）（表 35.2）。

表 35.2　棉花授粉推荐放蜂密度

棉花所需授粉蜂群的数量（西方蜜蜂）	参考文献
0.5～12.4 群/hm^2（0.2～5 群/acre）	McGregor（1976）
2.5～5 群/hm^2（1～2 群/acre）	Levin（1986）
5 群/hm^2（2 群/acre）	表中上述文献放蜂密度平均值
其他推荐密度	
每 10 只蜜蜂 100 朵棉花	McGregor（1959）

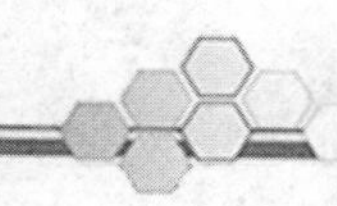

第 36 章

蔓　越　莓

开　花

蔓越莓（*Vaccinium macrocarpon*）原产于北美洲。其花冠长 0.6～0.8cm，雄蕊 5～8 枚，雄蕊紧挨在一起形成一个管状，包裹着 1 枚雌蕊（图 36.1）。花朵下垂，当花朵开放时，4 朵花瓣向后弯曲，完全露出生殖器官。花朵开放的前 2d 内，花药散粉，此时柱头干燥、不具有可授性，且仍被包裹在雄蕊里面。随着花龄增加，花柱持续生长直到花朵完全散粉，此时柱头露出，开始分泌黏液并具有可授性。由此看出，蔓越莓的开花过程可以有效避免其自花授粉。花朵基部有蜜腺，蜜蜂在刚开放的花朵上吸食花蜜时会沾上大量花粉。而“老”花柱头具有可授性，当蜂类拜访这些“老”花时可进行异花授粉。蔓越莓的花粉较重，不能靠风媒传播，因此蜂类是其主要的传粉者。每个花粉粒可形成 4 个花粉管，每个子房内有24～36 枚胚珠；因此，蔓越莓的花朵只需要少数花粉就可结实。刚开放的蔓越莓花朵呈白色或浅粉色。单朵花花期可长达 3 周，如果花朵一直没有被授粉，花瓣会变成玫瑰红色。因此，田间呈现玫瑰红色则表明蔓越莓花朵授粉不足。

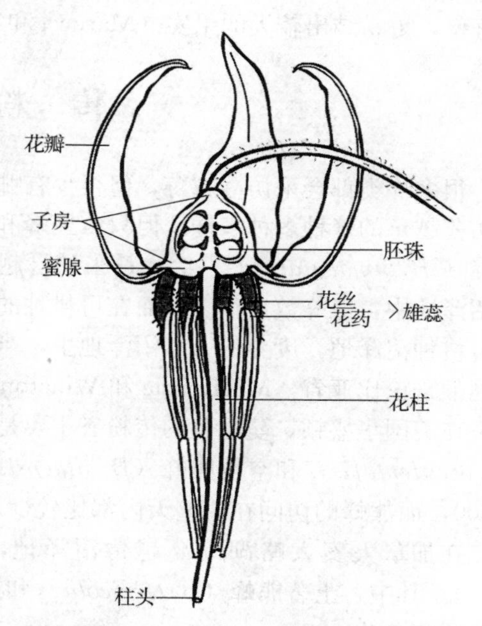

图 36.1　蔓越莓（*Vaccinium macrocarpon*）的花朵

（图片来源：Darrell Rainey）

对蜂类而言，蔓越莓不是理想的粉源和蜜源。然而，花蜜对蔓越莓的授粉至关重要，若没有花蜜，蜂类就不会访问那些花药已经枯萎但柱头尚具有可授性的“老”花。在为期 2 年的授粉实验中，新泽西州的‘Stevens’单朵花的花蜜含糖量比‘Ben Lear’或‘Early Black’品种高出 25%～35%，但‘Stevens’的泌蜜量并没有增加（Cane 和 Schiffhauer，1997）。这项研究表明，蔓越莓花朵的泌蜜量至少在一定程度上是受基因控制的，因此，人们可以利用这个特点进行蔓越莓育种。

授 粉 要 求

由于蔓越莓花朵散粉期与柱头可授期的时间不一致，因此，蔓越莓必须依赖传粉昆虫在不同花朵之间将有活性的花粉转运到具有可授性的柱头上。风不是蔓越莓主要的传粉媒介。一般来说，蔓越莓只有不超过40%～50%的花朵能够结籽（Marucci和Moulter，1977），相关研究人员认为，这主要是由于传粉过程中花粉的自然损耗或花朵数量过多，但同时也指出增加蜂群数量可获得最大限度的结籽率。因此，昆虫授粉不足可能是限制蔓越莓产量的一个重要因素，蔓越莓种植者应该引入大量蜂类访花以获得最高产量。

不同品种间进行异花授粉可能会提高蔓越莓产量。美国新泽西州将不同蔓越莓品种相邻种植，结实率相对较高（达73%），且在更多对照试验中发现，异花授粉会增加坐果数量和结籽率，更易结出较大的果实（Marucci和Moulter，1977）。

传 粉 媒 介

很多蜂类都会采访蔓越莓，但很少有哪种蜂类会大量访花。在美国马萨诸塞州东南部，采访蔓越莓的蜂种多种多样，但只有蜜蜂和熊蜂［主要是风仙熊蜂（*B. impatiens*）和双针熊蜂（*B. bimaculatus*）］会大量采访蔓越莓（MacKenzie和Averill，1995）。在废弃的天然沼泽地中，熊蜂数量很多；而在可耕种的沼泽地中，只有引入蜂群才会出现大量蜜蜂。相比可耕种沼泽地，废弃的天然沼泽地里，当地独居蜂数量更多且种类更丰富——在加拿大的不列颠哥伦比亚省，MacKenzie和Winston（1984）也发现了这种现象。

在美国华盛顿，蔓越莓的传粉者主要是蜜蜂和熊蜂［混合熊蜂（*B. mixtus*）、西方熊蜂（*B. occidentalis*）和空粒熊蜂（*B. sitkensis*）］（Patten等，1993）。蜜蜂的访花高峰期在15:00，而熊蜂的访问在一整天内都比较稳定。

在加拿大安大略湖的蔓越莓沼泽地，采访蔓越莓的昆虫大约有25种（Kevan等，1983）。其中，土著熊蜂（*B. terricola*）和褐足熊蜂（*B. vagans*）的数量最多且尤其喜欢采访蔓越莓花朵。

在新泽西州南部，本土的独居切叶蜂（*Megachile addenda*）是蔓越莓的潜在传粉者（Cane等，1996）。雌蜂会采集蔓越莓花粉并将其储存在它们的地下巢穴里，是有效的传粉者。1只雌蜂采集1d有助于蔓越莓结出1 291～1 440个浆果。然而，独居切叶蜂的蜂巢极易被寄生虫感染，所以很难对其进行商业管理。

蜜蜂不是蔓越莓的有效传粉者。相比之下，熊蜂访花速度快，并且熊蜂所携带的花粉团中很少掺杂其他植物上的花粉。另外，熊蜂几乎不会避开柱头在蔓越莓花朵基部打孔盗蜜（MacKenzie，1994）。在安大略湖的可耕沼泽地内引入蜜蜂，无论蜂箱与蔓越莓植株的距离远或近，采访蔓越莓的蜜蜂都很少，而在距离蜂箱200m以外的地方，几乎没有蜜蜂采访蔓越莓（Kevan等，1983）。由此可见，蜜蜂蜂箱与蔓越莓之间的距离对单朵花的果实产量和种子数量影响不大。蜜蜂会被许多更具吸引力的蜜源植物所吸引。作者认为，在本土野生蜂类和竞争性蜜源植物相对较少的大片沼泽地里，蜜蜂对蔓越莓的传粉效率可能会比较高。

由于熊蜂是蔓越莓理想的传粉者，且它们自然栖息在沼泽附近，所以，至少从理论上来说，想要提高蔓越莓的产量，就必须加强对熊蜂的保护。有以下3种方式可供参考：①为熊蜂预留休耕地用以筑巢；②在田块周边补种蜜源植物；③在沼泽边缘安置人造蜂箱（详见第8章，44页和46页）。在华盛顿，种植者在蔓越莓果园旁边补种了琉璃苣（*Borago officinalis*）、艾菊叶法色草（*Phacelia tanacetifolia*）、猫薄荷/倒伏荆芥（*Nepeta mussinii*）和茴藿香（*Agastache foeniculum*）来吸引熊蜂，然而此举的长期效果尚不确定（Patten等，1993）。在华盛顿，对熊蜂的保护措施尚未取得显著成效（D. F. Mayer，个人观察）。

尽管蜜蜂的传粉效率相对较低，但蜜蜂仍然被广泛应用于蔓越莓的商业授粉。蜜蜂蜂箱较易搬至沼泽地，因此可以大规模饲养蜜蜂为蔓越莓授粉（MacKenzie和Averill，1995）。在华盛顿，与放置0.5个蜜蜂群相比，若每英亩种植区放置1个蜜蜂群，蔓越莓的产量就能增加25～43桶（D. F. Mayer，未发表数据）。虽然本土蜂类，尤其是熊蜂，是蔓越莓理想的传粉者，但它们很少大规模出现为蔓越莓授粉。因此，为确保蔓越莓充分授粉，利用蜜蜂授粉是最切实可行的方法（表36.1）。

表36.1　蔓越莓授粉推荐放蜂密度

蔓越莓所需授粉蜂群的数量（西方蜜蜂）	参考文献
0.5～25群/hm² （0.2～10群/acre）	McGregor（1976）
7.4～10群/hm² （3～4群/acre）	Levin（1986）
2.5群/hm² （1群/acre）	Kevan（1988）
5群/hm² （2群/acre）	Macfarlane等（1994）
2.5群/hm² （1群/acre）	Scott-Dupree等（1995）
7.6群/hm² （3群/acre）	表中上述文献放蜂密度平均值
其他蜂类	
1 100只/hm² 熊蜂（443只/acre）	Hutson（1925）
1 114只/hm² 切叶蜂（451只/acre）	Cane等（1996）

与大多数作物的授粉模式不同，相比在即将授粉前才放置的蜜蜂，提前摆放并且已适应蔓越莓沼泽地环境的蜜蜂，蜂群的授粉效果更好。在寒冷的天气里，高加索蜜蜂似乎比意大利蜜蜂传粉效率更高。天气晴朗有利于外出采集时，蜜蜂只需大约4d就能给大部分花朵授粉。因此，天气晴朗时，蜂群要在果园内至少摆放1周才能确保授粉良好。而实际上可能需要3周才能累计有1周适合蜜蜂外出采集的好天气。

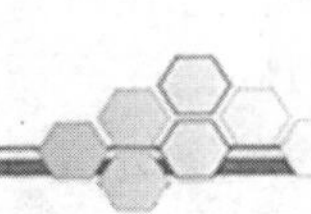

第 37 章 黄 瓜

开 花

黄瓜（*Cucumis sativus*）通常为雌雄同株，即在同一植株上雄花、雌花并存（图 37.1）。雄花簇生在一个细长的茎上，每朵雄花有 3 枚雄蕊。雌花单生，子房较大，位于花朵基部，很容易辨别。子房内有 3 个心室，另有几排胚珠，子房连着短而粗的花柱，柱头 3 裂。花瓣为黄色，有皱褶。雄花和雌花都产生花蜜，大多数访花者都会采集黄瓜花蜜。雌花的花蜜产量比雄花高，但雄花分泌的花蜜糖浓度更高（Collison，1973）。蜂类喜于采访黄瓜，但与其他蜜源植物相比，黄瓜的花粉和花蜜产量并不高，所以，蜂类很快就会转移到周边更具吸引力的其他蜜源植物上。黄瓜的花粉粒大且比较黏，比起风媒，更适宜蜂类传粉。黄瓜花朵的柱头一整天都具有可授性，但清晨时可授性最强（Seaton 等，1936）。

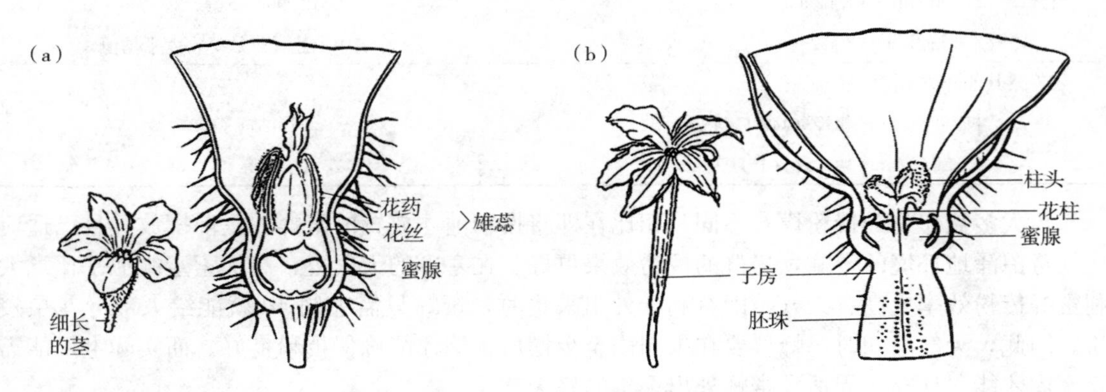

图 37.1　黄瓜（*Cucumis sativus*）的花朵

(a) 雄花　(b) 雌花

（图片来源：Darrell Rainey）

雄花比雌花大约早 10d 开放，在普通雌雄同株的黄瓜品种中，雄花的数量至少是雌花的 10 倍。这些品种的种植密度为 12 350～37 000 株/hm^2。及时采摘熟果有助于黄瓜结出更多的花朵和果实，所以在黄瓜果期可能需要多次人工采摘。反之，未及时采摘的黄瓜将会影响同一根藤上新雌花和果实的形成。

培育雌性系品种（基本上只有雌花）以保证雌花的供给，使黄瓜高度统一，以便进行机器收割（往往具有一定的破坏性）。这些品种的种植密度为 123 500～370 500 株/hm^2。

授粉要求

大部分黄瓜，无论是雌雄同株还是雌性系，都需要昆虫在同株或异株花朵间传粉。若套袋隔绝昆虫访花，其果实败育率可达100%（Stanghellini等，1997）。但有研究表明，在没有昆虫授粉的情况下，黄瓜的自花授粉率可达30%～36%（Jenkins，1942；Gingras等，1999），同时还存在一小部分的单性结实（Gustafson，1939；Gingras等，1999）。尽管如此，最常见的仍是昆虫授粉。

大部分黄瓜品种都互交可育。每个柱头上需有数百粒花粉才能获得最佳的坐果率和果实质量（Seaton等，1936）。花粉粒无须均匀地分布在柱头上；但若想优化坐果，就需要大量蜂类访花传粉。每朵黄瓜花朵最低需要多少只蜂类昆虫访花，可能因品种的不同而不同，已报道的数据有8～12只（Connor，1969；Stephen，1970；Lord，1985）、≥18只（Stanghellini等，1997）、6只（Gingras等，1999）。

为了优化授粉以达到最大的经济效益，雌性系的黄瓜植株上应有30%左右的雄花（Connor和Martin，1971），这意味着雌性系的品种需要补充雄花。可预先将商业种子与大约10%的雌雄同株种子混合播种来实现这一目的。

相较于成熟藤上结出的果实，幼龄黄瓜植株上，早开的花朵结出的果实结籽量较少，果形也较差（Connor和Martin，1970）。一些未发表的研究发现，老龄黄瓜藤上体型较大的雌花含有更多胚珠。因此，如果等到黄瓜藤比较成熟的时候再授粉，果实的质量可能会得到改善。为了验证这个推断，Connor和Martin挑选出部分雌雄同株、雌性系及雌性系杂交品种，在第1批雌花开放后11d授粉（给花朵套袋隔绝蜂类授粉或允许蜂类授粉）。试验发现，每株黄瓜的结实量以及每英亩的经济效益都有较大提高，这可能是因为此时的黄瓜藤更加粗壮，根系发育也更加成熟。

然而，在野外条件下，人们较难发现延迟授粉的益处。延迟雌雄同株品种授粉的唯一途径就是推迟蜜蜂蜂群进场的时间，但很难阻止野生蜂类采访。对于雌性系品种，可以在种植雌性系植株几天后，间作雄性可育的雌雄同株授粉品种。这样，当雌性系植株成熟到一定程度后，雄花正好适宜蜂类授粉。Connor和Martin（1969a，1969b）建议在种植12m宽的雌性系植株带几天后，间作一条不超过1m宽的雌雄同株的授粉植株带（Free，1993）。事实上，对雌性系植株品种延迟授粉很难，因为雌性系植株也可能会开少量的雄花。

与Connor和Martin（1970）的研究结果相反，在得克萨斯州，对高密度的‘拿破仑’（‘Napoleon’）品种进行延迟授粉，并未提高黄瓜产量（Underwood和Eischen，1992）。

欧洲种植的黄瓜为单性结实，不需要授粉，因为授粉会使果实变得畸形，进而导致贬值。黄瓜种植者们用改良的温室隔绝传粉者。此外，政府严令禁止在黄瓜种植区养蜂（Free，1993）。

传粉媒介

蜜蜂是黄瓜最有效的传粉者，其传粉效率在许多研究当中都有记载（表37.1）。

蜜蜂在清晨先采集黄瓜花粉，晚些时候才采集花蜜。在美国的马里兰州，10:00前蜂类的采集活动最为活跃，下午明显下降（Tew 和 Caron，1988b）。在密歇根州，9:00～14:00蜜蜂的访问次数占其总访问次数的 80%以上（Collison，1976）。上午柱头的可授性最强。第 1 只蜜蜂访花所携带的花粉可覆盖柱头的大部分面积，40%以上的黄瓜花朵只需要 1 只蜜蜂访花便能坐果。随着访花活动的持续，柱头表面可授性面积逐渐变小。然而，访蜂量越多（不超过 20 只）越能保证每朵花的坐果率及单果的结籽率（Collison，1976）。

雌性系植株尤其需要大量的蜂群，因为有大量的雌花需要蜂类授粉。

由于蜜蜂容易从黄瓜转移至其他更具吸引力的蜜源植物上觅食，所以黄瓜种植者通常对能够吸引蜜蜂的化学引诱剂很感兴趣。然而很遗憾，研究结果表明，在黄瓜上使用蜜蜂引诱剂的效果并不理想。在北卡罗来纳州，使用蜂类引诱剂并未增加蜜蜂的访问频次，也没有增加黄瓜产量及经济效益（Schultheis 等，1994）。在北卡罗来纳州，熊蜂是黄瓜高效的授粉者（Stanghellini 等，1997）。随着熊蜂或蜜蜂访花频次的增加，黄瓜的败育量随之下降。相同的访花频次下，与蜜蜂相比，熊蜂授粉的黄瓜败育率更低（表 37.1、表 37.2）。

表 37.1　西方蜜蜂授粉对黄瓜产量的影响

西方蜜蜂授粉效果	参考文献
与套袋隔离蜂类的试验田相比，罩网强制蜂类授粉的试验田产量提高了> 400%	Alex（1957a）
与套袋隔离蜂类的试验田相比，罩网强制蜂类授粉的试验田产量提高了> 160%	Canadian Department of Agriculture（1961）
与没有补充蜂群的试验田相比，两块补充了蜂群的试验田产量分别提高了 37.5%和 47.5%	Kauffeld 和 Williams（1972）
与隔绝蜂类的温室相比，有蜂类授粉的温室中，每株黄瓜的果重提高了 340%	Lemasson（1987）
与隔绝蜂类的试验田相比，有蜂类授粉的试验田里，黄瓜株产提高了将近 3 倍	Gingras 等（1999）

表 37.2　黄瓜授粉推荐放蜂密度

黄瓜所需授粉蜂群的数量（西方蜜蜂）	参考文献
2.5～7.4 群/hm^2（1～3 群/acre）	McGregor（1976）
对雌性系杂交品种而言：>7.4 群/hm^2（>3 群/acre）	
5～7.4 群/hm^2（2～3 群/acre）	Atkins 等（1979）
对雌性杂交品种而言：≥7.4 群/hm^2（≥3 群/acre）	Hughes 等（1982）
2.5～5 群/hm^2（1～2 群/acre）	Levin（1986）
0.3～10 群/hm^2（0.1～4 群/acre）	Williams（1994）
5.5 群/hm^2（2.2 群/acre）	表中上述文献放蜂密度平均值
其他指标	
每 100 朵花 1 只西方蜜蜂	McGregor（1976）
每 50 000 株‘Connor’品种黄瓜 1 群西方蜜蜂	Cucumber 2271（1969）

第 38 章

猕猴桃

开花

猕猴桃（*Actinidia deliciosa*）是雌雄异株的藤本植物，即一株猕猴桃上只有雌花或者只有雄花。雄株上的花朵比雌株多。花朵直径为 3.8～5cm，有 5～6 朵白色花瓣，花朵单独开放或 3 朵一簇开放（图 38.1）。随着花朵逐渐成熟，花瓣颜色由白变黄。雌花有 165～200 枚雄蕊，但其释放的花粉是败育的；雌花有 41 个有功能的柱头和 1 个膨大的子房，子房中的胚珠多达 1 500 枚。雄花有 134～182 枚雄蕊，可释放出有活性的花粉，子房无功能（Hopping 和 Jerram，1979）。

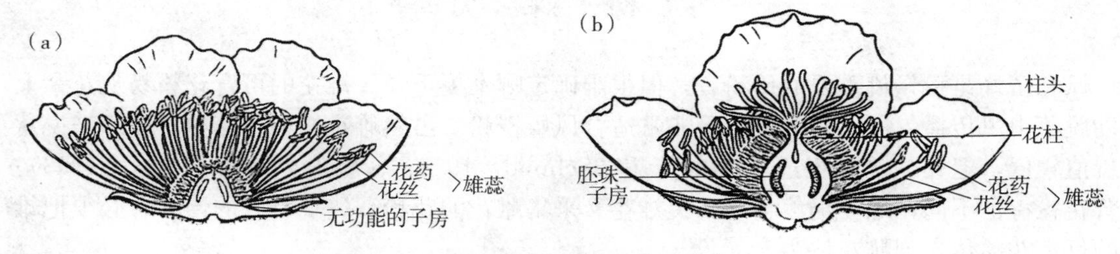

图 38.1　猕猴桃（*Actinidia deliciosa*）的花朵
（a）雄花　（b）雌花
（图片来源：Darrell Rainey）

猕猴桃的雄花和雌花均有花粉但没有花蜜。雌株花期可持续 2～6 周。花开后柱头便具有可授性，并且会持续 7～10d（Ford，1970；Sale，1983）。然而，研究发现，西班牙猕猴桃品种‘Hayward’的花朵开放 4d 后，柱头可授性急剧下降（González 等，1995）。雌花的花粉囊通过一个纵裂口释放花粉粒，这个纵列口至少开裂 5d（Goodwin，1986）。雄株单株花期为 2～4 周，也是通过纵裂口散粉，但散粉期只有 3d。雄花在早晨及午后大量散粉（Goodwin，1995）。雌花花粉具有黏性，在被昆虫采集之前将一直黏着在花粉囊上。雄花的花粉则是干燥的，受到外力时很容易从花朵中掉落下来。

授粉要求

如需为雌株的柱头提供可育的雄性花粉，必须将雄株和雌株间作。用作授粉品种的雄株与主栽品种雌株的花期要一致。在新西兰，雌雄株间作的推荐比例以及授粉品种与主栽品种在果园中的布局方案并不统一。一种方案为以雌雄株 8∶1 的比例种植，即每隔两行每隔两株种植一株雄株。有的果园以雌雄株 5∶1 的比例种植，即每隔一行每隔两株或每隔两行每隔一株种植一株雄株（Free，1993）。有研究甚至推荐雌雄株的比例高达 3∶1（Sale，1984）。在不同果园中，雌雄株间作比例为（3～8）∶1，猕猴桃的平均果重和平均结籽数差别不大（Goodwin 等，1999）。

有些栽培者在猕猴桃雄株的上方搭架，使雄株藤蔓沿直角方向向两侧生长，蔓延至雌株顶端（Sale 和 Lyford，1990）。用金属丝或木条给雄株搭架，使其蔓延生长至所有的雌株行中，这样一来，蜜蜂在访花过程中采访雌株和雄株的概率相对均等。有些种植者采用带状种植法，种几行雄株，并使其顺着与雌株相同的方向蔓延。无论是给雄株搭架还是带状种植，雄株行间距每增加 1m，果实的种子数量平均下降 2.3%（Goodwin 等，1999）。研究人员建议，无论是搭架种植还是带状种植，都应在某些限制条件（例如，总面积应与雄性冠层相适应）之内尽可能地密植。也有人认为，雄株栽培面积不应超过果园总面积的 10%（Free，1993）。

猕猴桃开花不多，因此要想达到理想的经济效益，必须有 90%的花坐果（Sale，1983）。子房里有很多种子，果重与结籽数呈正相关（Hopping，1976；Pyke 和 Alspach，1986）。在新西兰，具有 700～1 400 粒种子的果实才能达到出口标准（Hopping 和 Hacking，1983）。每枚雌蕊需要大约 3 000 粒花粉才能产生 700 粒种子（Hopping，1982）。

传 粉 媒 介

风和蜜蜂是猕猴桃重要的传粉者，但很难确定哪个更重要。雄花的可育花粉易从花朵上振动脱落由风传播，所以猕猴桃似乎非常适合风媒授粉。虽然雌花的不育花粉对蜜蜂来说营养价值较低，但其黏着性很适合昆虫传播（Schmid，1978；S. C. Jay 和 D. H. Jay，1993）。尽管花粉特征不同，蜂类仍然会既采集雄花又采集雌花的花粉。一个有效的传粉者必须把雄花的可育花粉传递到雌花柱头上。

在意大利一个为期两年的试验中，Costa 等（1993）比较了风与蜜蜂的传粉效率，他们在猕猴桃植株上罩上特制的笼子，笼子分为隔绝昆虫和不隔绝昆虫两种，对风速均无明显影响。根据 1 年的结果情况，将没有显著差异的猕猴桃植株分为风媒授粉植株、风媒＋蜜蜂授粉植株、自由授粉植株以及人工授粉植株。结果表明，与风媒授粉相比，风媒＋蜜蜂授粉植株坐果率和平均果重其中 1 年有所增加，而产量 2 年都有所增加。2 年内，人工授粉的猕猴桃产量和平均果重最高，但为猕猴桃进行人工授粉需要花费 100 工时/hm^2（40 工时/acre），因此人工授粉并不是切实可行的方法。尽管风媒授粉占商业性授粉的 29%（Clinch 和 Heath，1985），蜜蜂仍是数量最多、最有效的传粉媒介（Palmer-Jones 和 Clinch，1974；Clinch，1984）。蜜蜂确实能够为猕猴桃授粉。在新西兰，与罩网隔绝蜂类授粉的猕猴桃花朵相比，经 1 只蜜蜂采访的花朵其平均果重增加了 21.4g、结籽数增加了 227 个（Donovan 和 Read，1991）。在法国，风媒授粉的植株坐果率仅为 5.9%，但引进 1 只蜜蜂授粉后猕猴桃坐果率增至 39.7%（Vaissière 等，1996）。

蜜蜂通常喜欢采集单性花，并会连续采访（Goodwin，1985；Goodwin 和 Steven，1993）。因此，蜜蜂几乎很少将雄花的花粉转移到雌花的柱头上。当蜜蜂数量较少时，这种趋势最为明显（Goodwin，1986b）。因此，增加蜜蜂可以促进蜜蜂对花粉的竞争，从而提高蜜蜂在花朵间的采访频率以及花朵被授粉的概率。尽管蜜蜂会偏爱采集雌花或雄花，然而，87%的蜜蜂访花时会同时携带雌花和雄花的花粉，而对于熊蜂来说，这个比例是56%（Macfarlane和Ferguson，1984）。偏爱采集单性花的蜜蜂仍可能接触到异性花粉，这种花粉可能来自上个采访者，也可能是与蜂群中的其他同伴接触获得的。

蜜蜂访花时一般只会在花药上采集花粉，几乎不会接触到柱头。例如，蜜蜂访花时与柱头接触的概率为25%，熊蜂的工蜂为48%，而熊蜂的蜂王为68%（Macfarlane和Ferguson，1984）。这些数据表明，猕猴桃花朵需要多种蜂类访花才能达到理想的授粉效果。据Donovan和Read（1991）估计，猕猴桃的果形大小若要达到出口标准，每朵花大约需要蜜蜂访问4次。

给蜂群饲喂糖浆或许能够提高蜜蜂在猕猴桃上的授粉效率。与没有饲喂糖浆的蜂群相比，每隔1～2d饲喂1L（1quart）糖浆后，蜂群采集的花粉量显著增加了。上午饲喂似乎效果最好，而且每天少量饲喂的效果优于大量少次饲喂（Goodwin和Houten，1991）。饲喂器的款式（顶部饲喂器或分隔板）、糖浓度（1mol/L或2mol/L）及糖的质量等级（白糖或工业上使用的未加工的糖）等都不影响饲喂效果。然而，饲喂干燥的糖颗粒并不能增加蜜蜂对猕猴桃花粉的采集量（Goodwin等，1991）。

给蜂群饲喂糖浆可能会刺激内勤蜂取食糖浆，这样就只有少量内勤蜂才会吸取采蜜归来的工蜂蜜囊中的花蜜，进而导致更多的工蜂不再采集花蜜，转而采集花粉。因为即使没有内勤蜂协助，工蜂也可以独立将花粉团卸载到巢房内。虽然猕猴桃的大田产量数据并不能完全支持这一推测，但该推测仍是对为什么要给蜂群饲喂糖浆的最佳解释。更重要的是，至今仍不确定提高花粉采集量能否优化猕猴桃授粉效果，能否提高产量。

在猕猴桃果园里，蜜蜂的群势一般都是下降的，这可能是由授粉蜂群密度较高，对花粉或花蜜的竞争比较激烈，以及猕猴桃雌花的花粉营养价值较低而引起的。给猕猴桃授粉蜂群补充饲喂花粉替代品（Herbert和Shimanuki，1980）对增加花粉采集量和花蜜量都没有影响（Goodwin等，1994）。换而言之，饲喂花粉替代品不影响授粉（可能会改善蜂群的整体健康状态），但也不能提高猕猴桃蜂蜜产量。

猕猴桃需要大量的蜂群对其进行授粉，因为蜜蜂容易飞往其他更有吸引力的蜜源植物上，而且猕猴桃对坐果率要求很高。一般建议每公顷摆放8群蜜蜂（3.2群/acre）（Palmer-Jones和Clinch，1974）。如遇花期缩短，需要增加蜂群数量（推荐量的50%以上），与使用氰胺来提高开花数量的作用相似（Goodwin，1989；Goodwin等，1990）。不必在每一行都单独放置一个蜂群，在每块地的尽头放置3～4群蜂群（地块面积为1.2～2acre/0.5～0.75hm²），蜜蜂就能够均匀地分散在整个果园（S.C.Jay和D.H.Jay，1984）。

新西兰养蜂人协会与独立审计师签订合同，按照已颁布的蜂群群势标准，对会员的蜂群进行检验，以确保会员能够提供理想的蜂群满足猕猴桃授粉的需要。以下标准已经在新西兰广泛应用（Matheson，1991）。

每个猕猴桃授粉蜂群必须具备以下条件：

①至少要有7张子脾，每张脾上蜂儿数量占60%。

②每张子脾上未封盖蜂儿数量至少占25%。

③大部分蜂儿都在巢箱内。

④有一只年轻且产卵力旺盛的蜂王。

⑤至少要有12个足框蜂。

⑥有充足的空脾以供蜂群繁殖。

⑦即便放置在果园中，蜂箱中也要有足够的蜂蜜储存以维持蜂群的正常繁育需求。

⑧无美洲幼虫腐臭病。

在新西兰，苜蓿切叶蜂并不是猕猴桃理想的授粉者。在正常条件下，3个野外试验区的罩网隔离试验中，仅有4只雄性苜蓿切叶蜂访问猕猴桃花朵；且从苜蓿切叶蜂身上取下的花粉中没有发现猕猴桃的花粉，且猕猴桃的花瓣和叶子并不是苜蓿切叶蜂合适的筑巢材料（Donovan和Read，1988）。

第 39 章

洋　葱

开　花

洋葱（*Allium cepa*）花序着生在顶端，呈椭圆形伞状，花序直径为15.2～20.3cm，由50～2 000朵小花组成（图39.1）。每朵小花长3～4 mm，有内外两轮雄蕊，每轮3枚，1个花柱，柱头3裂，子房3室，每个心室内有2枚胚珠。内轮的花粉囊先打开，不定期散粉，之后是外轮，散粉持续24～36h，散粉结束后柱头才具有可授性。大部分花粉在花朵开放第1天的9:00～17:00释放。蜜腺在内轮雄蕊的基部。散粉过程中，花柱继续生长；花粉释放完毕，花柱生长至最长，柱头处于可授粉状态。由此看出，单个小花的开花特点不利于洋葱自花授粉。然而，一个伞状花序包含了很多处在不同发育阶段的小花，这使洋葱可以自花授粉。柱头的可授性可持续6d，但在柱头表面的花粉的萌发能力翌日就开始减弱。与下午相比，上午花粉的活力更强。在开花初期，伞状花序中仅有少量小花开放，随着越来越多的小花逐渐开放，待数量达到50朵或以上时，单个花序进入盛花期。在种植区，不同洋葱花朵可能处在不同的开花阶段，整体花期可持续30多天。

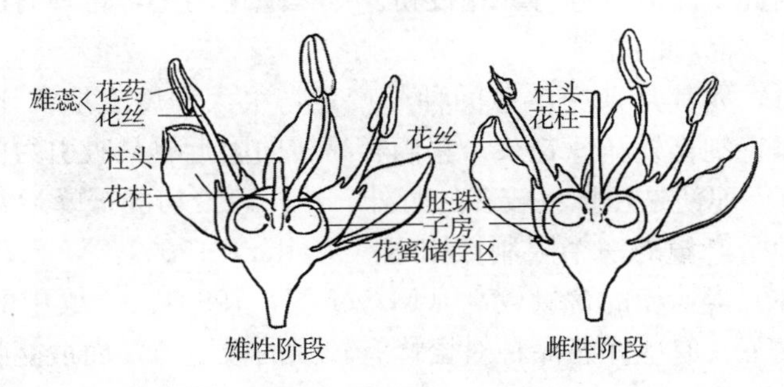

图39.1　洋葱（*Allium cepa*）的花朵
（图片来源：Darrell Rainey）

授　粉　要　求

单独一朵小花不能独自完成授粉，花粉须来自于同一伞状花序或不同伞状花序的其他小花。洋葱在一定程度上自交亲和，但在自由授粉区，洋葱植株间的异花授粉很常见。

对于雄性不育系的杂交育种来说，异花授粉必不可少。必须将花粉从雄株转运至雌株（雄性不育）才能培育出理想的种子。大多数的栽培者都选择2行雄株与4行雄性不育系植株（雌株）间作种植。雄株的数量应控制在最低限度，因为它们占用了空间但不能生产出种子。收获之前须将雄株割除或移植，以避免雄株污染杂交种子。

传 粉 媒 介

据报道，至少有 276 种昆虫会访问洋葱花朵。其中，蜜蜂、食蚜蝇、隧蜂和蜂蝇是重要的传粉者（Bohart 等，1970）。若想从特定的一棵洋葱上获得种子，育种者有时需要给其伞状花序套袋并引入蝇类授粉。Mayer 等（1993）为了增加授粉蝇类的数量，在洋葱周围放了数桶腐肉，但此举收效甚微。苜蓿切叶蜂不是洋葱的理想传粉者（Mayer 等，1993）。而蜜蜂数量庞大且易于管理，适宜大规模商业育种。风媒对洋葱的辅助授粉效果并不显著（Erickson 和 Gabelman，1956）（表 39.1）。

表 39.1　洋葱授粉推荐放蜂密度

洋葱所需授粉蜂群的数量（西方蜜蜂）	参考文献
5～37 群/hm^2（2～15 群/acre）	McGregor（1976）
7.4～10 群/hm^2（3～4 群/acre）	Levin（1986）
10～29.6 群/hm^2（4～12 群/acre）	Mayer 等（1993）
16.5 群/hm^2（6.7 群/acre）	表中上述文献放蜂密度平均值

对于自由式授粉，蜜蜂是理想的传粉者，因为洋葱的花朵均能产生花粉和花蜜。然而，利用雄性不育系植株（不释放花粉）进行杂交育种时，只有采集花蜜的蜂类会在雌株和雄株之间自由访花，并且在访花的过程中传播花粉；而采集花粉的蜂类只集中采访雄株，并不采访雄性不育植株，因此不能对其进行异花授粉。令人遗憾的是，蜜蜂有时既不采访自由授粉的花朵，也不采访杂交品种的花朵。

洋葱的种子产量，尤其是杂交洋葱的种子产量，很大程度上取决于传粉媒介的访花活动。然而，蜂类并非特别喜爱洋葱花朵，它们容易转向附近更具吸引力的其他蜜源植物上访花（Gary 等，1972）。即使是在蜂巢较多的野外，给洋葱授粉的蜜蜂通常也很少，因此，授粉不足通常是洋葱种子产量的一个限制性因素（Waller，1983）。洋葱花蜜的适口性较差可能是因为其花蜜中钾元素或糖的含量较高（Mayer 等，1993）。土壤中的氮对洋葱花蜜的口感影响不大。相比之下，有些洋葱品种对蜜蜂有较强的吸引力，而最能吸引蜜蜂的洋葱品种其种子的产量也最高（Hagler 和 Waller，1991）。因此，洋葱育种者或许应该选择对蜂类更有吸引力的洋葱品种。

Mayer 等人（1993）尚未确定哪种栽培方法或者蜜蜂的管理方法能增加洋葱花朵对蜜蜂的吸引力。因此，目前栽培者只能通过引入大量蜂群来实现这个目的。然而，仅把蜂群摆放在洋葱种植区并不能保证蜂类会为其授粉。在洋葱花期，栽培者通常会在每公顷种子生产区内或其旁边放置 12.4～37 群蜂群（5～15 群/acre）。建议栽培者们在洋葱初花期，每公顷放置 5 群蜂（2 群/acre），之后每隔 3～4d 每英亩再增加 2 群蜂，以引入新蜜蜂访花（见第 7 章，34 页）。然而，Mayer 等（1993）的试验表明，这种方法并没有增加访问洋葱花朵的蜜蜂数量。

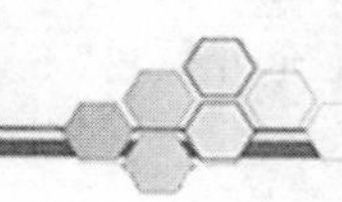

第 40 章

毛桃和油桃

油桃是毛桃（*Prunus persica*）的突变体，毛桃表面有绒毛，而油桃表面光滑。桃树上偶尔会结出类似油桃的果实，油桃树上偶尔也会结出毛桃。

开　　花

毛桃和油桃的花朵均为粉红色或淡红色，有 5 片椭圆形的花瓣，花冠直径为 25～40mm，沿枝簇生。桃花的花朵有 15～30 枚雄蕊和 1 枚雌蕊，雌蕊位于雄蕊中间，与子房相连（图 40.1）。子房内有 2 枚胚珠，但受精后只有 1 枚能够发育，因此果实的形状是不对称的。桃花的蜜腺位于花冠基部。许多种昆虫都会采访桃花以获取花蜜和花粉。

桃花一开放，柱头便具有可授性，可持续 4～7d。另外，在柱头具有可授性期间，花粉囊散粉。因此，若在桃花开放后尽快授粉，坐果率就能达到最高。

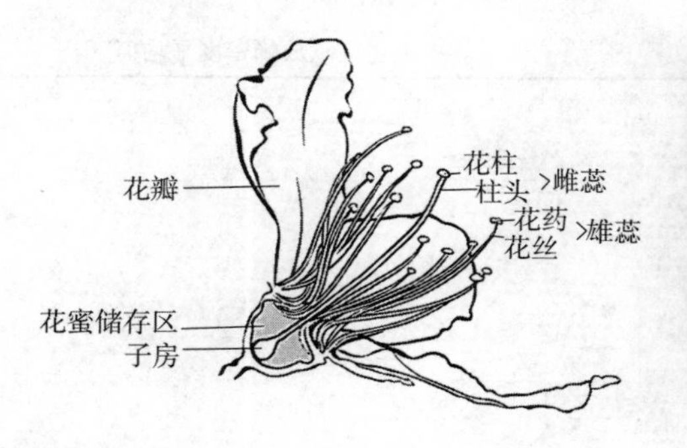

图 40.1　毛桃（*Prunus persica*）或油桃的花朵（花朵已被部分解剖以展示其内部结构）（绘图来源：Darrell Rainey；照片来源：Jim Strawser）

授粉要求和传粉媒介

毛桃和油桃的授粉相对简单，因为每个子房中只有 1 枚胚珠需要受精。桃的品种有的高度自交不育，有的完全自交可育，范围较广。尽管自交不育的品种有其优点，但因为需要为其配置授粉植株，并引进授粉昆虫，所以目前很少有人种植自交不育品种。这些品种包括 ‘Alamar’ ‘Candoka’ ‘Chinese Cling’ ‘Hal-berta’ ‘J. H. Hale’ ‘June Elberta’ 和 ‘Mikado’（McGregor，1976）。

然而，如表 40.1 所示，即使是自交可育的品种也能够得益于传粉昆虫，因为传粉昆虫能够把花粉从花粉囊转移至具有可授性的柱头上。毛桃和油桃不靠风媒传粉。在美国西北部，大多数种植者在毛桃园或油桃园内引入蜜蜂进行授粉。而有些种植者认为疏果比充分授粉更重要。然而，若没有坐果，谈何疏果（表 40.2）。

表 40.1　隔绝昆虫传粉对 5 个自交可育的桃树品种坐果率的影响（%）

（引自 Bulatovic 和 Konstantinovic，1960；Free，1993）

	'Alexander'	'Mayflower'	'Morteltini'	'Redbir'	'Vadel'
自由授粉	36.8	29.2	41.1	28.3	38.8
套袋隔离昆虫	34.4	17.2	28.1	6.8	11.5

注：数据为两年以上坐果率的平均值。

表 40.2　桃树授粉推荐放蜂密度

桃树所需授粉蜂群的数量（西方蜜蜂）	参考文献
0.5～0.7 群/hm² （0.2～0.3 群/acre）	Benner（1963）
小树：1～2 群/hm² （0.4～0.8 群/acre）	Crane 和 Walker（1984）
老树：2.5 群/hm² （1 群/acre）	
2.5～5 群/hm² （1～2 群/acre）	Levin（1986）
2.5 群/hm² （1 群/acre）	Mayer（1980）
0.2～2.5 群/hm² （0.08～1 群/acre）	Williams（1994）
2.5 群/hm² （1 群/acre）	Scott-Dupree 等（1995）
2 群/hm² （0.8 群/acre）	表中上述文献放蜂密度平均值

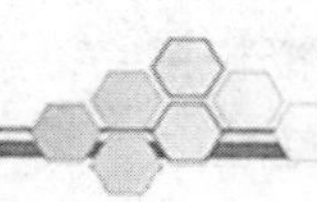

第 41 章

梨

开 花

梨（*Pyrus communis*）的花朵直径约为 2.54cm，有 5 片白色花瓣，沿枝簇生（图 41.1）。梨花有 5 个花柱，柱头先于花药成熟。花朵刚开放时，花柱直立，雄蕊弯曲，花粉囊正好位于柱头下方，此时，柱头已具有可授性。随后，雄蕊完全伸展，成熟的花粉囊开始散粉。梨花的这种开花特点避免了自花授粉。梨花的子房有 5 个心室，每个心室有 2 枚胚珠。

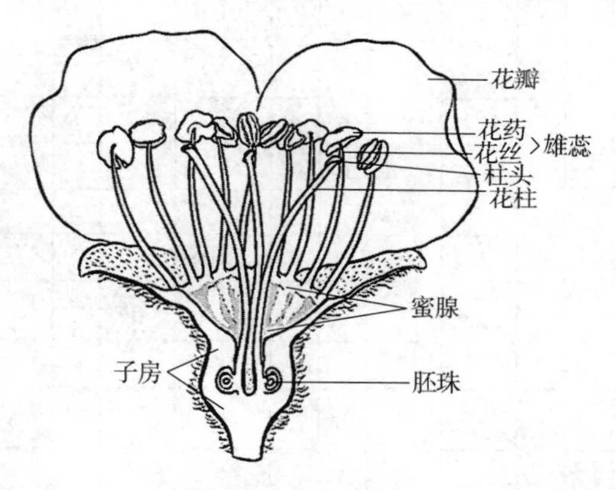

图 41.1 梨（*Pyrus communis*）的花朵
（图片来自：Darrell Rainey）

开花初期，一株梨树上仅有零星的梨花开放，随后 3～7d 每天都有更多的花朵开放，每天开放的花朵数目受天气影响。梨花产生大量花粉，但是花蜜很少。梨花花蜜含糖量较低，一般为 25%，甚至更少，这与品种有关。因此，蜂类更喜欢采访其他更具吸引力的蜜源植物，且梨花上的蜂类传粉昆虫大部分为采粉蜂。

授 粉 要 求

梨树的品种从自交可育到自交不育范围较广。有些品种只在一定程度上自交可育，异花授粉效果显著。也有些品种在不同地区和不同的种植模式中表现出不同程度的自交可育性。例如，在加利福尼亚州，种植‘Bartlett’不需要间作授粉树，但在北美洲其他地区，种植‘Bartlett’就需要授粉树。除非知道主栽品种在某一特定区域是自交可育的，否则就要间作授粉树。

梨的品种大多自交不育，需要与其他品种进行异花授粉（Free，1993）。如有些情况下‘Anjou’品种难以坐果，可以考虑适合的套作方案：种植2～3行‘Anjou’，间作2～3行‘Bartlett’和2～3行的商业品种（Mayer等，1986）。表41.1列出了一些合适的授粉树。必须保证6%～7%的花朵坐果才能获得满意的产量。

表41.1　一些梨树品种及合适的授粉树

多种花粉源 \ 授粉品种	‘红色克拉普’（‘Red Clapp’）	‘巴特利特’（‘Bartlett’）	‘大红巴特利特’（‘Max-Red Bartlett’）	‘红色质感’（‘Red Sensation’）	‘迪安朱’（‘D'Anjou’）	‘红迪安朱’（‘Red D'Anjou’）	‘杜科麦斯’（‘Du Comice’）	‘塞克尔’（‘Seckels’）	‘派克汉姆的胜利’（‘Packham's Triumph’）	‘博斯克’（‘Bosc’）	‘青铜光芒博斯克’（‘Bronze Beauty Bosc’）	‘协和’（‘Concorde’）	‘丰水’（‘Hosui’）	‘幸水’（‘Kosui’）	‘新世纪’（‘Shinseiki’）	‘20世纪’（‘20th Century’）
‘红色克拉普’（‘Red Clapp’）	0															
‘巴特利特’（‘Bartlett’）		×	×	×				0								
‘大红巴特利特’（‘Max-Red Bartlett’）		×	×	×				0								
‘红色质感’（‘Red Sensation’）		×	×	×				0								
‘迪安朱’（‘D'Anjou’）					0	0										
‘红迪安朱’（‘Red D'Anjou’）					0	0										
‘杜科麦斯’（‘Du Comice’）							×									
‘塞克尔’（‘Seckels’）		0	0	0				0								
‘派克汉姆的胜利’（‘Packham's Triumph’）					0	0			0							
‘博斯克’（‘Bosc’）										0						
‘青铜光芒博斯克’（‘Bronze Beauty Bosc’）											0					
‘协和’（‘Concorde’）												0				
‘丰水’（‘0Hosui’）													×			
‘幸水’（‘Kosui’）														0		
‘新世纪’（‘Shinseiki’）															×	
‘20世纪’（‘20th Century’）																×

注：空格表示适宜的授粉品种组合；“0”表示两个品种互相不适合做授粉品种；“×”表示该品种在一定程度上能自交结果，但不能大面积单一种植。

传　粉　媒　介

许多种蜂类和蝇类都会访问梨花，但蜜蜂是其唯一理想的授粉者。然而，蜜蜂不喜欢采集梨花，可以从蜜蜂管理的角度入手来解决这个难题。

可以通过增加蜜蜂的数量，增强蜜蜂对梨花资源的竞争，从而增加蜜蜂对梨花的访问量。Humphry-Baker（1975）建议在加拿大的卑诗省，每英亩梨树果园放置的授粉蜂群数量应是其他果树的两倍。

第2种提高蜜蜂访花效率的方法是引入新的蜜蜂蜂群（见第7章，48页）。Mayer（1994）曾做过这个试验，在0～10%的梨花开放时，在14个果园中，每公顷放置5群蜂（2群/acre）。当有50%的梨花开放时，在每个果园的一端另放入4群蜂；另一端则不做任何处理，以做对比。在增加蜂群的当天，14个果园中有9个果园，在增加蜂群的一端，每棵树上蜜蜂的访花量明显高于未增加蜂群的一端，但是翌日两端的访花量就没有显著差异了。14个果园中有10个果园，在增加蜂群的一端的梨树坐果率高于另一端。因此，虽然这些新引入的蜜蜂所带来的益处只持续了1d，但这已足够使坐果率得到显著提高。

对于像梨这种对蜜蜂没有吸引力的作物，蜜蜂引诱剂可能会对其有所帮助。Bee-Scent® 是一种基于那氏信息素的蜜蜂引诱剂。在美国的华盛顿，用Bee-Scent®处理‘Bartlett’品种和‘Bosc’品种24h后，蜜蜂的访花频率明显增加了，但对‘Anjou’品种做同样处理后，访花频率无明显效果。但用Bee-Scent®处理后，‘Bartlett’品种的坐果率增加了23%，‘Anjou’品种的坐果率增加了44%。而用Bee-Scent Plus®处理后，‘Bartlett’的坐果率增加了44%（Mayer等，1989a）。在美国的华盛顿和加拿大的卑诗省，对‘Anjou’品种和‘Bartlett’品种使用基于蜂王上颚腺信息素（QMP）的蜜蜂引诱剂处理后，蜜蜂的访花量和梨的果径都有所增加，梨园的收益也提高了1 055美元/hm^2（427美元/acre）（Currie等，1992b）。而在另一项研究中，对‘Anjou’品种用了基于QMP的蜜蜂引诱剂后，蜜蜂的访花量和坐果率都没有提高，但果实体积增大了7%，果园的收益每公顷提高了400美元（162美元/acre）（Naumann等，1994b）（表41.2）。

表41.2 梨树授粉推荐放蜂密度

梨树所需授粉蜂群的数量（西方蜜蜂）	参考文献
5群/hm^2（2群/acre）	Humphry-Baker（1975）
1.2～5群/hm^2（0.5～2群/acre）	McGregor（1976）
2.5～5群/hm^2（1～2群/acre）	Levin（1986）
5/群 hm^2（2群/acre）	Mayer等（1986）
1～5群/hm^2（0.4～2群/acre）	Kevan（1988）
5/群 hm^2（2群/acre）	British Columbia Ministry of Agriculture，Fisheries，Food（1994）
1～5群/hm^2（0.4～2群/acre）	Williams（1994）
2.5～5群/hm^2（1～2群/acre）	Scott-Dupree等（1995）
3.7群/hm^2（1.5群/acre）	表中上述文献放蜂密度平均值
其他指标	
每分钟每棵树上有10～15只蜜蜂	Mayer等（1990）

有研究者尝试寻找对梨花感兴趣的蜂种，但目前尚无成果。雪地蜂（*Andrena nivalis*）是一种独居蜂。在北美洲的西部，雪地蜂会访问梨花，如果数量够多的话，其可能是梨花理想的传粉者，但它们的活跃季节与梨的开花季节并不完全一致（Miliczky等，1990）。在华盛顿的中南部，角额壁蜂（*O. cornifrons*）和蓝壁蜂西部亚种（*O. lignaria propinqua*）在春天活跃，但它们很少采访梨花，更喜爱其他开花植物（D. F. Mayer，未发表数据）。在华盛顿一个种植了‘Anjou’‘Bartlett’和‘Bosc’3种梨树品种的果园中引入商业化饲养的群居性熊蜂，3年来仅有3只熊蜂访问梨花（Mayer等，1994a）。有人推测蝇类是‘Anjou’品种理想的传粉者，但尚无研究证实这种推断。

第 42 章

辣椒（灯笼椒、青椒、甜椒）

开　花

辣椒（*Capsicum annuum*）的花朵直径为1～1.5cm，有5枚雄蕊和1个柱头，花冠白色，呈钟形或轮状（图42.1）。辣椒花朵在日出不久后开放，开放时间不到1d。柱头在花粉囊散粉前就具有可授性。花粉囊在花朵开放后数小时内散粉，但有时从不散粉。柱头或短于雄蕊，或长于雄蕊，因此即使花粉囊散粉，辣椒也有可能不能进行自花授粉。然而，如果柱头接触到花粉囊，则会发生自花授粉。辣椒花朵在子房基部分泌花蜜。蜜蜂访花并采集花蜜和花粉，但它们易被其他开花的蜜源植物吸引。不同品种的辣椒分泌的花蜜量也不同（Rabinowitch等，1993）。

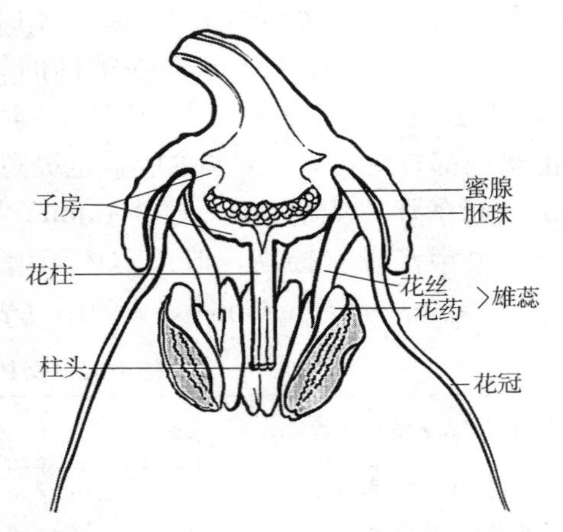

图42.1　辣椒（*Capsicum annuum*）的花朵
（图片来源：Darrell Rainey）

授　粉　要　求

辣椒通常进行自花授粉，但异花授粉也很常见。若花粉囊不散粉，就必须进行异花授粉。每粒种子的形成需要在柱头上落置1粒花粉，柱头授粉不佳会导致果实畸形。通过人工、机械装置或切叶蜂进行授粉，可提高坐果率和产量，甚至对于天然自交的品种（Rasmussen，1985）也有好处；因此，利用外部传粉媒介进行传粉是有益的。

不同辣椒品种的异花授粉率从5%～24%（Lorenzetti和Cirica，1974）到58%～68%（Murthy和Murthy，1962）不等。这种异交结实对育种不利。新墨西哥（美国）作物改良协会（1992）要求“原种”需保持1.6km（1mile）的隔离距离，“注册种”需保持0.4km（0.25mile）的隔离距离。如果不想考虑烦琐的隔离距离，还有一种方法是使用防虫网罩，确保辣椒进行自花授粉（Bosland，1993）。

雄性不育系有助于杂交育种，且从其他作物来看，杂交种子更有活力且产量更高。雄性不育存在于一些特定的辣椒品种中（Shifriss和Frankel，1969），但大多数只表现出部分雄性不育（Breuils和Pochard，1975）。与雄性可育株相比，雄性不育株产生的花蜜量少，含糖量低，且雄性可育株蜜蜂访花频率比雄性不育株高4～5倍（Rabinowitch等，1993）。Rabinowitch等建议：尽管花蜜特征的遗传力在辣椒中较低，但辣椒育种工作者仍然可以通过筛选花蜜吸引力较强的辣椒植株来提高授粉率。杂交育种需要来自外界的传粉媒介，如蜜蜂，将雄性可育株的花粉转移至雄性不育株上。Anais和Torregrossa（1979）通过间作雄性可育株和雄性不育株来进行杂交育种。然而，按照棋盘模式将不同品种进行套作，使一行中有两种品系，更有利于蜜蜂在两个品种间进行授粉（Kubišová和Háslbachová，1991）。

夜晚温度较低，导致花粉的活力降低，这是辣椒授粉的一个限制因素。以品种'Latino'为例，昼夜温度保持在24/12℃（75.2/53.6℉）时结出辣椒的重量和大小均次于昼夜温度为30/20℃（86/68℉）时结出的辣椒（Mercado等，1997）。然而，对低温下的辣椒品种进行人工优化授粉后，单果结籽数和果长略有增加。这表明在低温下，优化授粉可以产生轻微的补偿效应。

传　粉　媒　介

多种蜂都会采访辣椒花朵，但蜜蜂是最常见的传粉者。在荷兰的夏季，将温室的窗户打开，使多种昆虫进入温室采访辣椒，就能获得较高的坐果率。在春季和秋季，授粉是个难题，此时若将蜂群搬入温室就可以增大果实、提高果重、增加结籽数，外观漂亮的辣椒数量也会增加。因此，在荷兰的温室辣椒培育中，利用蜜蜂授粉是一种常规做法（Ruijter等，1991）。

在捷克斯洛伐克的温室中，蜜蜂喜欢在雄性不育系品种'Sivria 600'和雄性可育系品种'California Wonder'之间来回访花授粉（Kubišová和Háslbachová，1991）。然而，在户外，蜜蜂会集中访问雄性可育系品种以采集花粉（Breuils和Pochard，1975）。

在加拿大安大略的温室中，'Plutona'品种经人工饲养的熊蜂授粉后，其果重、果宽、整果体积、籽重均有所增加，且果实在更短时间内成熟。在温室条件下，熊蜂授粉也能加快辣椒品种'Cubico'的果实成熟速度（Shipp等，1994）。这两个辣椒品种成熟速度的加快就可能使人们加种一季辣椒，进而大幅增收。

在丹麦，在温度较低的季节里，温室种植的辣椒总是授粉效果欠佳，相比于机械授粉或天然的自花授粉，引进角额壁蜂（*Osmia cornifrons*）授粉后，辣椒产量有所增加。然而，即使在温室中套作了法色草（*Phacelia tanacetifolia*）和醋栗属植物（*Ribes* spp.），蜂类的群势也并未增加。到6月中旬，机械授粉、蜂类授粉或自花授粉对辣椒产量的影响没有显著差异（Kristjansson和Rasmussen，1991）。

风媒和雨媒不能为辣椒授粉（Crane和Walker，1984）。某些蝇类（*Calliphora* spp.，*Lucilia* spp.）偶尔会给辣椒授粉（Breuils和Pochard，1975）。在种植'Bell Boy'甜椒的温室中，相比于罩网隔离昆虫授粉的植株，蜂蝇（*Eristalis tenax*）自由访花的辣椒植株，其果径和果重都有所增加，其中果径增加了20～25cm，果重增加了100～120g (Jarlan等，1997)。

迄今为止，尚未有研究报道辣椒授粉蜂群的推荐密度。Shipp等人（1994）的试验数据建议，在温室里，每150m²（1 600ft²）的辣椒植株需要放置一群（含24～77只）熊蜂。

第43章

李子和西梅

开　花

在全世界范围内，商业化种植中常见的李子品种有欧洲李子（*Prunus domestica*）、日本李子（*P. salicina*）及日本李子的杂交种。西梅是李子的一种，含糖量高，制作成西梅干时无须去核。李子和西梅的花冠口直径约为2.5cm，均由5片花瓣、数枚雄蕊和1枚雌蕊构成，柱头2裂，1个子房，1个心室，包含2枚胚珠，但通常只有1枚胚珠可以发育（图43.1）。不同品种的李子，其雄蕊与柱头的空间位置不固定，有些品种的雄蕊高于柱头，有些低于柱头，而有些品种的雄蕊与柱头等高。李子单朵花期一般3～5d，花朵开放不久，柱头即具有可授性。通常李子花朵完全开放后，花药才开始散粉。如果未能及时授粉，花朵会很快凋谢。李子花朵沿着新生长的枝条簇生，每个花序1～3朵。蜜腺位于花柱基部，不同品种间李子的花蜜量及浓度差别很大。李子花朵对蜜蜂的吸引力比较强。

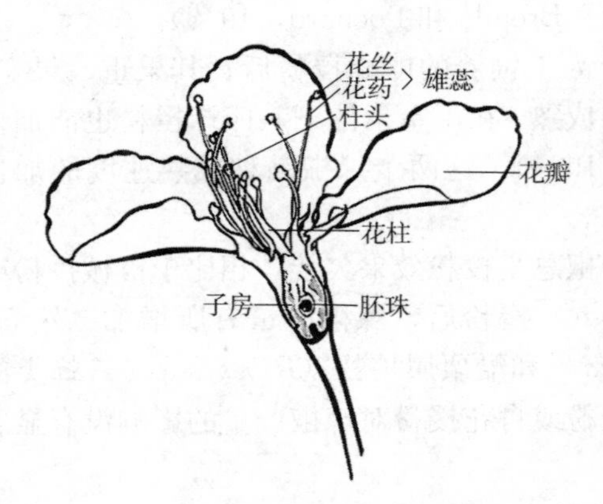

图43.1　李子（李属）的花。左图为花朵的解剖图，以展示其内部结构
（绘图来源：Darrell Rainey；照片来源：Jim Strawser）

授 粉 要 求

不同品种李子的繁育系统差异较大，从自交不育过渡到自交可育，但大多需与其他适宜的授粉品种进行种间异花授粉（表43.1）。欧洲李子适宜与欧洲的李子授粉品种进行异花授粉，而日本李子适宜与日本的李子授粉品种进行异花授粉。有些李子品种需要与特定的品种进行异花授粉，果园中若没有配置相应的授粉品种，便不会坐果。相反，有些李子品种是杂

交不亲和的，即与其他品种进行异花授粉也不会坐果。然而，所有的李子品种，包括自交可育的品种（如‘Italian’‘Stanley’），都需要昆虫将花粉转移到具有可授性的柱头上才能结实。

对于自交不育的李子品种，应将其与授粉品种间作，这样就可以增加蜂类在单次访花过程中采访到主栽品种与授粉品种的概率。最常见的间作方式是在横向每隔两行，纵向每隔两株的位置种植授粉品种。此外，要保证授粉品种与主栽品种花期一致，这一点很重要。

要想获得理想的产量，李子的坐果率一般要达到15%～20%，然而，这需要果园中合理间作授粉品种，且保证有大量的蜂群访花。

表 43.1　李子和西梅的部分品种及其适宜的授粉品种

多种花粉源	授粉品种															
	‘四郎’（‘Shiro’）	‘卡塔莉娜’（‘Catalina’）	‘黑琥珀’（‘Black Amber’）	‘朗姆杜阿尔特’（‘Lam.Duarte’）	‘锡姆卡’（‘Simka’）	‘圣罗莎’（‘Santa Rosa’）	‘弗里亚尔’（‘Friar’）	‘雅基马’（‘Yakima’）	‘西洋李子’（‘Damson’）	‘早安意大利’（‘Early Italian’）	‘双X法国’（‘Double X French’）	‘伊泰莲娜’（‘Italina RRH1’）	‘斯坦利’（‘Stanley’）	‘布鲁弗瑞’（‘Blufre’）	‘恩普瑞斯’（‘Empress’）	‘总统’（‘President’）
‘四郎’（‘Shiro’）	×								0	0	0	0	0	0	0	×
‘卡塔莉娜’（‘Catalina’）		×							0	0	0	0	0	0	0	
‘黑琥珀’（‘Black Amber’）			×						0	0	0	0	0	0	0	
‘朗姆杜阿尔特’（‘Lam.Duarte’）				×					0	0	0	0	0	0	0	
‘锡姆卡’（‘Simka’）					×				0	0	0	0	0	0	0	
‘圣罗莎’（‘Santa Rosa’）						×			0	0	0	0	0	0	0	
‘弗里亚尔’（‘Friar’）				0			0		0	0	0	0	0	0	0	
‘雅基马’（‘Yakima’）	0	0	0	0	0	0	0	0								0
‘西洋李子’（‘Damson’）	0	0	0	0	0	0	0		×							0
‘早安意大利’（‘Early Italian’）	0	0	0	0	0	0	0			0						0
‘双X法国’（‘Double X French’）	0	0	0	0	0	0	0				×					0
‘伊泰莲娜’（‘Italina RRH1’）	0	0	0	0	0	0	0					×				0
‘斯坦利’（‘Stanley’）	0	0	0	0	0	0	0						×			0
‘布鲁弗瑞’（‘Blufre’）	0	0	0	0	0	0	0							0		0
‘恩普瑞斯’（‘Empress’）	0	0	0	0	0	0	0								0	0
‘总统’（‘President’）	0	0	0	0	0	0	0									0

注：空格表示适宜的授粉品种组合；“0”表示两个品种互相不适合做授粉品种；“×”表示该品种在一定程度上能自交结果，但不能大面积单一种植。

传　粉　媒　介

蜜蜂是李子和西梅最重要的传粉者（表43.2）。通常蜜蜂的访花效率较高，尤其在早上。如果授粉条件不佳，如天气恶劣、周围存在同域开花的其他蜜源植物，或养蜂人无法在果园内放置蜂群等，使用蜜蜂引诱剂不失为一种解决方法。Bee-Scent® 是一种信息素引诱剂，在‘President’李子品种上使用这种引诱剂，24h内蜜蜂访花量有所增加；而在

'President'品种上用了蜂类气味加强版®后，坐果率增加了88%（Mayer等，1989a）。然而，只有当现有蜜蜂不能有效授粉时才可以使用引诱剂；要提高坐果率，最关键的是果园中必须要有大量的蜂群。Webster等（1985）指出，相比没有装脱粉器的蜂群，装有脱粉器的蜂群中采粉蜂的比例更高。

表 43.2　李子和西梅授粉推荐放蜂密度

李子或西梅所需授粉蜂群的数量（西方蜂蜜）	参考文献
2.5 群/hm^2（1 群/acre）	McGregor（1976）
2.5～5 群/hm^2（1～2 群/acre）	Standifer 和 McGregor（1977）
2.5 群/hm^2（1 群/acre）	Crane 和 Walker（1984）
5 群/hm^2（2 群/acre）	Mayer 等（1986）
2.5 群/hm^2（1 群/acre）	Kevan（1988）
2.5 群/hm^2（1 群/acre）	Scott-Dupree 等（1995）
3.2 群/hm^2（1.3 群/acre）	表中上述文献放蜂密度平均值

在马里兰，引进的角额壁蜂（*Osmia cornifrons*）的外出活动期与李子花期一致(Batra，1982)。然而，野生蜂群的数量普遍太少，无法满足果园的商业授粉需求（Scott-Dupree和Winston，1987）。

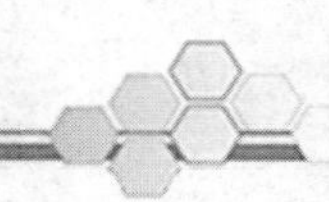

第 44 章

覆 盆 子

开 花

在世界范围内，覆盆子的主要品种为欧洲覆盆子（*Rubus idaeus*）、野生红覆盆子（*R. strigosus*）、野生黑覆盆子（*R. occidentalis*），以及上述两种野生覆盆子的杂交品种——野生紫覆盆子。大多数覆盆子花朵为两性花（图 44.1），花冠口直径约为 2.54cm，有5～12 片花瓣，90 枚雄蕊和 90 枚雌蕊，每枚雌蕊都由 1 个子房和 1 个细长的花柱构成（Redalen，1980；Jennings，1988）。因此，覆盆子是一种聚合果，与草莓和黑莓一样，多枚雌蕊共同发育分别形成单果，覆盆子果实由单果聚合而成。花朵开放后，未成熟的花药弯向未成熟的花柱，但随后外轮的雄蕊弯离花柱。内轮的花药成熟后，从花朵外缘向内释放花粉，在此期间，花柱继续生长，并且花柱顶端的柱头开始具有可授性。只有最内层的花药才可能接触到最外层的柱头，从而实现自花授粉（柱头已经接受了异花授粉的情况除外）。因此，同一朵花上可能既有异花授粉也有自花授粉。覆盆子的花朵只开放 1d 便开始凋落。从第 1 朵花开放到最后 1 朵花凋落，单株花期可持续 1～3 周。此外，覆盆子可为蜂类访花者提供丰富的花蜜和花粉。

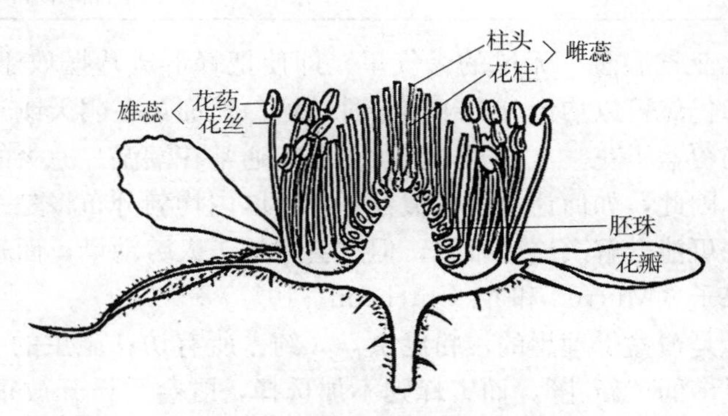

图 44.1　覆盆子（悬钩子属）的花朵
（图片来源：Darrell Rainey）

授 粉 要 求

覆盆子在一定程度上自交可育，但它的开花特点非常适宜进行异花授粉。根据不同的品种，利用其他品种的花粉进行异花授粉，可改善母体组织的发育，进而增加果重（Colbert

和 de Oliveira，1990）。蜂类授粉可使花粉均匀地散布在所有具有可授性的柱头上，进而改善果形、增加果重，甚至对于自交可育品种，也是有益的（Kühn，1987）。覆盆子是一种聚合果，需要大量蜂类访花，才能确保所有子房都充分授粉。

传 粉 媒 介

覆盆子对蜂类和其他访花昆虫具有很强的吸引力，多年来的研究表明昆虫授粉可以提高其产量（Johnston，1929；Couston，1963；McCutcheon，1978）。蜜蜂和熊蜂是覆盆子重要的传粉昆虫。

在加拿大的魁北克省，随着蜜蜂在覆盆子单朵花上访问次数的增加，发育的子房数量和果重也随之增加。一般情况下，一朵花必须经蜜蜂访问 5～6 次或者累计访问 150s，才能使受精的子房数和果重达到最高值。这很容易实现，只要蜜蜂高效访花持续 1d 即可。如果蜜蜂在采集花蜜的同时还采集花粉，那么蜜蜂就是覆盆子最有效的传粉者（Chagnon 等，1991）（表 44.1）。

表 44.1 覆盆子授粉推荐放蜂密度

覆盆子所需授粉蜂群的数量（西方蜜蜂）	参考文献
0.5～2 群/hm^2（0.2～0.8 群/acre）	Yakovleva（1975）
>2.5 群/hm^2（>1 群/acre）	McGregor（1976）
>2.5 群/hm^2（>1 群/acre）	Scott-Dupree 等（1995）
2 群/hm^2（0.8 群/acre）	表中上述文献放蜂密度平均值
其他指标	
每 100 朵开放的花 1 只蜜蜂	McGregor（1976）
蜜蜂访问 5～6 次/朵	Chagnon 等（1991）

在不列颠哥伦比亚省温暖、无风的天气里，即使把蜂群成片摆放于覆盆子种植区的一端，外出采集的蜜蜂仍然可以均匀分布于整个种植区。然而，在阴天或有风的时候，蜜蜂会集中采集蜂箱附近的覆盆子花。在该省，覆盆子花期通常在潮湿、凉爽的 6 月，采集蜜蜂通常不能够均匀分布。因此，如何让蜜蜂在覆盆子种植区内均匀分布将是一个难题。将蜂群均匀摆放在整个种植区可能会解决这个难题，但这会增加工人劳动量，而且蜜蜂可能会影响工人采摘最早成熟的果子（Murrell 和 McCutcheon，1977）。

在苏格兰，熊蜂是覆盆子理想的授粉昆虫，大约占所有访花昆虫的 60%。与蜜蜂相比，熊蜂偏爱采访花粉最多的“新花”；而蜜蜂则不加选择，既会采访开放很久的花朵（花粉较少），也会采访刚开放的新花。相比蜜蜂，熊蜂在 1d 内采集时间更长，更能承受恶劣的天气，每分钟访问的花朵数量更多，携粉量大，在柱头上落置的花粉数量也更多（Willmer 等，1994）。这是因为熊蜂比蜜蜂的体型大，气温较低时也能外出采集。在夏季凉爽的加拿大、欧洲东北部和苏格兰，覆盆子产量最高。因此，作为覆盆子的授粉昆虫，熊蜂值得特别关注。然而，野生熊蜂数量难以预估，而人工养殖熊蜂的费用又很高。

除了蜜蜂，其他野生蜂类的数量一般都很少，无法满足覆盆子的商业授粉需求（Winston 和 Graf，1982）。

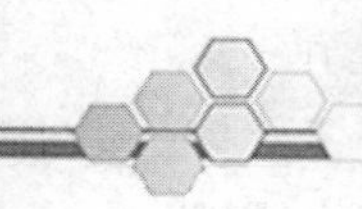

第 45 章

大豆

开　　花

大豆花序是一个由 1～35 朵白色或紫色小花构成的总状花序，每朵小花的花冠口直径约为 1cm。每株大豆上的小花可多达 800 朵。每朵小花包含 1 片大旗瓣、2 片窄翼瓣和 2 片龙骨瓣。其中，龙骨瓣半包着 10 枚雄蕊和 1 个花柱（图 45.1）。每个子房内有 3～5 枚胚珠；因此，一朵小花最终可能会形成一个豆荚。大豆的花期可持续 6 周，但单朵小花只开放 1d。蜂类访问大豆以获得花蜜和花粉，但不同地区的大豆花朵对蜂类的吸引力差异很大。在土质肥沃、气候温暖的地区，大豆是一种重要的蜜源植物（Erickson，1982）。

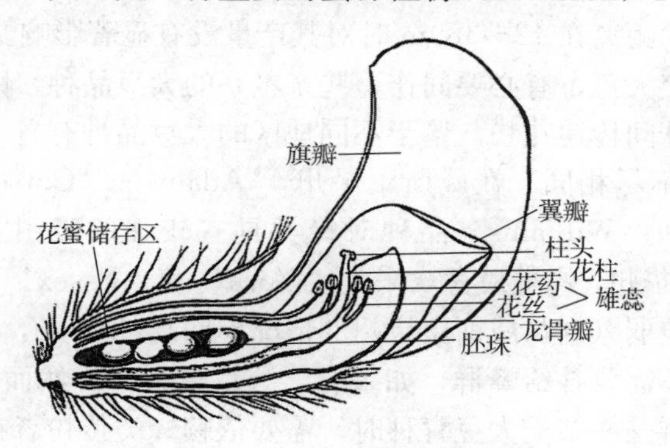

图 45.1　大豆（*Glycine max*）的花朵
（图片来源：Darrell Rainey）

授　粉　要　求

在大豆开花之前，花药就开始散粉，柱头具有可授性。因此，大豆通常都是自花授粉；但对于某些品种，自花授粉后，75％以上的花朵败育（Erickson，1982），这个现象引发出一个问题：自花授粉是否是限制大豆产量的一个因素。

已有研究证明，有些情况下蜂类授粉可以提高大豆的坐果率，增加产量；然而，在不同品种间以及在不同种植条件下，蜂类授粉所带来的益处差异很大。在有些地方，某些大豆品种的花朵从不开放，只能进行闭花授粉；而同一品种的大豆花朵在其他地方可能就会开放，蜂类就有可能为其授粉。通常，在土质较差的地方，蜂类授粉的益处更为明显（Erickson，1982）。如果蜂类访花后，大豆产量有所提高，这究竟是得益于异花授粉还是更有效的自花授粉，尚不明确。

在自然条件下，大豆花朵的异交率一般不超过1%（Free，1993）。然而，在美国的阿肯色州，在最优的种植条件和蜂群数量下，12份试验的大豆品种的异交率平均为0.09%～1.63%，最高可达2.5%（Ahrent 和 Caviness，1994）。

杂交大豆的产量高于亲本（McGregor，1976），但由于大豆具有自交可育的特性，因此很难进行商业化的杂交育种。此外，大豆存在雄性不育基因（Brim 和 Young，1971），也不利于推广商业化的大豆杂交育种（Erickson，1982），因此此项研究进展缓慢。培育杂交品种需要蜂类在不同品系之间传递花粉，或将花粉从雄性可育植株上转移到雄性不育植株上。

传 粉 媒 介

蜜蜂是大豆最重要的授粉昆虫。在美国威斯康星州南部的罩网试验中，蜜蜂授粉可以提高大豆品种‘Corsoy’和‘Hark’的结荚率及产量，但对‘Chippewa 64’品种的结荚率及其产量影响不大（Erickson，1975a）；在密苏里州和阿肯色州，与排除蜜蜂授粉处理相比，蜜蜂强制授粉条件下，‘Pickett 71’品种的结荚数增加了15%，空荚数降低了18.6%，但大豆总产量未必有所提高，因为荚壳重未必增加。研究表明，如果大豆田附近有蜂群，在距离蜂巢100m内的大豆产量较高，超过100m产量则较低（Erickson等，1978）。但另一项研究发现，大豆与蜂箱的距离在12～489m时对其产量没有显著影响。

如果大规模种植杂交大豆，有必要间作一些亲本系的大豆品种，因为亲本系大豆植株可吸引蜂类在不同大豆植株间传递花粉。鉴于不同地区的大豆品种有着不同的开花特性，各地不同蜂类的访花数据也不尽相同。在威斯康星州，‘Adams’‘Corsoy’‘Hark’‘Illini’‘Lincoln’‘Wayne’和‘Williams’品种对蜂类具有较强的吸引力（Erickson，1975a，1975b，1975c）。在特拉华州，蜂类最喜欢采集‘York’和‘Essex’品种，‘Williams’品种对蜂类的吸引力相对较弱（这与威斯康星州的情况不同）（Mason，1979）。

大豆种植区内几乎不需要补给蜂群，如果有，数量也很少。然而，如果种植杂交品种，可能需要在田里补充蜂群——杂交大豆育种时，需要依赖蜂类传粉者在亲本系大豆植株之间转运花粉。Sheppard等（1979）认为在1.4hm^2的种植区内放置0.6群蜜蜂就能满足异花授粉的需求。

第 46 章

笋瓜、南瓜、西葫芦

开　花

笋瓜、南瓜和西葫芦一般是雌雄同株，即雄花和雌花生长在同一植株上（图 46.1）。雄花多于雌花，比例为（3.5～10）：1。花朵宽约 7.6cm（3in）。雄花一般生于细长茎的末端，每朵雄花上有 3 个花药。雌花生于短花梗的末端，含有 1 个粗大的花柱，柱头 2 裂；膨大的子房位于花冠的基部，由 3～5 个心室构成。雄花生产花蜜和花粉，而雌花只生产花蜜。与雄花相比，雌花分泌的花蜜更多，更能吸引蜂类昆虫访花（Nepi 和 Pacini，1993）。南瓜属的花粉粒较大，适于昆虫携带。南瓜属花朵一般在清晨开放，大约在当天中午闭合，之后不再打开（Skinner 和 Lovett，1992；Nepi 和 Pacini，1993）。

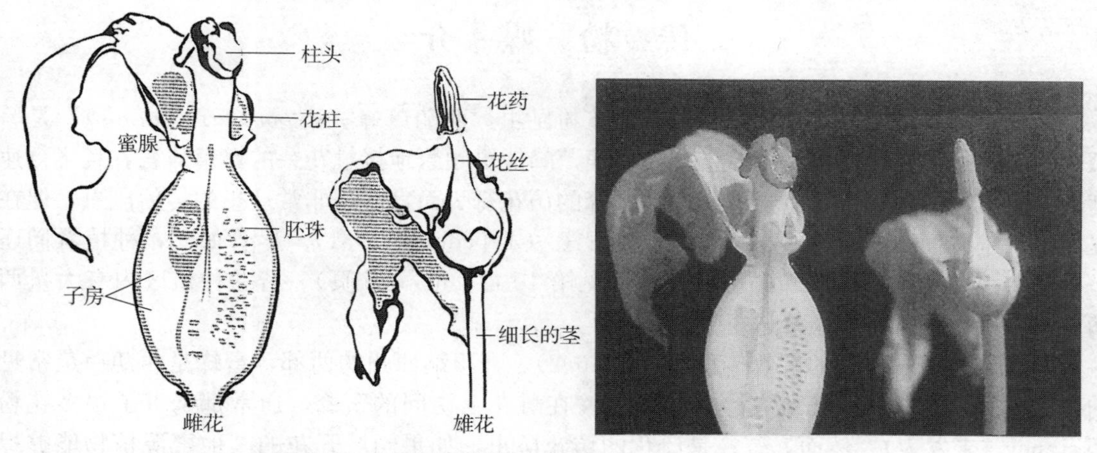

图 46.1　笋瓜的花朵，具备其他南瓜属植物，如南瓜和西葫芦的典型特征
（左边是雌花的解剖图，右边是雄花的解剖图）
（绘图来源：Darrell Rainey；照片来源：Keith S. Delaplane）

授　粉　要　求

笋瓜、南瓜和西葫芦的雄花、雌花是分开的，因此需要一些传粉媒介，通常是蜂类，将花粉从雄花转运到雌花上。在美国田纳西州的西部，对笋瓜套袋以隔离传粉者，笋瓜植株没有坐果（Skinner 和 Lovett，1992）。这表明风不是南瓜属（*Cucurbita*）植物的传粉媒介。在意大利，笋瓜品种‘Greyzini’的胚珠仅在花期内或者花朵开放前 1d 才具有受精能力。

一朵刚开放的雄花，花粉生活力约为92%，但在当天上午花朵闭合时，花粉活性就下降到了75%，翌日只有10%（Nepi和Pacini，1993）。因此，在雄花开放当天花粉具有活力时，应尽早为雌花授粉。若天气炎热，花朵闭合较早，就应该迫使蜂类尽早外出访花，这点尤为重要。自花授粉或异花授粉的笋瓜坐果率相差不大，但经异花授粉的笋瓜果实更重，这一点已经在印度得到证实（Girish，1981）。

南瓜属中同一品种的不同变种甚至是不同品种间都可互相杂交（表46.1）。即使在杂交不亲和的品种之间，一个品种的花粉也可能会刺激另一品种结出单性（无核）果实；这种情况不会导致种子混杂，但总结籽量会有所降低（Free，1993）。因此，若想获得大量高纯度种子，必须将不同品种及其变种的南瓜属植株彼此隔离。

表46.1　一些南瓜属作物的杂交亲和性

（Whitaker和Davis，1962）

	笋瓜（*C. maxima*）	绿纹南瓜（*C. mixta*）	南瓜（*C. moschata*）	西葫芦（*C. pepo*）
笋瓜（*C. maxima*）	/	—	—	—
绿纹南瓜（*C. mixta*）	—	/	+	—
南瓜（*C. moschata*）	—	+	/	+
西葫芦（*C. pepo*）	—	—	+	/

注："+"代表能互相杂交；"—"代表不能杂交；"/"代表不适用。

传　粉　媒　介

西葫芦蜂和蜜蜂是南瓜属植物重要的传粉昆虫。西葫芦蜂（*Peponapis pruinosa*）是笋瓜和南瓜理想的传粉昆虫。相比蜜蜂，西葫芦蜂能更频繁地接触花朵的繁殖器官，且飞行速度快、出巢授粉时间更早。虽然就西葫芦蜂的访花行为而言其是非常理想的传粉昆虫，但在提高坐果率方面，西葫芦蜂与蜜蜂差异不显著（Tepedino，1981）。尽管如此，种植者们还是有必要引入野生西葫芦蜂群进行授粉（见第10章，62～65页）。若在种植区内有大量西葫芦蜂，则无须再引入蜜蜂进行授粉。

蜜蜂是南瓜属作物的有效传粉者（表46.2）。在田纳西州的西部，蜜蜂是西葫芦最常见的访花昆虫，它们既采访雄花也采访雌花。在雌花上访问的蜜蜂，通常都携带了很多花粉（Skinner，未发表）。然而，蜜蜂是泛化的访花昆虫，如果同域开花的其他蜜源植物能够提供更加丰厚的花部报酬，蜜蜂就很容易被这些竞争性的蜜源吸引而不采访南瓜属植物。在美

表46.2　增加蜂类访花次数对南瓜属植物坐果率的影响

地　点	试验蜂种	结　论	参考文献
美国伊利诺伊州	蜜蜂	蜜蜂对单朵南瓜花的访问次数从1增至12时，坐果率则从6%增至64%，单果结籽数从273增至366	Jaycox等（1975）
印度	印度蜜蜂	印度蜜蜂对单朵西葫芦花的访问次数从1增至7时，坐果率从30%增至100%	Girish（1981）
美国犹他州	蜜蜂、西葫芦蜂	蜜蜂和西葫芦蜂在单朵西葫芦上仅访问1次时，坐果率为22%；若访花次数大幅增加，坐果率可高达66%	Tepedino（1981）

国东南部就存在这样的问题，野生冬青能够分泌丰富的花蜜，并且与早期笋瓜花期重叠，蜜蜂往往会采访野生冬青而不采访笋瓜。在这种情况下，使用蜜蜂引诱剂有助于吸引蜜蜂采访南瓜属作物（见第 7 章，36 页）；然而蜜蜂引诱剂在南瓜属作物上的应用效果并不太好(Margalith 等，1984；Loper 和 Roselle，1991；Schultheis 等，1994)。此外，还可以通过增加蜂群密度来解决同域植物在花期竞争访花昆虫的问题，由于蜂群数量增加，蜜蜂会竞争花粉和花蜜，从而迫使蜜蜂为南瓜属作物授粉。在佐治亚州，野生开花植物对秋季种植的笋瓜影响不大（表 46.3）。

表 46.3　笋瓜、南瓜和西葫芦授粉推荐放蜂密度

笋瓜、南瓜和西葫芦所需授粉蜂群的数量（西方蜜蜂）	参考文献
2.5 群/hm^2（1 群/acre）	Hughes 等（1982）
0.09～7. 群/hm^{2}4（0.04～3 群/acre	McGregor（1976）
2～4 群/hm^2（0.8～1.6 群/acre）	Goebel（1984）
2.5～5 群/hm^2（1～2 群/acre）	Levin（1986）
1～8 群/hm^2（0.4～3.2 群/acre）	Kevan（1988）
2.5～7.4 群/hm^2（1～3 群/acre）	Scott-Dupree 等（1995）
2.5～5 群/hm^2（1～2 群/acre）	Skinner（1995）
3.8 群/hm^2（1.5 群/acre）	表中上述文献放蜂密度平均值
其他蜂类	
每 20 朵花 1 只西葫芦蜂	Derived from Tepedino（1981）

Skinner 和 Lovett（1992）发现，在田纳西州西部，相比蜜蜂，熊蜂在提高作物的坐果率方面更加有效。经熊蜂访花 1 次后，75%的花会坐果；而经蜜蜂访花 1 次后，仅 31%的花会坐果。然而，一般情况下，当传粉者数量充足时，每朵花都会被访问多次，访花蜂类可能也不止一种，最终能够获得比较理想的坐果率。

随着访花次数的增加，南瓜属作物的坐果率和结籽数也随之增加（表 46.2）。因为柱头上落置的花粉数量越多，结籽数越多（Winsor 等，1987）。因此，大量的蜂群有助于获得大限度的访花量和柱头上的花粉量，进而获得最高产量。

在田纳西州，一些野生独居蜂也会访问笋瓜，如翠绿眼隧蜂（*Agapostemon virescens*），净缘隧蜂（*Augochlora pura*），带淡脉隧蜂亚属 1 种（*Dialictus* sp.），隧蜂属 1 种（*Halictus* sp.），浆三绒斑蜂（*Triepeolus remigatus*）和斑点蜜蜜蜂（*Melissodes bimaculatus*）（Skinner，未发表）。这些蜂可能有助于笋瓜授粉，但它们的传粉效率尚不明确。

第 47 章

草　莓

开　　花

草莓（*Fragaria*×*ananassa*）的花朵簇生在分叉茎上，每个分叉处生长 1 朵花，主茎分叉处的花为初生花，其下的 2 朵是二级花，最后的 4 朵是三级花。初生花结的果实最大。在大多数商业品种中，草莓花朵多为两性花，但有些品种只有雌花或只有雄花，有些品种的花朵仅有几枚雄蕊，有些品种的花朵雄蕊不育。与覆盆子一样，草莓也是一种聚合果，每朵花包含多枚雌蕊，同时发育形成一个果实。

草莓花朵呈白色，花冠口直径为 2.5～3.8 cm。每朵两性花有 5 片花瓣，多枚雌蕊和多个花柱，雄蕊 24～36 枚(图 47.1)。初生花大约有 350 个柱头，二级花大约有 260 个柱头，三级花大约有 180 个柱头（Darrow，1966）。当花粉具有活性时，雄蕊呈深黄色。在最外侧雌蕊的基部可见花蜜形成的蜜滴。柱头在花粉囊释放花粉前即具有可授性，草莓的这种开花习性适于进行异花授粉。待花朵开放一段时间且花药干燥时，花粉囊开始散粉。当干燥的花粉囊开裂后，花粉在张力的作用下从花粉囊中散出，散布在众多柱头上。由此看出，草莓也可进行自花授粉。花粉一旦被释放出来，其活性仅可持续几天。在花开后的前 4d 内进行授粉，效果最佳（McGregor，1976），然而有些花翌日就开始枯萎（Connor，1970）。受精的胚珠会刺激周围组织开始发育。未受精的胚珠一般不会发育，但如果未受精的胚珠数量很多，一旦发育会形成畸形果。草莓花既有花蜜又有花粉，但对西方蜜蜂的吸引力并不稳定。

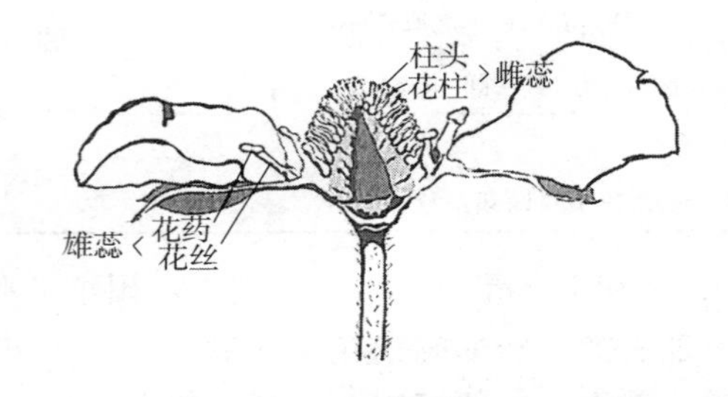

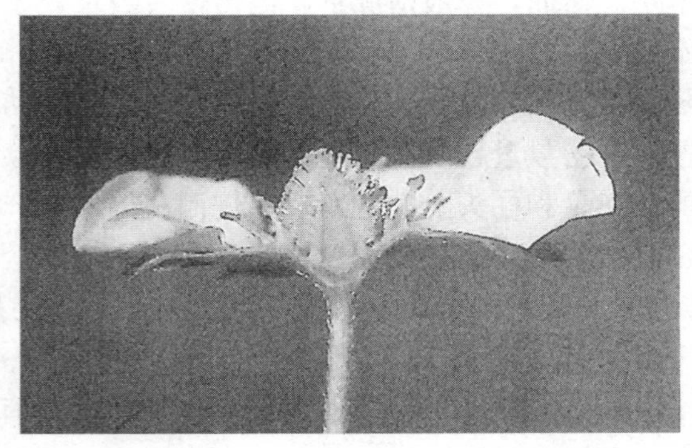

图 47.1　草莓（*Fragaria*×*ananassa*）的花朵
（为呈现其内部结构，该花朵已被部分解剖）
（绘图来源：Darrell Rainey；
照片来源：Jim Strawser）

授粉要求

商业草莓品种大多自交可育，花粉囊迸射散粉可促进草莓的自花授粉。在聚合花朵中，每枚雌蕊都必须授粉才能结出品质较好的草莓，而自花授粉并不能确保每枚雌蕊都能成功授粉。因此，风和蜂类是重要的补充传粉媒介。不同品种对不同的授粉模式反应不同。有关不同草莓基因型的研究表明（Zebrowska，1998），'Redgauntlet' 和无性系品种 'B-320' 高度自交可育，'Dukat' 品种自交可育的程度较低，而 'Paula' 品种几乎不能进行自花授粉。'Dukat' 品种最适于风媒传粉，而 'Paula' 品种最适于虫媒传粉。草莓花朵的某些形态特征，如相对较长的花粉粒和雄蕊，使其很容易进行自花授粉（Zebrowska，1998）。长雄蕊品种（如 'Early Midway'，雄蕊长 5.2mm）的自花授粉程度高于短雄蕊品种（如 'Surecrop'，雄蕊长 2.5mm），因为长雄蕊能更有效地使花粉落置在较低的雌蕊上（Connor 和 Martin，1973）。柱头上花粉分布不均或花粉量较少会导致结出的草莓小而畸形、品质较差，这种草莓被称为瘪果。

传粉媒介

草莓可以自花授粉，也可以依靠风或蜂类进行授粉。具体以哪种授粉方式为主，以哪些授粉方式为辅，将根据草莓品种、天气情况和蜂群规模而定。一般来说，对于草莓果实的发育，自花授粉的作用占 53%，风媒的作用占 14%（两者共同的作用为 67%），蜂类传粉的作用占 24%（三者共同的作用为 91%）(Connor 和 Martin，1973)。短雄蕊的草莓品种自花授粉较困难，因此对于这些品种，蜂类授粉非常重要。

尽管草莓可以自花授粉，但西方蜜蜂授粉可进一步提高其产量和质量（表 47.1，Antonelli 等，1988）。西方蜜蜂访花时几乎都会接触到草莓花朵的柱头和花药（Free，1968b），因此蜂类访花有助于使花粉散布在所有雌蕊上，从而结出果形较好的草莓。

表 47.1 西方蜜蜂对草莓授粉的效果

(Free，1993)

指标	授粉效果（平均值 ± 标准偏差）
坐果率	增加 25%
产量	增加 18%～100%（45%±36.7%）
畸形果率	减少 9%～41%（25%±13.5%）
次果率	减少 49%
大果率	增加 7%～16%（11.5%±6.4%）

大量蜂类访花有助于均匀散布花粉，优化果形，提高坐果率。在俄罗斯，每朵草莓花需要西方蜜蜂访问 16～19 次才能被充分授粉，而访问 20～25 次可使其坐果率最高(Skrebtsova，1957)。在加拿大的魁北克省，对于品种 'Veestar'，西方蜜蜂的前 4 次访问可完成大部分的授粉，也就是累计前 40s 的访花活动；6 次访花之后，近 100%的雌蕊可被授粉。蜂类访花对于个头较大的初生花特别重要，因为初生花上有很多柱头并且结出的果实

品质最优。二级花和三级花的柱头较少，很大程度上靠风媒和重力授粉（Chagnon 等，1989）。在日本温室内种植‘Houkou-wase’品种，每朵花需要西方蜜蜂访问 11 次才能充分坐果结实（Kakutani 等，1993）（表 47.2）。

表 47.2　草莓授粉推荐放蜂密度

草莓所需授粉蜂群的数量（西方蜜蜂）	参考文献
12.4～25 群/hm^2（5～10 群/acre）	McGregor（1976）
2 群/hm^2（0.8 群/acre）	Kevan（1988）
2.5 群/hm^2（1 群/acre）	Williams（1994）
1.2 群/hm^2（0.5 群/acre）	Scott-Dupree 等（1995）
8.6 群/hm^2（3.5 群/acre）	表中上述文献放蜂密度平均值
其他指标	
访问次数，16～19 次/朵	Skrebtsova（1957）
每 1 000m^2温室 1 群西方蜜蜂	Matsuka 和 Sakai（1989）
访问次数≥4 次/朵	Chagnon 等（1989）

在早春草莓花期内，天气状况通常不利于蜂类授粉。最好的解决方法是引入西方蜜蜂，这对于大型草莓种植园来说尤为重要（de Oliveira 等，1991）。在美国密歇根州，蜂类访花频率最高的时段是 10:00～15:00，这个时段的平均温度在 18～26℃（Connor，1972）。

在日本的草莓温室内，当每株草莓上有 1～2 朵花开放时，种植者就开始引入西方蜜蜂。以五框朗氏蜂箱为例，授粉蜂群的配置为每 1 000m^2 的温室里放置 1 群蜂。对于花粉产量较少的新品种草莓，每 1 000m^2 的温室里摆放 2 群蜂（Matsuka 和 Sakai，1989）。

许多种昆虫都访问草莓。在美国犹他州，草莓重要的授粉昆虫有西方蜜蜂、壁蜂属的 2 种独居蜂（壁蜂属，见第 12 章）、遂蜂属的一种独居蜂（*Halictus* sp.）以及管蚜蝇属的 2 种授粉蝇类（*Eristalis* spp.）（Nye 和 Anderson，1974）。在加拿大魁北克省，西方蜜蜂是最常见且数量最多的访花昆虫，其次为食蚜蝇科（Syrphidae）和遂蜂科（Halictidae）（de Oliveira 等，1991）。在美国密歇根州，访问草莓的蜂类昆虫中，遂蜂科占 49%～52%，蜜蜂科占 31%～35%，地花蜂科占 14%～20%，切叶蜂科占 0～1%（Connor，1972）。在日本，灰带管食蚜蝇（*Eristalis cerealis*）被大量饲养并用于温室草莓的授粉（Matsuka 和 Sakai，1989）。而熊蜂则很少被大规模地用于草莓授粉（Free，1968a）。

不同蜂种在草莓花朵上的访花行为不同。在加拿大的魁北克省，西方蜜蜂多在雌蕊顶部访花，而本土蜂则多在其基部访花。因此，草莓花朵经多种蜂类访问后，其花粉的分布更均匀，果实的质量也更高（Chagnon 等，1993）。

第 48 章

向日葵

开花

有些向日葵（*Helianthus annuus*）品种包含1个初级头状花序和1个或多个次级头状花序，但商业品种的向日葵通常只有1个初级头状花序。初级头状花序有1 000～4 000朵小花，次级头状花序有500～1 500朵小花。颜色鲜艳的外围舌状花没有雄蕊和雌蕊，因此无生殖力。内围小花为两性花，颜色较暗。每朵小花都包含数枚雄蕊和1枚雌蕊（图48.1）。每枚雌蕊有1个子房，子房内含有1枚胚珠。每朵小花在柱头具有可授性前就已经散粉，因此这些小花通常是自交不亲和的。

向日葵上的每朵小花至少开放2d。第1天，雄蕊伸长至花冠上方，花粉囊散粉。翌日，柱头延伸到慢慢枯萎的雄性器官的上方，柱头露出具有可授性的表面以接受花粉。由此可见，向日葵花朵在其开放的第1天为雄性阶段，翌日为雌性阶段，这种开花习性不利于其进行自花授粉。蜜腺位于小花的基部，其分泌的花蜜在雄性阶段最多，而进入雌性阶段时只能分泌少量的花蜜。小花从头状花序的外围向内逐渐开放，因此从大部分头状花序的开花进程来看，花序中间为尚未开放的小花，由内向外，第1圈为处于雄性阶段的小花，第2圈为处于雌性阶段的小花，外围第3圈为已经枯萎的小花，最外围是一圈舌状花。这种开花模式导致最中间的花朵被授粉的概率最低，因为雄花与雌花的比例会随着花期延长逐渐降低（Goldman，1976）。每个头状花序的花期为5～10d。若授粉良好，小花会很快枯萎。若授粉不佳，小花呈鲜艳颜色长达两周，然后柱头向后卷曲，触及自身花粉。因此，授粉不佳时可能会进行自花授粉，但在单朵花花期后期，结籽率会大大降低（Radaeva，1954）。向日葵的花蜜和花粉对蜂类具有很强的吸引力。

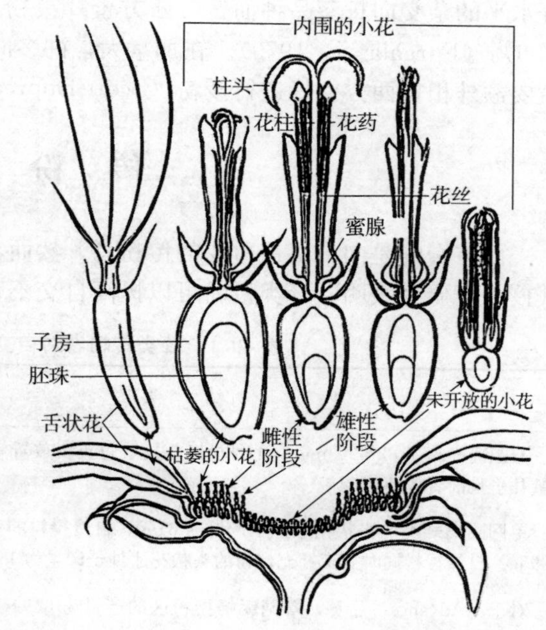

图48.1　向日葵（*Helianthus annuus*）的花序及单朵小花示意图

（图片来源：Darrell Rainey）

授 粉 要 求

有些向日葵是自交可育的，这些品种的向日葵接受自身头状花序上的花粉进行自花授粉，进而结籽。而有些品种是自交不育的，需要接受来自其他植株的花粉才能结实。与异花授粉相比，自花授粉的向日葵往往结籽率低、籽粒小、萌发率低，并且种子油脂含量也较低（McGregor，1976）。因此，除了高度自交可育的向日葵品种外，异花授粉在向日葵中更具优势。

杂交向日葵品种产籽量更高。杂交向日葵由雄性可育系和雄性不育系杂交而成，且只有雄性不育的植株才能结出杂交种子。在向日葵种植区，可以将雄性可育品种与雄性不育品种间作。若想获得高产，就需要最大限度间作雄性不育（育种）系植株。在美国亚利桑那州的杂交向日葵试验田里，雄性不育植株行和雄性可育植株行的种植比例为 5∶5 或 3∶3 时，离可产生花粉的雄性可育植株越远，雄性不育植株的结籽率越低（DeGrandi-Hoffman 和 Martin，1993）；尽管如此，人们普遍认为在这种等量配置方案中，雄性可育植株占用空间太多。而雄性不育植株行和雄性可育植株行的种植比例为 8∶2 时，其结籽率和产量可达到最高值（Delaude 和 Rollier，1977；Delaude 等，1979）。

由杂交种子发育而成的向日葵通常高度自交可育。然而，在实际商业种植中，它们的繁育方式未必是自花授粉，蜂类有助于将其花粉转移到具有可授性的柱头上。对于中等自交可育水平的杂交向日葵品种而言，西方蜜蜂授粉可使其种子产量增加 30%，种子油脂含量增加 6%（Furgala 等，1979）。在加拿大，许多向日葵杂交品种都是高度自交可育的，一般不需要额外租赁西方蜜蜂进行授粉（Scott-Dupree 等，1995）。

传 粉 媒 介

西方蜜蜂是向日葵最重要的传粉者。然而，许多蜂类都会采集向日葵的花蜜和花粉，为其授粉。研究表明，蜂类授粉可以提高自交不育系向日葵的产量（表 48.1）。

表 48.1　蜂类传粉者对自交不育的向日葵的授粉效果

结　果	参考文献
与距离蜂箱 4.8km（3mile）的种植区相比，每英亩放置 1 群蜂的种植区结籽量几乎是前者的两倍	Furgala（1954）
罩网隔离蜂类的头状花序种子产量为 315g；自然授粉的头状花序种子产量为 995g；自然授粉同时人工补充授粉的头状花序种子产量为 1 000g	Luttso（1956）
对于‘Advance’品种，罩网无蜂授粉区的产量为 349kg/hm^2（312lb/acre）；罩网强制蜂类授粉的试验区产量为 675kg/hm^2（602lb/acre）；自然授粉区的产量为 1 044kg/hm^2（932lb/acre）	Alex（1957b）
与隔离昆虫的种植区相比，西方蜜蜂授粉试验区的种子产量增加了 5～6 倍，种子油脂含量增加了 25%	Schelotto 和 Pereyras（1971）
对于西方蜜蜂和其他昆虫易于访问的雄性不育品种‘CMS 234A’，自然授粉区饱满种子的产量为 25.4g，而罩网隔离昆虫的对照区饱满种子的产量仅为 5.2g	Rajagopal 等（1999）

大部分西方蜜蜂访问向日葵是为了采集花蜜，而非花粉（Fell，1986）。但即使是采蜜蜂，在觅食花蜜的过程中，身上也会沾上大量的花粉，并将这些花粉带到随后访问的花朵上。向日葵花朵在雄性阶段和雌性阶段都会分泌花蜜，在两个阶段都能吸引采蜜蜂访花，因此，采蜜蜂是向日葵最重要的传粉者。西方蜜蜂尤其喜爱访问某些向日葵品种（Skinner，1987）。品种'Arrowhead''Mingren'和'Peredovik'比'Commander'更能吸引西方蜜蜂访问（Goldman，1976），而'Fleury'的花蜜含糖量最高，对蜜蜂的吸引力最强（Schaper，1998）。有些品种的向日葵，小花的花冠管太深，蜜蜂很难到达蜜腺，不易获得花蜜（Sammataro 等，1983）。作物育种学家可以重点选育出一些便于蜜蜂采蜜或者雌花花蜜产量较高的向日葵品种，这些品种对蜜蜂吸引力较强，产量可能更高。

在杂交向日葵育种中，需要大量蜂类将花粉转移到雄性不育系的柱头上。在亚利桑那州，无论是夏季还是秋季，西方蜜蜂在雄性不育系和雄性可育系向日葵上的访花频率及访花数量是相同的。在访问雄性不育系的西方蜜蜂中，只有6.5%～12.8%的西方蜜蜂足上携带了花粉团，说明它们之前访问过雄性可育系的花朵。西方蜜蜂在巢内与其他采集回巢的同伴接触时，体表上也会沾上向日葵花粉，这将进一步促进异花授粉（DeGrandi-Hoffman 和 Martin，1993）。距离蜂群最近的向日葵，结籽率往往更高（McGregor，1976）。因此，应该将蜂群均匀摆放在整个向日葵种植区内（表48.2）。

表48.2　向日葵授粉推荐放蜂密度

向日葵所需授粉蜂群的数量（西方蜜蜂）	参考文献
1～2.5群/hm^2（0.4～1群/acre）	McGregor（1976）
2.5～5群/hm^2（1～2群/acre）	Levin（1986）
1群/hm^2（0.4群/acre）	Free（1993）
1～4群/hm^2（0.4～1.6群/acre）	Williams（1994）
0（加拿大自交可育的杂交品种）	Scott-Dupree 等（1995）
2.1群/hm^2（0.9群/acre）	表中上述文献放蜂密度平均值
杂交种子育种	
1.2～9.6群/hm^2（0.5～4群/acre）	Skinner（1987）
其他指标	
每朵头状花序每24h 1只西方蜜蜂	McGregor（1976）

很多独居蜂都会访问向日葵花并为其授粉，其中一些为向日葵的特化传粉者（Parker，1981；minckley 等，1994）。尽管独居蜂对向日葵授粉效果较好，但仍比不上在其他作物上的授粉效果。独居蜂优先采集花粉，这可能会导致它们不喜欢访问杂交区内产籽的雄性不育系花朵。DeGrandi-Hoffman 和 Martin（1993）认为，雄性可育系上的独居蜂数量过多可能会驱避西方蜜蜂访花，进而降低巢内的花粉转移率，最终影响雄性不育系的异交率。

第 49 章

番　茄

开　花

番茄（*Lycopersicon esculentum*）的花朵为两性花，花朵下垂，花冠口直径约为 2cm，花朵包含数枚雄蕊和 1 枚雌蕊。每朵花有 6 片黄色花瓣，6 枚雄蕊在花药处联合呈圆锥状，形成雄蕊柱，将雌蕊包裹在其中（图 49.1）。番茄的雌蕊里有 1 个子房，子房有 5～9 室。有些番茄品种的花柱比雄蕊柱短，有的品种则比雄蕊柱长。柱头在散粉前1～2d至散粉后 4～8d 都具有可授性。因此，番茄可进行异花授粉。然而，由于花药朝内向花柱散粉，再加上外界的振动，番茄也可进行自花授粉，这种现象常见于短花柱品种。对于长花柱品种而言，下垂的花朵形态在重力的作用下也可以进行自花授粉。花药在受到轻微的振动（这种振动来自风或者昆虫）时，就会向柱头释放花粉。番茄的花朵能生产花粉，但几乎没有花蜜。

(a)

(b)

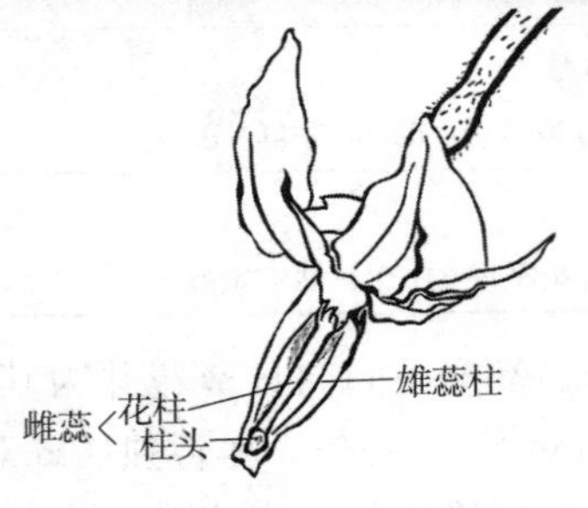

图 49.1　番茄的花朵
(a) 完整的番茄花朵　(b) 部分花朵解剖图
(雌蕊被雄蕊柱包裹)
(绘图来源：Darrell Rainey；
图片来源：Keith S. Delaplane)

授　粉　要　求

番茄是自交可育的，其自花授粉植株和异花授粉植株的坐果率相差不大（Free，1993）。番茄花朵必须通过摇动或振动才能释放花粉，进行自花授粉。市场上常见的番茄品种，在自然情况下异花授粉率都很低，只有 0.07%（加利福尼亚州）（Groenewegen 等，1994）到 12%（墨西哥）（Richardson 和 Alvarez，1957），且自然异交多见于长花柱品种，因为其柱头更易接受外源花粉。但是在无风的温室条件下，对于长花柱品种而言，授粉可能会受到限制，因为它们不易进行自花授粉（Wenholz，1933）。

每粒番茄种子的形成需要1粒花粉，如果柱头上的传粉率较低，就会产生小而畸形的番茄。发育的种子越多，果实就越大，果重也会随之增加。充分授粉的番茄，坐果率和单个果实的结籽数最高可提高3倍（Verkerk，1957）。

番茄中存在雄性不育植株，而雄性不育系通常被用于杂交育种。这就需要异花授粉，但风和机械振动器都不能为雄性不育的番茄花朵进行异花授粉（McGregor，1976）。因此，人们必须借助传粉昆虫实现杂交育种。研究表明，随着雄性不育植株与花粉源之间距离的增加，异花授粉率大幅下降（Currence和Jenkins，1942），并且当距离超过30m后，花粉不大可能被转移到雄性不育植株的柱头上（Quiros和Marcias，1978）。

传 粉 媒 介

在野外，番茄可以通过风和昆虫的振动来进行自花授粉。但仅靠风和野生传粉昆虫，难以获得最高产量。对于‘Celebrity’‘Heatwave’和‘Sunny’这3个品种而言，与在自然条件下生长的番茄植株相比，定期利用鼓风机振动的植株，其单果重、果径、结籽数，以及适销果的产量都有所增加（Hanna，1999）。

在无风的温室中种植番茄，人们可以使用机械振动设备或引入蜜蜂进行异花授粉。机械振动器，也称为振动棒或电动蜜蜂，将其固定在为植物搭建的桁架上时，可使花粉自由散落在柱头上。然而，所有花朵不可能在同一时间成熟，因此人们要在1周内重复使用机械振动器以进行充分授粉。与机械授粉昂贵的人工成本相比，利用昆虫授粉（尤其是熊蜂）成本较低。此外，由于昆虫的授粉活动是相对连续的，而非间断的，因而昆虫授粉更加经济有效。然而，在温室中引入传粉昆虫，需注意病虫害防控，要保护蜂类免受杀虫剂的危害。在以色列的一个不加热温室中，在秋季和初冬，利用机械振动器授粉和引入熊蜂进行授粉相比，效果没有显著差别，番茄的坐果率、结籽数、果实大小和产量相差无几；但在深冬气温较低时，与每周使用2～3次机械振动器的授粉效果相比，熊蜂授粉效果更佳（Pressman等，1999）。

熊蜂是番茄最重要的传粉昆虫，尤其在温室环境中。为了满足温室番茄全年授粉的需求，20世纪80年代，人们研制出熊蜂全年繁育实用技术（见第8章，45页）。通常情况下，熊蜂会在温室中访花，只要释放熊蜂，熊蜂便会很快发现番茄花朵并开始授粉。无论在气温较低的冬季和春季还是在敞开窗户的夏季，熊蜂都会访问番茄花朵。番茄的花朵非常适于声振传粉，熊蜂能够进行声振传粉，而蜜蜂则不能。熊蜂是温室番茄非常有效的传粉者(表49.1、表49.2)，因此深受种植者欢迎。利用熊蜂为温室番茄授粉时，应补充饲喂糖浆，以补充番茄花蜜的不足。

表49.1 西方蜜蜂、熊蜂及机械振动器为英格兰温室番茄品种‘Cleopatra’授粉效果对比

(Banda和Paxton，1991)

传粉者	坐果率（%）	平均结果数（个/m²）	平均果重（kg/m²）
自然授粉	60.1	169	11.3
西方蜜蜂	70.7	198	16.8
机械振动器	88	202	18.3
西方蜜蜂＋机械振动器	92.4	205	20.9
熊蜂	94.9	207	24.3
熊蜂＋机械振动器	96.5	208	26.1

表 49.2 熊蜂和机械振动器为英国哥伦比亚省温室番茄品种‘Dombito’授粉效果对比

(Dogterom 等，1998)

传粉者	果重（g）	结籽数（粒）
自然授粉	149±6.8	165.2±8.4
机械振动器	159.1± 7	213.1±11.9
熊蜂	188.4±4.5	277.8±10.1
熊蜂＋机械振动器	181 ± 6	279.5 ± 9.2

一个熊蜂群最多只有几百只熊蜂，在番茄花期内可能需要定期更换蜂群。另外，熊蜂的饲养方法具有很强的专业性且有专利保护，尚未推广。鉴于此，由于蜜蜂蜂群个体数量庞大且易于管理，因此蜜蜂是温室番茄的第二大传粉者。在种植番茄的温室里，起初蜜蜂的觅食目标并不明确，但逐渐会有序采集（Cribb 等，1993）。熊蜂能够高速振动双翅，产生的声波可以振动花朵，从而散落花粉，而蜜蜂很难做到，所以蜜蜂很难收集到番茄花粉。温室中的蜜蜂死亡率很高，并且通常需要补充饲喂糖浆以及来源于其他蜂群粉脾上的花粉。尽管存在这些劣势，但至少对于‘Criterium’和‘Gold Star’品种而言，蜜蜂为番茄的授粉效果要优于使用机械振动器。然而，针对利用蜜蜂和机械振动器为番茄授粉的效果，Cribb 等人的研究结果（表 49.3）与 Banda 和 Paxton 有所不同（表 49.1）。因此，由于种植条件和番茄品种的不同，蜜蜂对温室番茄的授粉效果存在很大差异。

表 49.3 西方蜜蜂和机械振动器为英格兰温室番茄品种‘Criterium’和‘Gold Star’授粉效果对比

(Cribb 等，1993)

传粉者	坐果率（%）	平均结果数（个/m²）	平均果重（kg/m²）
‘Criterium’			
自然授粉	56	296	22.9
西方蜜蜂	82	431	30.7
机械振动器	77	391	29.6
西方蜜蜂＋机械振动器	83	433	30.9
‘Gold Star’			
自然授粉	72	326	25.5
西方蜜蜂	88	419	28.5
机械振动器	81	376	27.5
西方蜜蜂＋机械振动器	86	411	28.4

在新大陆的热带地区（番茄原产地），有许多本土蜂为大田番茄授粉（Free，1993）。而在世界其他地区，番茄的传粉昆虫很少（Bohart 和 Todd，1961；mcGregor，1976）。虽然在温室中，如果没有其他蜜源植物，蜜蜂也会被迫访问番茄，但在室外它们很少访问番茄。植物育种专家选育番茄品种时，应优先考虑对蜜蜂和熊蜂具有较强吸引力的番茄品种。花朵大且鲜艳、蜜腺功能强大，以及便于蜂类获得花粉的花药等花部特征对蜂类更具吸引力（Cribb 等，1993）。

对大田番茄授粉的蜂群密度尚不确定。对于温室番茄，授粉蜂群密度应为 10～15 群/公顷熊蜂（4～6 群/acre 熊蜂）（van Ravestijn 和 van der Sande，1991）。

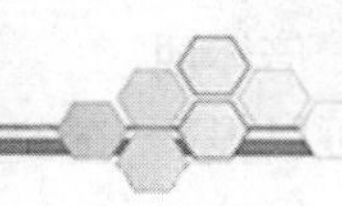

第 50 章 西 瓜

开 花

西瓜（*Citrullus lanatus*）一般为雌雄同株，即同一植株上既有雄花也有雌花。个别品种同一植株上既有两性花，又有雄花。西瓜花直径为 2.5cm，呈浅绿色或黄色，花瓣联合形成一个管状花冠，包裹着 3 枚雄蕊；花柱较短，位于雄蕊中间，柱头 3 裂。蜜腺位于花冠基部。西瓜花通常在日出后 2h 内开放，且在开花前就开始散粉，但是花粉成团黏着在花药上，昆虫采访时才可将其移出。研究表明，花朵一开放，柱头即具有可授性，但 9:00～10:00 柱头可授性最强（Adlerz，1966）。西瓜花在下午闭合，即使未经授粉，也不再打开。尽管西瓜花的花蜜和花粉对蜂类有一定的吸引力，但由于西瓜花数量较少，蜂类很容易转而采集其他蜜源更为丰富的植物。

授 粉 要 求

西瓜是自交可育的，雌花可接受来自同株或异株的雄花花粉，授粉效果相差无几。然而，西瓜花的花粉粒具有黏性，需要借助昆虫将其转移到具有可授性的柱头上。研究表明，套袋隔离昆虫后，西瓜的果实败育率为 100%（Stanghellini 等，1997）。至少要有 1 000 粒花粉均匀散落在柱头的 3 个裂片上，才能结出果形优良的西瓜（Adlerz，1966）。若其中 1 个裂片接收到的花粉量不足，都将导致果实畸形、果品贬值。

授粉时，与长度不足 20mm 的子房相比，长度超过 28mm 的子房更易坐果（Adlerz，1966）。西瓜在整个花期中都可坐果，但长势较好的植株坐果率更高。未及时采摘的次果会影响同一植株上其他雌花坐果。因此，为了获得最高的坐果率和产量，需要对西瓜进行定期采摘。

三倍体西瓜口感好，几乎无籽。三倍体西瓜种子由四倍体母本与特定的二倍体父本或普通父本杂交培育而成。四倍体母本品系通常自交不育，需要借助蜂类将花粉从二倍体父本植株上转移到四倍体母本植株上。育种时需将四倍体（纯色）植株行与二倍体（条纹）植株行交替种植，从四倍体母本植株上收获杂交种子，即三倍体西瓜种子。由于其胚珠不能发育成正常的种子，三倍体西瓜结出的种子体积很小，呈白色，可同果肉一起食用（Maynard 和 Elmstrom，1992）。

然而，三倍体西瓜须经授粉才能结果。三倍体西瓜的授粉目的不在于使种子受精，而是利用花粉刺激其子房发育（Kihara，1951）。普通二倍体品种均可作为三倍体西瓜的授粉植物。关于授粉品种与三倍体西瓜最常见的一种配置方案为：从授粉品种开始种植，一行授粉品种与两行三倍体品种间作，按照这种模式依次类推。二倍体授粉品种一般都能适应三倍体品种的生长环境和管理条件，与三倍体品种的外观也不相同，很容易辨别。另外，二倍体西瓜本身销路也不错。将开花较早的冷藏西瓜种子培育而成的西瓜苗作为授粉品种，可以提高三倍体西瓜的前期产量；而若把开花较晚的普通品种作为其授粉植物，则可以提高三倍体西瓜的后期产量（Maynard，1990；Maynard 和 Elmstrom，1992）。

由于基因遗传的多样性，不同品种的西瓜对蜜蜂的吸引力不同。蜂类对‘BAG’品种的访问次数明显高于‘Sugar Baby’品种，这可能是因为‘BAG’品种的花蜜量大且糖浓度也较高。此外，该品种对蜂类的吸引力与其结籽率也有关系，‘BAG’的结籽数（每个果实有 400 粒籽）高于‘Sugar Baby’（每个果实有 225 粒籽）（Wolf 等，1999）。这项研究说明，选育对蜂类吸引力较强的西瓜品种有助于提高西瓜产量。

传 粉 媒 介

西瓜几乎不靠风和重力传粉，而是高度依赖昆虫授粉。在西瓜的授粉昆虫中，西方蜜蜂资源最为丰富，因而被广泛应用（Goff，1937，1947）。在美国亚利桑那州，套袋隔离蜂类访花的情况下，西瓜的坐果率为 0；而在放置了 1 群西方蜜蜂的温室中，未套袋允许蜜蜂访花的情况下，西瓜坐果率则高达 95%（Spangler 和 Moffett，1979）。

西方蜜蜂是西瓜的理想传粉者。西方蜜蜂访花时间较早，在 8:00～10:00 达到高峰（Goff，1937；Adlerz，1966）。西方蜜蜂在 1 朵雌花上的访问时间为 5.7～8s（Adlerz，1966），这个访花时间相对较长，说明西瓜花朵的蜜粉很丰富。然而，如果单朵花的蜜粉很差，西方蜜蜂被迫访问更多花朵，传粉效率可能会更高。在西瓜种植区增加蜂群密度，有助于提高西方蜜蜂对花部报酬的竞争从而提高传粉效率。如果一只西方蜜蜂在单朵花上耗时较长，整个访花过程中移动较少，那么传粉效率就比较低，所以每朵花至少需要蜜蜂访问 8 次才能使花粉充分覆盖在柱头上，进而结出果形优良的西瓜（Adlerz，1966）。与普通二倍体西瓜相比，三倍体无籽品种单朵花的花粉量较少（Ambrose 等，1995）。因此，三倍体西瓜可能需要更多蜜蜂访问才能坐果。然而，这一推测尚未得到证实（表 50.1）。

表 50.1　西瓜授粉推荐放蜂密度

西瓜所需授粉蜂群的数量（西方蜜蜂）	参考文献
0.5～12.4 群/hm^2（0.2～5 群/acre）	McGregor（1976）
5～7.4 群/hm^2（2～3 群/acre）	Atkins 等（1979）
2.5 群/hm^2（1 群/acre）	Hughes 等（1982）
2.5～5 群/hm^2（1～2 群/acre）	Levin（1986）
0.5～5 群/hm^2（0.2～2 群/acre）	Williams（1994）
4.5 群/hm^2（1.8 群/acre）	表中上述文献放蜂密度平均值
其他指标	
每朵花上西方蜜蜂访问次数≥8 次	Adlerz（1966）
每 100 朵花 1 只西方蜜蜂	Arizona Agricultural Experimental Station 和 Cooperative Extension Service（1970）

西方蜜蜂较易被其他蜜源植物吸引而飞离西瓜，利用蜂类引诱剂可能有助于改善此类情况（见第7章，37页）。然而，已有报道表明，在西瓜上使用蜂类引诱剂的效果并不理想。在美国亚利桑那州，在‘Picnic’和一种无籽西瓜品种上使用蜂类引诱剂 Bee-Scent®后，西方蜜蜂的访花时间增至 2d，但这两个品种的产量均未增加（Loper 和 Roselle，1991）。此外，在美国北卡罗来纳州，在‘Royal Sweet’品种上使用蜂类引诱剂 Bee-Scent® 和 Beeline®后，无论是西方蜜蜂的访花量还是西瓜的产量及其经济效益均未提高（Schultheis 等，1994）。

在美国的北卡罗来纳州，熊蜂是西瓜的有效传粉者。随着熊蜂在每朵花上访花次数的增加，西瓜的败育率呈下降趋势。为了降低一朵西瓜花的败育率，大约需要西方蜜蜂访问 6 次才相当于自然授粉的效果，但熊蜂访问 1 次就能达到这种效果（Stanghellini 等，1997）。此外，西方蜜蜂至少需要在单朵花上访问 18 次才能达到自然授粉条件下的结籽量，而熊蜂只需访问 12 次（Stanghellini 等，1998）。

第 51 章

技术发展、研究和教育方面亟待解决的问题

蜜蜂授粉技术的研究从未像现在这样受到人们的关注，这个领域亟待发展，市场需求日益增长。在很多发达国家，业内人士已广泛认识到传粉昆虫的濒危状态，通过大量的报刊、电视新闻以及像 S. L. Buchmann 和 G. P. Nabhan 于 1996 年出版的《被遗忘的传粉者》（*The Forgotten Pollinators*）这些科普读物的广泛宣传，传粉昆虫的濒危状态已经引起了普通民众的关注。随着关注的人们越来越多，希望能有更多的公用经费或私人资金投入到作物授粉的研究和教育教学当中。

在农业科学研究中，作物授粉也许是跨学科最多的一个领域。这个领域涉及植物学、昆虫学、植物育种、园艺学、农学、遗传学、蜜蜂养殖、生态学、农业经济学以及信息素生物学等学科。如果要把作物授粉发展成为一门更为完善的学科，则必须掌握上述所有学科的专业知识。目前，对于许多作物来说，由于缺乏一定的专业知识，在为其授粉时人们难以制订出高效的管理措施。在很多情况下，除了"每英亩放置一群西方蜜蜂"外，人们还不能制订出更为详尽的授粉技术规范。在蜂类保护领域这种情况更加糟糕，而蜂类保护研究对于北美洲而言是一个全新的学科，其经济效益尚有待考证。

本书旨在整合作物授粉领域的最新研究成果，为温带发达国家的一些需要昆虫授粉的农作物提供一些授粉管理的建议。然而，在此过程中我们的知识结构也不乏未及之处，本章将讨论授粉领域中一些尚不清楚的问题，以供农业科学领域的其他研究人员做进一步研究。

蜂 类 保 护

保护蜂类传粉昆虫能有效促进作物授粉（见第 4 章），但前提是增加野生蜂群的数量。研究人员须关注以下几个问题：如何物色合适的筑巢地点，如何维护筑巢地点，以及如何保护蜜蜂不受天敌侵害。研究人员须确定适合在蜂场种植的植物，最好种植适宜在当地生长的蜜源植物。另外，还要考虑如何种植和管理蜜源植物，以及如何在植物更迭阶段保证丰富的蜜源。最重要的是，要证明从长远角度，这些保护措施能够显著增加当地蜂群的数量。

另外，蜂类保护领域若要得到长足发展，研究者还须证明使用农业用地保护蜂类是符合成本效益的。保护蜂类传粉昆虫使蜂群数量增多、授粉效果得到优化，从而提高农作物的产量和果实品质，因此蜂巢和蜜源植物所占用地的收益应被计入增收带来的经济收益。同一块地，因保护传粉昆虫而增产所带来的收益一定会高于传统农业生产所带来的收益。另一个相关问题是保护区域的面积。考虑到野生蜂巢的位置和蜜源植物的规模，蜜蜂保护区必须"足够大”才能显著提高传粉昆虫的数量。研究种植区与传粉昆虫保护区的最佳比例可能要建立在农场对农场，作物对作物的基础上，这样得出的结果才能令人信服。

希望种植者在种植区内建立蜂类传粉昆虫保护区是不现实的。因此，在制定传粉昆虫保护方案时，我们要强调利用农场的闲置部分作为传粉者保护区，这一点是非常重要的，如将栅栏行和沟渠设置成保护区，这样可以最大限度降低对种植者田间作业的干扰。若种植者不愿种植需要长期维护的多年生蜜源植物，或经验不足，则要慎重考虑在这样的果园中建立保护区。我们认为，制定蜂类保护规范相对而言没有太多的技术含量，但却极具研究价值。

除蜜蜂以外的其他蜂类的饲养管理

目前，人们对于除蜜蜂以外的其他授粉蜂类的管理和饲养方法知之甚少，但个别的蜂种除外，如黑彩带蜂和切叶蜂。另外，熊蜂的饲养方法也已经成熟，但只有极少数个人和企业能够掌握这门技术，并且申请了专利保护。相比其他传粉昆虫，西方蜜蜂（*Apis mellifera*）最大的优势是易于人工管理。对于除蜜蜂以外的其他大多数蜂类，目前最大的障碍是难以人工饲养。

有关除蜜蜂外的其他蜂类的管理和饲养方法方面的研究，几乎与对它们的生物学基础研究一样，进展缓慢。我们对许多候选传粉昆虫的营巢生物学、病理学、寄生虫学、食物偏好、生殖生物学以及化学生态学等方面仍然知之甚少，具有广阔的研究空间。这些领域的深层次研究可能会涉及以下几个方面：利用新蜂群筑巢，设计人工蜂巢，转移蜂群并进行繁殖，诱导传粉蜂类采访农作物，并保护这些传粉蜂类免受天敌和寄生虫的侵害等。然而，研究过程仍存在很多难题。除了黑彩带蜂（见第9章），目前并没有人工饲养土筑野生蜂类的实用技术。

即使这些蜂类可以人工饲养，但管理上仍然存在诸多问题。如切叶蜂很容易感染多种寄生虫和疾病（见第11章），研究人员要严防寄生虫成虫在果园中扩散，否则切叶蜂很难发展成群为果园作物授粉（见第12章）。

熊蜂可被人工饲养，而且收益相当可观（见第8章），但熊蜂的商业化生产成本较高，因此没有被广泛应用于授粉。熊蜂饲养技术仍需研究，尤其在诱导蜂王繁殖方面。饲养熊蜂通常也需要多次从野外捕捉蜂王组建蜂群。然而，这种出于商业目的从野外捕获蜂王的做法将引发明显的生态问题和伦理问题。

我们意识到，对于大部分蜂种，人类都是难以管理的，这可能是野生蜂类的生活习性或者其高度特化的食源及筑巢要求导致的。野生蜂类难以管理、饲养和保存，这些特点制约了其成为作物的候选传粉者。而西方蜜蜂对人类管理的适应性极强，是有别于其他蜂种的显著特点之一。

蜜　蜂　管　理

世界各地的蜜蜂养殖业普遍存在严重的健康管理问题。同时，育种和信息素生物学的发展可能衍生出一些新型管理技术，能够提高蜜蜂的授粉效率。由于对许多作物而言，利用蜜蜂授粉是切实可行的，而且授粉效果也比较理想，因此政府应该增加关于蜜蜂健康管理和蜜蜂新型管理技术研究方面的科研经费投入，以推动这一重要产业的发展。

蜂螨问题

寄生蜂螨几乎遍布于世界各地的蜂群中，这是蜜蜂饲养中亟待解决的问题（见第 4 章、第 6 章）。在许多地方，蜜蜂曾经以大规模的野生种群形式存在，然而因为这种致命的寄生虫，现在，在这些地方蜜蜂仅存在于人工管理的养蜂场。大量野生蜜蜂种群的消亡是导致北美洲作物授粉不足的首要原因。

因此，蜜蜂产业最迫切的研究重点是蜂螨生物学及其防控。目前，人们已经研制出效果较好的化学杀螨剂，并且在未来几年，利用化学杀螨剂除螨仍将是控制蜂螨的主要方法。然而，人们逐渐认识到蜜蜂行业必须尽可能地减少对化学药品的依赖，以防蜂螨产生抗药性，同时也得以保持蜂产品的纯度。病虫害综合治理的理念（IPM）现已应用于蜂螨防治，其治理原则涉及遗传学、养殖、生物学及化学等领域。

目前，全世界有几个研究团队正在研究蜜蜂的抗螨分子机制，以期培育和繁殖出具有抗螨特性的蜂种。抗螨蜂种将是解决蜂螨问题最根本且最经济的方法。由于西方蜜蜂几乎无法抵御蜂螨，所以此类研究进展缓慢。不过，目前此领域已经取得了很大突破，且有望培育出抗螨蜂种，因此这一领域值得继续深入研究（Büchler，1994；Harbo 和 Hoopingarner，1997；Spivak 和 Gilliam，1998）。

另一个 IPM 标准是化学处理阈值，即必须使用杀虫剂时的害虫密度，以防害虫密度太高达到侵害水平。参考处理阈值可以避免使用不必要的化学药品，但最好依据当地的具体情况来确定处理阈值。截至目前，德国（Dietz 和 Hermann，1988）和美国东南部（Delaplane 和 Hood，1997）已经确定了蜂螨防治阈值，但还需要在世界上其他更多的地区开展类似研究。

信息素技术和一次性授粉单位

近年来，令人振奋的技术成果之一是蜂王上颚腺信息素（QMP）的合成（见第 7 章，38 页）。基于 QMP 合成的蜜蜂引诱剂在一些作物上的辅助授粉效果已被证实，这些作物包括苹果、蓝莓、樱桃、蔓越莓、奇异果和梨，今后可在其他作物上开展试验。

QMP 还可应用于一次性授粉单位（DPUs）（见第 7 章，39 页）。对于失去蜂王，不能进行产卵繁殖的授粉蜂群 DPUs 而言，可用 QMP 来“稳定”工蜂，这对种植者来说可能是一个不错的授粉选择。如果 DPUs 是由可降解的生物材料制成的，种植者就无须在作物季末授粉完成后再去收集它们。然而，DPUs 还没有被广泛应用，部分原因是它们不适宜进行长途运输。合成的 QMP 可稳定无王群的工蜂，所以 DPUs 具有较高的研究价值，但 DPUs 的理想运输方式仍待研究。

人工控制蜜蜂交配

蜜蜂是一种很好的育种材料，目前人们已经成功培育出了可以抵御疾病和寄生虫的蜜蜂蜂种以及偏好采集花粉的蜜蜂蜂种。然而，这些选育出来的蜂种很难从实验室推广到蜜蜂养殖业。这其中有部分原因在于控制蜜蜂交配需要借助仪器设备才能完成人工授精，或者受地域限制无法完成交配。基于这两方面原因，人工控制蜜蜂交配对于大多数蜜蜂养殖者来说都是不现实的。北美洲和欧洲有人工授精的辅助设备，并提供相关的操作培训（Harbo，

1985)，但成本高昂，并且大部分蜂农难以掌握人工授精的显微技术。因此，有必要研究更为简化的人工操控蜜蜂交配的新方法。若养蜂人员能掌握更加实用且廉价的控制蜜蜂交配的方法，蜜蜂育种在蜜蜂管理和作物授粉方面可能才能发挥出更大的作用。

作物授粉要求

对于大多数作物的授粉条件、授粉昆虫以及授粉昆虫的密度要求等，我们的了解极其有限。本书大致介绍了多种作物的授要求，包括利马豆、菜豆、甜菜、黑莓、十字花科植物、胡萝卜、洋葱、毛桃、油桃、辣椒、覆盆子、大豆、草莓和番茄等。开展作物授粉研究需要很多研究经费而且难度较大，因为这方面的研究需要长时间的人工观察。此外，在自然条件下，通常有其他传粉昆虫共存，因此很难通过试验精确评估某种传粉昆虫对作物的传粉效能。现有的许多作物的授粉规范都是基于数十年前的研究。一个操作严谨的试验绝对经得起时间的考验及后人的验证，但由于近几年发达国家的蜂种和植物群落变化较大，望读者能重新审视我们给出的建议，进行试验复检。现在也急需对大多数作物的基本授粉技术进行新的研究，尤其是相关授粉昆虫的确定以及对其授粉密度的研究。

植　物　育　种

作物授粉中，许多难题在于缺乏授粉昆虫，或是因为大多数作物不能吸引蜜蜂。作物育种专家历来很少关注花部对传粉蜂类的吸引力。尤其在野生蜜蜂数量很多的时候，根本无须关注花是否能吸引蜜蜂。但在许多发达国家，由于野生蜜蜂数量日益减少，现代农业的发展已衍生出一个“授粉昆虫”市场。传粉蜂类数量减少意味着每个访花昆虫毫不费力就能获取最丰富的蜜源，自然会忽略其他植物。

一种解决方案是增加蜂群密度，加剧蜂类之间的竞争，从而引导蜂类访问对其无吸引力的花朵（见第7章，34页）；另一种解决方案是在作物的初花期就增强其对传粉蜂类的吸引力。在这本书中介绍了几种传粉蜂类很少访问却仍然需要传粉蜂类授粉的作物，如花蜜产量较低的蔓越莓、洋葱、梨、辣椒和番茄。番茄花的形态构造不利于蜜蜂访问。然而，这种花部特征的遗传性并不强（Rabinowitch等，1993），目前有关这方面的研究还十分匮乏。我们需要做进一步的研究来解决世界多地授粉昆虫不足这一问题，并且要在植物育种方面做出创新，以增强作物对授粉昆虫的吸引力。

附录1*

蜂种养蜂书籍及蜂业用品经销商

Books

A. I. Root Co. (1990) *ABC & XYZ of Bee Culture*, 40th edn. medina, Ohio.

Bonney, R. E. (1990) *Hive Management: A Seasonal Guide for Bee-keepers*. Garden Way Publishing, Pownal, Vermont.

Buchmann, S. L. and Nabhan, G. P. (1996) *The Forgotten Pollinators*. Island Press/ Shearwater Books, Washington DC.

Crane, E. (1990) *Bees and Bee-keeping: Science, Practice and World Resources*. Cornell University Press, Ithaca, New York.

Dafni, A. (1992) *Pollination Ecology: A Practical Approach*. Oxford University Press, New York.

Delaplane, K. S. (1996) *Honey Bees and Bee-keeping: A Year in the Life of an Apiary*, 2nd edn. The Georgia Center for Continuing Education, Athens, Georgia.

Free, J. B. (1993) *Insect Pollination of Crops*, 2nd edn. Academic Press, San Diego.

Frisch, K. von. (1971) *Bees: Their Vision, Chemical Senses, and Language*. Cornell University Press, Ithaca, New York.

Graham, J. M. (ed.) (1992) *The Hive and the Honey Bee*. Dadant & Sons, Hamilton, Illinois.

Griffin, B. L. (1993) *The Orchard Mason Bee*. Knox Cellars Publishing, Bellingham, Washington DC.

Heinrich, B. (1979) *Bumblebee Economics*. Harvard University Press, Cambridge, Massachusetts.

Johansen, C. A. and Mayer, D. F. (1990) *Pollinator Protection: A Bee and Pesticide Handbook*. Wicwas Press, Cheshire, Connecticut.

Maeterlinck, M. (1910) *The Life of the Bee*. Dodd, Mead & Co., New York.

McGregor, S. E. (1976) *Insect Pollination of Cultivated Crop Plants*. US Department of Agriculture, Agriculture Handbook 496.

* 为了方便读者查阅，本部分内容保留了原版英文表述。——译者注

Michener, C. D. (1974) *The Social Behavior of the Bees: A Comparative Study*. Harvard University Press, Cambridge, Massachusetts.

Michener, C. D., McGinley, R. J. and Danforth, B. N. (1994) *The Bee Genera of North and Central America* (Hymenoptera: Apoidea). Smithsonian Institute Press, Washington DC.

Miller, C. C. (1915) *Fifty Years Among the Bees*. A. I. Root Co., Medina, Ohio.

Morse, R. A. (1994) *The New Complete Guide to Beekeeping*. Countryman Press, Woodstock, Vermont.

Morse, R. A. and Hooper, T. (eds) (1985) *The Illustrated Encyclopedia of Beekeeping*. E. P. Dutton, Inc., New York.

Morse, R. A. and Flottum, K. (eds) (1997) *Honey Bee Pests, Predators, and Diseases*, 3rd edn. A. I. Root Co., Medina, Ohio.

O'Toole, C. and Raw, A. (1991) *Bees of the World*. Blandford, London.

Sammataro, D. and Avitabile, A. (1998) *Bee-keeper's Handbook*, 3rd edn. Cornell University Press, Ithaca, New York.

Seeley, T. D. (1985) *Honeybee Ecology*. Princeton University Press, Princeton, New Jersey.

Sladen, F. W. L. (1912) *The Humble-Bee: Its Life History and How to Domesticate It*. Macmillan, London.

Wilson, E. O. (1971) *The Insect Societies*. Harvard University Press, Cambridge, Massachusetts.

Winston, M. L. (1987) *The Biology of the Honey Bee*. Harvard University Press, Cambridge, Massachusetts.

Honey Bee-keeping Suppliers

Australia and New Zealand

Bindaree Bee Supplies, 16 James Street, Curtin ACT 2605, Australia (02) 6281-2111.

Ceracell Beekeeping Supplies, Ltd, 24 Andromeda Crescent, East Tamaki, Auckland, New Zealand (9) 274-7236.

Ecroyd Beekeeping Supplies, Ltd, 26B Sheffield Crescent, Burnside, Christchurch, New Zealand (3) 358-7498.

Redpath's Beekeeping Supplies, 193 Como Parade East, Parkdale, Victoria 3195, Australia (03) 9587-5950.

Europe

E. H. Thorne, Ltd, Wragby, Lincoln LN3 5LA, UK 01673-858555.

Steele and Brodie, 36 College Road, Ringwood, Hampshire BH24 1NX, UK 01425-461734.

Swienty A/S, Hortoftvej 16, DK-6400 Sonderborg, Denmark 74-48-69-69.

Thomas Apiculture, 86 rueAbbé Thomas, F-45450 Fay-aux-Loges, France (0) 2-38-46-88-00.

South Africa

Mountain Bee Products, PO Box 558, Piet Retief 2380, Mpumalanga, South Africa 1782-2768.

USA and Canada

Better Bee Supplies, 265 Avenue Road, Cambridge, Ontario N1R 5S4, Canada, (519) 621-7430.

Brushy Mountain Bee Farm, Inc., Route 1 Box 135, Moravian Falls, North Carolina 28654, USA (800) 233-7929.

Cook's Bee Supplies, Ltd, 91 Edward Street, Aurora, Ontario L4G 1W1, Canada (905) 727-4811.

Dadant & Sons, Inc., Hamilton, Illinois 62341, USA (217) 847-3324.

F. W. Jones & Son, Ltd, 44 Dutch Street, Bedford, Québec L0L 1A0, Canada (514) 248-3323.

Glorybee, 120 N. Seneca Road, Eugene, Oregon 97402, USA (800) 456-7923. The Bee Works, 5 Edith Drive, Orillia, Ontario L3V 6H2, Canada (705) 326-7171.

The Walter T. Kelley Co., Clarkson, Kentucky 42726, USA (502) 242-2012.

MannLake Supply, County Road 40 & First Street, Hackensack, Minnesota 56452, USA (800) 233-6663.

Miller Wood Products, PO Box 2414, White City, Oregon 97503-0414, USA (503) 826-9266.

Rossman Apiaries, Inc., PO Box 905, Moultrie, Georgia 31776, USA (800) 333-7677.

Western Bee Supplies, Inc., PO Box 171, Polson, Montana 59860, USA (406) 883-2918.

Alfalfa Leafcutting Bees and Suppliers

Beaver Plastics Ltd, Edmonton, Alberta T5V 1H5, Canada (403) 453-5961.

Cole Wire Products, 2254 Knowles Avenue, Winnipeg, Manitoba R2G 2K6, Canada (204) 452-5886.

Danlo Farms, Box 1210, Beausejor, Manitoba R0E 0C0, Canada (204) 268-3511.

Eggerman Farms Ltd, Box 242, Watson, Saskatchewan S0K 4V0, Canada (306) 287-3780.

Phil Geertson, Route 1 Box 268, Homedale, Idaho 83628, USA (208) 339-3768.

David Getz, Box 66, Birch Hills, Saskatchewan S0J 0G0, Canada (306) 749-2666.

Honeywood Bee Supplies，309 Timber Drive，Nipawin，Saskatchewan S0E 1E0，Canada (306) 862-5454.

IPS，1664 Plum Road，Route 4 Box 585，Caldwell，Idaho 83605，USA (208) 454-0086.

IPS，Box 241，Fisher Branch，Manitoba R0C 0Z0，Canada (204) 372-6920.

Bob Kentch Shop，PO Box 582，Touchet，Washington 99360，USA (509) 558-3813.

KLC Bee Farm，Route 4Box 4077，Wapato，Washington 98951，USA (509) 877-2502.

Mona McPhail，Box 96，Spruce Home，Saskatchewan S0J 2N0，Canada (306) 764-7814.

Mr Pollination Services，Route ＃8-32-3，Lethbridge，Alberta T1J 4P4，Canada (403) 320-1500.

Muggli LCB Cell Breaking Conveyor，Tounge River Route，Miles City，Montana 59301，USA (406) 232-2058.

Nickel Lane Farms，Box 602，Melville，Saskatchewan S0A 2P0，Canada (306) 728-5549.

Northstar Seed Ltd，PO Box 2220，Neepawa，Manitoba R0J 1H0，Canada (204) 476-5241.

Ray Odermott，Box 863，Nampa，Idaho 83651，USA (208) 465-5280.

Peace River LCB，Box 155，Fairview，Alberta T0H 1L0，Canada (403) 835-4685.

Peterson Leafcutters，Box 97，Parkside，Saskatchewan S0J 2A0，Canada (306) 446-1700.

Prairie Pollinating Ltd，Box 4042，Regina，Saskatchewan，S4P 3R9，Canada (306) 949-3365.

Quality Bee Boards，15989 Garrity Boulevard，Nampa，Idaho 83687，USA (208) 466-3945.

Ustick Bee Boards，11133 West Ustick Road，Boise，Idaho 83713，USA (208) 322-7778.

Barry Wolf Farms Ltd，Box 6，Carrot River，Saskatchewan S0E 0L0，Canada (306) 768-3518.

Sheldon Wolf Farms Ltd，Box 761，Carrot River，Saskatchewan S0E 0L0，Canada (306) 768-3257.

Bumble Bee Suppliers

Bees West，Inc.，PO Box 1378，Freedom，California 95019，USA (408) 728-3325.

Koppert B. V.，Veilingweg 17，PO Box 155，2650 AD Berkel en Rodenrijs，The Netherlands 10-5140444.

Koppert Biological Systems，Inc.，2856 South Main Street，Ann Arbor，Michigan 48103，USA (313) 998-5589.

Orchard Mason Bee and Bumble Bee-keeping Suppliers

Entomo-Logic，9807 NE 140th Street，Bothell，Washington 98011，USA (206) 820-8037.

Knox Cellars，1607 Knox Avenue，Bellingham，Washington 98225，USA (360) 733-3283.

Orchard Bee and Supply，2451 East 3900 South，Salt Lake City，Utah 84124，USA（801）278-3141.

Cardboard tubes for Orchard Mason Bees

Custom Paper Tubes，Inc.，4832 Ridge Road，Cleveland，Ohio 44144，USA（216）741-0378.

附录2

范本：养蜂者和种植户签订的授粉协议草案供法律顾问参考

（桑福德德修订，未标日期）

本协议于＿＿＿＿＿＿（日期）拟订，协议双方为＿＿＿＿＿＿（种植户姓名）（下称种植户）和＿＿＿＿＿＿（养蜂者姓名）（下称养蜂者）。

1. 协议有效期限

本协议有效期为＿＿＿＿（年）的作物生长季。

2. 养蜂者的责任和义务

a. 养蜂者须运送＿＿（箱）蜜蜂至＿＿＿＿＿＿（果园或田地）供种植户授粉之用。授粉实施期应在如下所述的作物生长期内：（填写恰当的描述词，划掉不恰当的。）大致日期为种植户发出书面通知后＿＿＿＿＿＿d，与作物开花量相关的时间为＿＿＿＿＿，蜂箱的摆放位置应＿＿＿＿＿＿。

b. 养蜂者提供的蜂群须满足以下最低标准：一只产卵蜂王，含足框蜂的幼虫脾＿＿脾，蜂蜜或其他蜂粮的储量达到＿＿＿kg（lb），含＿＿层继箱。

提出合理意图的前提下，种植户可检查蜂群。

c. 通过检查、饲喂蜂群，养蜂者须维持蜂群群势以满足授粉需求，必要时可以用药治螨。

d. 蜂群须留在授粉的果园或田地直至：（填写恰当的描述词，划掉不恰当的。）大致日期为种植户发出书面通知后＿＿d，与作物开花量相关的时间为＿＿＿＿＿＿＿，备注：＿＿＿＿＿＿＿＿＿＿＿＿

如无任何其他通知，养蜂者最迟于＿＿＿＿＿＿（日期）午夜将蜂群运走。

e. 作为本协议的条件，对蜂蜇可能给动物、人畜带来的固有风险，养蜂者将不承担任何责任。

f. 协议有效期内，养蜂者有/无（圈选适用词）权从蜂群中收获成蜂和/或幼虫。养蜂者在任何情况下都不得从蜂群中移走超过25％的成蜂和/或幼虫。

3. 种植户的责任和义务

a. 种植户须为蜂群提供合适的摆放场地，场地须便于养蜂者运输车辆的出入。允许养蜂者进入场地对蜂群进行必要的日常管理，养蜂者车辆按照约定路线通行时对果园、田地、作物造成的一切损失由种植户自行承担。

b. 若种植户擅自移动蜂群摆放位置，由此造成的蜂群损失由种植户承担（见 3 条 d 款）。

c. 蜜蜂授粉期间及蜂群刚刚抵达前（此时残留量仍对蜂群有害），严禁种植户对授粉作物施用高毒性杀虫剂。双方同意按照下列方法施用的农用药剂及可以在蜜蜂授粉期间使用：______________________________。

对授粉作物或其他邻近农作物施用非上列名单中的有害物质时，种植户须提前 24～48h 通知养蜂者。为避免高毒性物质危害蜜蜂而将蜂群运离及运回时，由此产生的费用由种植户支付（见 3 条 e 款）。

d. 因施用农药或种植户其他行为所导致的蜂群死亡或群势严重损失，全部由种植户赔偿，每群蜂的赔偿标准通过仲裁裁定（见 5 条）。如果双方对损失无异议，种植户将按____/群赔偿养蜂者。

e. 种植户按照______/群的标准支付____群蜜蜂的授粉费用，并通过以下方式付费给养蜂者：蜂群运抵时或__________________之前按______/群支付，此后因额外运输所产生的费用按每群每次______支付。

f. 种植户须提供水源以确保每群蜂的方圆 0.8km（0.5mile）范围内水源充足。

g. 作为本协议的条件，蜂群放置至运离种植户的果园、田地期间，养蜂者因履行本协议条款而可能给他人造成的人身伤害、财产损失，种植户须支持养蜂者免于承担相关索赔。

4. 协议履行条款

蜂群运抵授粉目的地之前，若因人力不可抗拒之因素而导致本协议不能履行，一方可免于履行本协议中的相关条款并及时通知另一方。

5. 协议仲裁条款

协议双方产生任何分歧时，须通过仲裁裁决。双方在 10d 内各指定一位仲裁人员，由两位仲裁人员推选出第三方（裁定者）。仲裁人员所做决定等同于协议方所做决定，仲裁费用协议双方各承担 50%。

6. 协议转让或转移条款

除合法继承人外，协议双方不得将本协议之权责转让或转移给他人。

口说无凭 立此为证，以下签字者缔结此协议。

种植户__________________

详细地址____

养蜂者__________________

详细地址____

附录3

杀虫剂附表

杀虫剂对蜜蜂、苜蓿切叶蜂和黑彩带蜂的毒性

本附表包括了一些常用杀虫剂、杀螨剂、除真菌剂、植物生长调节剂以及除草剂。杀虫剂的施用受到政府农业、环境及卫生部门的严格管控。至关重要的是必须依照标签所注的方法（剂量）并且只能针对害虫及政府部门许可的区域施用杀虫剂。表附3.1中所列的一些杀虫剂种类已被美国国家环境保护局终止施用，此处列出旨在指示其对蜜蜂的毒性。

毒性评级标准：

0＝尚无数据或经验，不得在有蜂类的区域施用

1＝不得在植物开花期施用

2＝只可以在傍晚蜜蜂停止采集后施用

3＝可以在夜晚蜜蜂停止采集后至清晨蜜蜂开始采集前施用

4＝对蜂类足够安全的情况下可以随时施用。

表附3.1　杀虫剂对蜜蜂、苜蓿切叶蜂、黑彩带蜂的毒性

杀虫剂	蜜蜂	苜蓿切叶蜂	黑彩带蜂
2，4-二氯苯氧乙酸（烷醇胺）	3	0	0
2，4-二氯苯氧乙酸（丁氧基乙醇酯）	3	0	0
2，4-二氯苯氧乙酸（异辛酯）	4	0	0
2，4-二氯苯氧乙酸（异丙酯）	3	0	0
2，4-二氯苯氧乙酸（钠盐）	4	0	0
2，4-二氯苯氧丁酸	4	4	4
2，4，5-三氯苯氧乙酸	4	0	0
2，4，5-三氯苯氧丙酸	4	0	0
阿特拉津	4	0	0
阿维菌素	2	3	3
保棉磷	1	1	1
久效磷	1	1	1
阿米曲拉	4	0	0
苏云金杆菌[1]	4	4	4

（续）

杀虫剂	蜜蜂	苜蓿切叶蜂	黑彩带蜂
贝克提莫	4	4	4
麦草畏	4	0	0
燕麦灵	4	0	0
双苯三唑醇	4	0	0
残杀威	1	1	1
残杀威（颗粒剂）	4	4	4
残杀威（超低容量剂）	3	0	0
粉锈宁	4	0	0
倍硫磷	1	1	1
倍硫磷（超低容量剂）	3	0	0
百树菊酯	1	0	0
苯菌灵	4	0	0
六六六	1	1	1
百治磷	1	1	1
保米磷	1	1	1
波尔多混合杀菌剂	4	0	0
联苯菊酯	1	1	0
除草定	3	0	0
布鲁特（颗粒剂）	4	0	0
2，4-滴丁酸	4	4	4
砷酸钙	1	1	1
克菌丹	4	0	0
联苯菊酯（≥0.06lb）	1	1	1
联苯菊酯（<0.06lb）	2	2	0
萎锈灵	4	0	0
燕麦灵	4	0	0
杀螨脒	3	2	3
瑟坦	4	4	4
氯丹	3	1	1
氯丙咸	4	0	0
稻丰散	1	1	1
丁烯磷杀虫剂	1	0	0
克螨特	4	4	4
克螨特＋敌百虫＋内吸磷	1	1	1
康普乐	1	1	1
硫酸铜	4	0	0

（续）

杀虫剂	蜜蜂	苜蓿切叶蜂	黑彩带蜂
氟铝酸钠	4	0	0
乐果	1	1	1
兴棉宝	1	1	1
氯氰菊酯	1	1	1
多果定	4	0	0
马拉硫磷	1	1	1
茅草枯	4	0	0
丰索磷	1	0	0
滴滴涕	3	1	3
敌杀死	2	2	2
敌杀磷	3	2	0
干燥剂（砒酸）	4	0	0
敌螨通	4	0	0
二嗪农	1	1	1
敌百特	2	2	2
二溴磷	2	2	1
三氯杀螨醇	4	4	4
狄氏剂	1	1	1
锰锌敌混剂	4	0	0
灭幼脲	4	0	0
地乐酚	2	1	1
苏云金杆菌制剂	4	4	4
敌草快	4	0	0
乙拌磷乳油	3	1	3
乙拌磷（颗粒剂）	4	4	4
代森锌	4	0	0
敌草隆	4	0	0
二硝丁酚	1	1	1
二硝基邻甲酚	3	1	1
毒死蜱	1	1	1
地虫磷	3	0	0
敌百虫	3	3	3
二硝甲酚	3	1	1
茵多杀	3	0	0
异狄氏剂	3	1	2
苯硫磷	1	1	1

(续)

杀虫剂	蜜蜂	苜蓿切叶蜂	黑彩带蜂
扑草灭	4	0	0
丙草丹	4	4	4
乙硫磷	3	1	1
乙烯利	4	0	0
福美铁	4	0	0
虫威	1	1	1
混铜灵杀菌剂	4	0	0
氟氰戊菊酯	1	0	0
氟胺氰菊酯	3	3	2
氧乐果	1	0	0
呋喃丹 F	1	1	1
呋喃丹（颗粒剂）	4	4	4
Zeta-氯氰菊酯	1	1	1
精吡氟禾草灵	3	0	0
果绿啶	4	0	0
谷硫磷	1	1	1
棉铃虫多角体病毒	4	0	0
七氯化茚	1	1	1
除草定	3	0	0
亚胺硫磷	1	1	2
O-异丙基-N-苯基氨基甲酸	4	0	0
贾夫林	4	4	4
高效氯氟氰菊酯	1	1	1
敌螨普	4	0	0
敌草隆	4	0	0
开乐散	4	4	4
开乐散＋敌百虫＋内吸磷	1	1	1
柯布	4	0	0
诺克斯奥特	1	1	1
氟铝酸钠	4	0	0
兰斯	1	1	1
灭多威	3	2	3
灭多威 D	1	1	1
拉维因	3	2	2
拉索	4	0	0
砷酸铅	1	1	1

（续）

杀虫剂	蜜蜂	苜蓿切叶蜂	黑彩带蜂
立克除	4	0	0
石灰硫黄合剂	4	4	4
林旦	1	1	1
洛克昂	1	1	1
乐斯本	1	1	1
2-甲基-4-氯苯氧基乙酸	4	0	0
马拉硫磷	2	1	1
马拉硫磷（超低容量剂）	1	1	1
代森锰	4	0	0
代森锰锌	4	0	0
灭害威	1	0	0
马扑立克	3	3	2
梅耶诺	1	1	1
甲基一六零五	1	1	1
砜吸磷	3	2	3
甲氧滴滴涕	3	2	3
甲基对硫磷	1	1	1
甲基对硫磷（微胶囊）	1	1	1
嗪草酮	4	0	0
螨克	4	0	0
除线磷	2	0	0
灭克磷（颗粒剂）	4	0	0
灭克磷（乳油）	1	1	1
甲胺磷	1	1	1
硼氯混剂	4	0	0
蝗虫微孢子虫	4	4	4
油类喷雾剂（高级型）	3	0	0
克螨特	4	4	4
克螨特＋敌百虫＋内吸磷	1	1	1
乙酰甲胺磷	1	1	1
百草枯	4	0	0
巴拉松	1	1	1
盘尼康普 M	1	1	1
除螨灵	4	0	0
乙滴涕	3	0	0
福斯金	1	1	1

（续）

杀虫剂	蜜蜂	苜蓿切叶蜂	黑彩带蜂
磷胺	1	1	1
四硫特普	2	0	0
二氯萘醌	4	0	0
毒莠定	4	0	0
抗蚜威	3	3	3
磷钼酸	4	0	0
袍斯	1	1	1
乙基虫螨磷	1	1	0
敌百虫	3	3	2
氰戊菊酯	1	1	1
除虫菊酯鱼藤酮	3	3	3
除虫菊精	3	3	3
除虫菊酯	4	0	0
杀虫畏	1	2	3
苄呋菊酯	1	0	0
鱼藤酮	3	0	0
鱼尼丁	3	0	0
农达	4	0	0
甲萘威	2	1	1
斯考特	3	2	2
赛克嗪	4	0	0
甲氨甲酸萘酯	1	1	1
西维因	1	1	1
西维因 4 油	1	1	1
西维因毒饵	4	4	4
西维因（XLR）	2	1	1
西维因（XLR Plus）	3	1	1
2-（2，4，5-三氯苯氧）-丙酸	4	0	0
西玛津	3	0	0
特草定	4	0	0
施普尔	3	2	2
斯托克	2	2	1
氯奎宁	3	3	3
斯泰鹏德	1	1	1
硫黄	4	4	4
杀螟松	1	1	0

（续）

杀虫剂	蜜蜂	苜蓿切叶蜂	黑彩带蜂
速扑杀	1	1	1
内吸磷	3	3	3
坦格	4	0	0
联苯菊酯	1	1	1
三氯杀螨砜	4	3	4
特克拿	4	4	4
铁灭克	1	1	1
特普	2	1	1
特草定	4	0	0
甲拌磷（颗粒剂）	3	3	1
福美双	4	0	0
苏云金素	4	4	4
二硫四甲秋兰姆	4	0	0
硫丹	3	1	2
毒莠定	4	0	0
氟乐灵	4	4	4
三硫磷	3	1	2
特罗菲	1	1	1
敌敌畏	1	1	1
苯丁锡	4	0	0
萎锈灵	4	0	0
除线威	3	2	2
策雷特	4	0	0
福美锌	4	0	0
伏杀磷	3	3	3

注：[1]并非所有的苏云金杆菌杀虫剂对蜜蜂都是安全的。注册商标 XenTari®（雅培公司）的农药，活性成分为苏云金杆菌鲇泽亚种，其商标中明确标注“本产品对暴露于施用环境中的蜜蜂具有高毒性，请勿在蜜蜂正在采集的区域施用本产品”。

译者按：表附 3.1 中属于我国禁用的高毒农药有 11 种，分别为六六六、砷酸钙、滴滴涕、狄氏剂、砷酸铅、甲胺磷、甲基对硫磷、久效磷、磷胺、百草枯、三氯杀螨醇。

表附 3.1 中属于我国限制使用的农药有 8 种，内吸磷（禁止在蔬菜、果树、茶树、中草药材上使用），灭多威（禁止在柑橘树、苹果树、茶树、十字花科蔬菜上使用），硫丹（禁止在苹果树、茶树上使用），氧乐果（禁止在甘蓝、柑橘树上使用），氰戊菊脂（禁止在茶树上使用），毒死蜱（禁止在蔬菜上使用），呋喃丹、甲拌磷（禁止在蔬菜、果树、茶树、中草药材、甘蔗上使用）。

参考文献*

A. I. Root Co. (1990) *ABC & XYZ of Bee Culture*, 40th edn. Medina, Ohio.

Adams, S. and Senft, D. (1994) The busiest of bees: pollen bees outwork honey bees as crop pollinators. *Agricultural Research*, US Department of Agriculture, February.

Adlerz, W. C. (1966) Honey bee visit numbers and watermelon pollination. *Journal of Economic Entomology* 59, 28-30.

Ahrent, D. K. and Caviness, C. E. (1994) Natural cross-pollination of twelve soybean cultivars in Arkansas. *Crop Science* 34, 376-378.

Aizen, M. A. and Feinsinger, P. (1994) Habitat fragmentation, native insect pollinators, and feral honeybees in Argentine 'Chaco Serrano'. *Ecological Applications* 4, 378-392.

Aleksyuk, S. A. (1981). Sugar beet and honeybees. *Pchelovodstvo* 11, 16.

Alex, A. H. (1957a). Honeybees aid pollination of cucumbers and cantaloupes. *Gleanings in Bee Culture* 85, 398-400.

Alex, A. H. (1957b) Pollination of some oilseed crops by honeybees. *Texas Agricultural Experimental Station Progress Report* 1960.

Alex, A. H., Thomas, F. L. and Warne, B. (1952) Importance of bees in sweetclover seed production. *Texas Agricultural Experimental Station Progress Report* 1458.

Alpatov, V. V. (1984) Bee races and red clover pollination. *Bee World* 29, 61-63.

Ambrose, J. T. (1990) Applepollination. In: *N. C. Apple Production Manual*. North Carolina Agricultural Extension Service, AG-415.

Ambrose, J. T., Schultheis, J. R., Bambara, S. B. and Mangum, W. (1995) An evaluation of selected commercial bee attractants in the pollination of cucumbers and watermelons. *American Bee Journal* 135, 267-272.

Anais, G. and Torregrossa, J. P. (1979) Possible use of *Exomalopsis* species in pollination of solanaceous vegetable crops in Guadeloupe (French Antilles). In: *Proceedings of the 4th International Symposium on Pollination*, 321-329.

Anderson, E. J. and Wood, M. (1944) Honeybees and red clover pollination. *American Bee Journal* 84, 156-157.

Anonymous (1983) Pollen inserts for applepollination. *Illinois Cooperative Extension Service Bulletin* E-6.

Antonelli, A. L., Mayer, D. F., Burgett, D. M. and Sjulin, T. (1988) Pollinating insects and strawberry yield in the Pacific Northwest. *American Bee Journal* 128, 618-620.

Aras, P., de Oliveira, D. and Savoie, L. (1996) Effect of a honey bee (Hymenoptera: Apidae) gradient on the pollination and yield of lowbush blueberry. *Journal of Economic Entomology* 89, 1080-1083.

Arizona Agricultural Experimental Station and Cooperative Extension Service (1970) Melons and cucumbers need bees. Folder 90.

* 为了确保参考文献的准确性，本书保留了原版参考文献格式。——译者注

Atkins, E. L., Mussen, E. and Thorp, R. (1979) Honey bee pollination of cantaloupe, cucumber and watermelon. *University of California Division of Agricultural Science*, *Leaflet* 2253.

Ayers, G. S. and Harman, J. R. (1992) Bee forage of North America and the potential for planting for bees. In: Graham, J. M. (ed.) *The Hive and the Honey Bee*. Dadant and Sons, Hamilton, Illinois.

Ayers, G. S., Hoopingarner, R. A. and Howitt, A. J. (1987) Testing potential bee forage for attractiveness to bees. *American Bee Journal* 127, 91-98.

Baird, C. R. and Bitner, R. M. (1991) Loose cell management of leafcutting bees in Idaho. *University of Idaho College of Agriculture Current Information Series* 588.

Ball, B. V., Pye, B. J., Carreck, N. L., Moore, D. and Bateman, R. P. (1994) Laboratory testing of a mycopesticide on non-target organisms: the effects of an oil formulation of *Metarhizium flavoviride* applied to *Apis mellifera*. *Biocontrol Science and Technology* 4, 289-296.

Banaszak, J. (1983) Ecology of bees (Apoidea) of agricultural landscape. *Polish Ecological Studies* 9, 421-505.

Banaszak, J. (1992) Strategy for conservation of wild bees in an agricultural landscape. *Agricultural Ecosystems and Environment* 40, 179-192.

Banda, H. J. and Paxton, R. J. (1991) Pollination of greenhouse tomatoes by bees. *Acta Horticulturae* 288, 194-198.

Barclay, J. S. and Moffett, J. O. (1984) The pollination value of honey bees to wildlife. *American Bee Journal* 124, 497-498, 551.

Batra, S. W. T. (1976) Comparative efficiency of alfalfa pollination by *Nomia melanderi*, *Megachile rotundata*, *Anthidium florentinum* and *Pithitis smaragdula* (Hymenoptera: Apoidea). *Journal of the Kansas Entomological Society* 49, 18-22.

Batra, S. W. T. (1980) Ecology, behavior, pheromones, parasites and management of the sympatric vernalbees *Colletes inaequalis*, *C. thoracicus* and *C. validus*. *Journal of the Kansas Entomological Society* 53, 509-538.

Batra, S. W. T. (1982) The hornfaced bee for efficient pollination of small farm orchards. *US Department of Agriculture*, *A. R. S. Miscellaneous Publication* 1422.

Batra, S. W. T. (1984) Solitary bees. *Scientific American* 250, 120-127.

Batra, S. W. T. (1989) Japanese hornfaced bees, gentle and efficient new pollinators. *Pomona* 22, 3-5.

Batra, S. W. T. (1994) *Anthophora pilipes villosula* Sm. (Hymenoptera: Anthophoridae), a manageable Japanese bee that visits blueberries and apples during cool, rainy, spring weather. *Proceedings of the Entomological Society of Washington* 96, 98-119.

Bauer, M. and Engels, W. (1992) The utilization of the pasture for bees on former ploughland by wild bees. *Apidologie* 23, 340-342.

Beard, D. F., Dunham, W. E. and Reese, C. A. (1948) Honeybees increase clover and seed production. *Ohio Agricultural Experimental Station Bulletin* 258.

Beckham, C. M. and Girardeau, J. H. (1954) A progress report on a study of honeybees as pollinators of crimson clover. *Mimeograph Georgia Agricultural Experimental Station* 70.

Belletti, A. and Zani, A. (1981) A bee attractant for carrots grown for seed. *Sementi Elette* 27, 23-27 (in Italian).

Benner, B. (1963) Fruit and vegetable facts and pointers: peaches. *United Fresh Fruit and Vegetable Association*, *3rd review*, Washington DC.

Berg, J. (1991) Honey bee pollination of alfalfa. Washington State University Cooperative Extension

WREP 12.

Berger, L. A., Vaissière, B. E., Moffett, J. O. and Merritt, S. J. (1988) *Bombus* spp. (Hymenoptera: Apidae) as pollinators of male-sterile upland cotton on the Texas high plains. *Environmental Entomology* 17, 789-794.

Bilsborrow, P. E., Evans, E. J., Bowman, J. and Bland, B. F. (1998) Contamination of edible double-low oilseed rape crops via pollen transfer from high erucic cultivars. *Journal of Science, Food and Agriculture* 76, 17-22.

Blake, G. H. (1958) The influence of honey bees on the production of crimson clover seed. *Journal of Economic Entomology* 51, 523-527.

Bohart, G. E. (1957) Pollination of alfalfa and red clover. *Annual Reviews of Entomology* 2, 355-380.

Bohart, G. E. (1960) Insect pollination of forage legumes. *Bee World* 41, 57-64, 85-97.

Bohart, G. E. (1967) Management of wild bees. In: *Beekeeping in the United States*. US Department of Agriculture Handbook, p. 335.

Bohart, G. E. (1972) Management of wild bees for the pollination of crops. *Annual Reviews of Entomology* 17, 287-312.

Bohart, G. E. and Todd, F. E. (1961) Pollination of seed crops by insects. US Department of Agriculture, *Yearbook of Agriculture*, p. 245.

Bohart, G. E., Nye, W. P. and Hawthorn, L. R. (1970) Onion pollination as affected by different levels of pollinator activity. *Utah Agricultural Experimental Station Bulletin* 482.

Bohn, G. W. and Davis, G. N. (1964) Insect pollination is necessary for the production of muskmelons (*Cucumis melo* v. *reticulatus*). *Journal of Apiculture Research* 3, 61-63.

Bonney, R. E. (1990) *Hive Management: A Seasonal Guide for Beekeepers*, Garden Way Publishing, Pownal, Vermont.

Borneck, R. and Bricout, J. P. (1984) Evaluation de l'incidence économique de l'entomofaune pollinisatrice en agriculture. *Bulletin Technique Apicole* 11, 117-124.

Borneck, R. and Merle, B. (1989) Essai d'une evaluation de l'incidence économique de l'abeille pollinisatrice dans l'agriculture européenne. *Apiacta* 24, 33-38.

Bosch, J. (1994a) *Osmia cornuta* Latr. (Hymenoptera: Megachilidae) as a potential pollinator in almond orchards. *Journal of Applied Entomology* 117, 151-157.

Bosch, J. (1994b) The nesting behaviour of the mason bee *Osmia cornuta* (Latr.) with special reference to its pollinating potential (Hymenoptera: Megachilidae). *Apidologie* 25, 84-93.

Bosland, P. W. (1993) An effective plant field cage to increase the production of genetically pure chile (*Capsicum* spp.) seed. *HortScience* 28, 1053.

Bowers, M. A. (1985) Bumble bee colonization, extinction, and reproduction in subalpine meadows in northeastern Utah. *Ecology* 66, 914-927.

Bowers, M. A. (1986) Resource availability and timing of reproduction in bumble bee colonies (Hymenoptera: Apidae). *Environmental Entomology* 15, 750-755.

Brault, A-M. and de Oliveira, D. (1995) Seed number and an asymmetry index of 'McIntosh' apples. *HortScience* 30, 44-46.

Breuils, G. and Pochard, E. (1975) Essai de fabrication de l'hybride de piment 'Lamuyo-INRA' avec utilisation d'une stérilité mâle génique (ms 509). *Annales de l'Amélioration des Plantes* 25, 399-409.

Brim, C. A. and Young, M. F. (1971) Inheritance of male-sterile character in soybeans. *Crop Science* 11, 564-566.

British Columbia Ministry of Agriculture, Fisheries and Food (1994) *Tree Fruit Production Guide for Commercial Growers in Interior Districts*. Victoria, British Columbia.

Brookes, B., Small, E., Lefkovitch, L. P., Damman, H. and Fairey, D. T. (1994) Attractiveness of alfalfa (*Medicago sativa* L.) to wild pollinators in relation to wildflowers. *Canadian Journal of Plant Science* 74, 779-783.

Brunel, E., Mesquida, J., Renard, M. and Tanguy, X. (1994) Répartition de l'entomofaune pollinisatrice sur des fleurs de colza (*Brassica napus* L.) et de navette (*Brassica campestris* L.): incidence du caractère apétale de la navette. *Apidologie* 25, 12-20.

Büchler, R. (1994) Varroa tolerance in honeybees-occurrence, characters and breeding. *Bee World* 75, 54-70.

Buchmann, S. L. and Nabhan, G. P. (1996) *The Forgotten Pollinators*. Island Press/Shearwater Books, Washington DC.

Bulatovic, S. and Konstantinovic, B. (1960) The role of bees in pollination of the more important kinds of fruit in Serbia. In: *Proceedings of the 1st International Symposium on Pollination*, pp. 167-172.

Burgett, M. (1997) 1996 *Pacific Northwest Honey Bee Pollination Survey*. Oregon State University.

Burgett, M. (1999) 1998 *Pacific Northwest Honey Bee Pollination Survey*. Oregon State University.

Burgett, M. and Fisher, G. (1979) An evaluation of Beeline® as a pollinator attractant on red clover. *American Bee Journal* 119, 356-357.

Burgett, D. M., Fisher, G. C., Mayer, D. F. and Johansen, C. A. (1984) Evaluating honey bee colonies for pollination: a guide for growers and bee-keepers. *Pacific Northwest Extension Publication*, PNW 245.

Burnham, T. J. (1994) California facing shortages of bees for pollination. Ag Alert cited in *The Speedy Bee*, May 1994.

Bürquez, A. (1988) Studies on nectar secretion. PhD thesis, University of Cambridge, UK.

Butler, C. G. (1943) The position of the honeybee in the national economy. *Annals of Applied Biology* 30, 189-191.

Butler, C. G. (1965) Sex attraction in *Andrena flavipes* Panzer (Hymenoptera: Apidae), with some observations on nest-site restriction. *Proceedings of the Royal Entomological Society London* (*A*) 40, 77-80.

Butler, C. G. and Fairey, E. M. (1964) Pheromones of the honeybee: biological studies of the mandibular gland secretion of the queen. *Journal of Apicultural Research* 3, 65-76.

Butz Huryn, V. M. (1997) Ecological impacts of introduced honeybees. *Quarterly Review of Biology* 72, 275-297.

Butz Huryn, V. M. and Moller, H. (1995) An assessment of the contribution of honey bees (*Apis mellifera*) to weed reproduction in New Zealand protected natural areas. *New Zealand Journal of Ecology* 19, 111-122.

Callow, R. K. and Johnston, N. C. (1960) The chemical constitution and synthesis of queen substances of honey bees (*Apis mellifera* L.). *Bee World* 41, 152-153.

Canadian Department of Agriculture (1961) Effects of honeybees on cucumber production. *Charlottetown Experimental Farm Research Report* 1958-1961, p. 17.

Cane, J. H. (1991) Soils of ground-nestingbees (Hymenoptera: Apoidea): texture, moisture, cell depth and climate. *Journal of the Kansas Entomological Society* 64, 406-413.

Cane, J. (1993) Strategies for more consistent abundance in blueberry pollinators. In: *Proceedings of the Southeast Blueberry Conference*, Tifton, Georgia.

Cane, J. H. (1994) Nesting biology and mating behavior of the southeastern blueberry bee, *Habropoda laboriosa* (Hymenoptera: Apoidea). *Journal of the Kansas Entomological Society* 67, 236-241.

Cane, J. H. and Payne, J. A. (1988) Foraging ecology of the bee *Habropoda laboriosa* (Hymenoptera: Anthophoridae), an oligolege of blueberries (Ericaceae: Vaccinium) in the southeastern United States. *Annals of the Entomological Society of America* 81, 419-427.

Cane, J. H. and Payne, J. A. (1990) Native bee pollinates rabbiteye blueberry. Alabama Agricultural Experimental Station 37, 4.

Cane, J. H. and Payne, J. A. (1991) Native bee pollinates rabbiteye blueberry. In: *Proceedings of the Southeast Blueberry Conference*, Tifton, Georgia.

Cane, J. H. and Payne, J. A. (1993) Regional, annual, and seasonal variation in pollinator guilds: intrinsic traits of bees (Hymenoptera: Apoidea) underlie their patterns of abundance at *Vaccinium ashei* (Ericaceae). *Annals of the Entomological Society of America* 86, 577-588.

Cane, J. H. and Schiffhauer, D. (1997) Nectar production of cranberries: genotypic differences and insensitivity to soil fertility. *Journal of the American Society for Horticultural Science* 122, 665-667.

Cane, J. H., Schiffhauer, D. and Kervin, L. J. (1996) Pollination, foraging, and nesting ecology of the leaf-cutting bee *Megachile* (*Delomegachile*) *addenda* (Hymenoptera: Megachilidae) on cranberry beds. *Annals of the Entomological Society of America* 89, 361-367.

Cano-Medrano, R. and Darnell, R. L. (1998) Effect of GA_3 and pollination on fruit set and development in rabbiteye blueberry. *HortScience* 33, 632-635.

Carreck, N. L. and Williams, I. H. (1997) Observations on two commercial flower mixtures as food sources for beneficial insects in the UK. *Journal of Agricultural Science*, *Cambridge* 128, 397-403.

Carreck, N. and Williams, I. (1998) The economic value of bees in the UK. *Bee World* 79, 115-123.

Cartar, R. V. and Dill, L. M. (1991) Costs of energy shortfall for bumble bee colonies: predation, social parasitism, and brood development. *Canadian Entomologist* 123, 283-293.

Chagnon, M., Gingras, J. and de Oliveira, D. (1989) Effect of honey bee (Hymenoptera: Apidae) visits on the pollination rate of strawberries. *Journal of Economic Entomology* 82, 1350-1353.

Chagnon, M., Gingras, J. and de Oliveira, D. (1991) Honey bee (Hymenoptera: Apidae) foraging behavior and raspberry pollination. *Journal of Economic Entomology* 84, 457-460.

Chagnon, M., Gingras, J. and de Oliveira, D. (1993) Complementary aspects of strawberry pollination by honey and indigenous bees (Hymenoptera). *Journal of Economic Entomology* 86, 416-420.

Clifford, T. P. (1973) Increasing bumblebee densities in red clover seed production areas. *New Zealand Journal of Experimental Agriculture* 1, 377-379.

Clinch, P. G. (1984) Kiwifruitpollination by honey bees I. Tauranga observations, (1978-81) *New Zealand Journal of Experimental Agriculture* 12, 29-38.

Clinch, P. G. and Heath, A. (1985) Wind and bee pollination research. *New Zealand Kiwifruit*, November, 15.

Colbert, S. and de Oliveira, D. (1990) Influence of pollen variety on raspberry (*Rubus idaeus* L.) development. *Journal of Heredity* 81, 434-437.

Collison, C. H. (1973) Nectar secretion and how it affects the activity of honeybees in the pollination of hybrid pickling cucumbers, *Cucumis sativus* L. MS thesis, Michigan State University.

Collison, C. H. (1976) The interrelationships of honey bee activity, foraging behavior, climatic conditions, and flowering in the pollination of pickling cucumbers, *Cucumis sativus* L. PhD thesis, Michigan State University.

Connor, L. J. (1969) Honey bee pollination requirements of hybrid cucumbers *Cucumis sativus* L. MS thesis, Michigan State University.

Connor, L. J. (1970) Studies of strawberry pollination in Michigan. In: *The Indispensable Pollinators*. University of Arkansas Agricultural Extension Service, Miscellaneous Publication 127.

Connor, L. J. (1972) Components of strawberry pollination in Michigan. PhD thesis, Michigan State University.

Connor, L. J. and Martin, E. C. (1969a) Honey bee pollination of cucumbers. *American Bee Journal* 109, 389.

Connor, L. J. and Martin, E. C. (1969b) Honeybee (*Apis mellifera* L.) activity in hybrid cucumbers. *Annals of the Entomological Society of America* 24, 25-26.

Connor, L. J. and Martin, E. C. (1970) The effect of delayed pollination on yield of cucumbers grown for machine harvests. *Journal of the American Society for Horticultural Science* 95, 456-458.

Connor, L. J. and Martin, E. C. (1971) Staminate : pistillate flower ratio best suited to the production of gynoecious hybrid cucumbers for machine harvest. *HortScience* 6, 337-339.

Connor, L. J. and Martin, E. C. (1973) Components of pollination of commercial strawberries in Michigan. *HortScience* 8, 304-306.

Corbet, S. A., Williams, I. H. and Osborne, J. L. (1991) Bees and the pollination of crops and wild flowers in the European Community. *Bee World* 72, 47-59.

Corbet, S. A., Fussell, M., Ake, R., Fraser, A., Gunson, C., Savage, A. and Smith, K. (1993) Temperature and the pollinating activity of social bees. *Ecological Entomology* 18, 17-30.

Costa, G., Testolin, R. and G. Vizzotto, (1993) Kiwifruit pollination: an unbiased estimate of wind and bee contribution. *New Zealand Journal of Crop and Horticultural Science* 21, 189-195.

Couston, R. (1963) The influence of insect pollination on raspberries. *Scottish Beekeeper* 40, 196-197.

Crane, E. (1990) *Bees and Beekeeping: Science, Practice and World Resources*. Cornell University Press, Ithaca, New York.

Crane, E. and Walker, P. (1984) *Pollination Directory for World Crops*. International Bee Research Association, London.

Crane, E., Walker, P. and Day, R. (1984) *Directory of Important World Honey Sources*. International Bee Research Association, London.

Cresswell, J. E., Bassom, A. P., Bell, S. A., Collins, S. J. and Kelly, T. B. (1995) Predicted pollen dispersal by honey-bees and three species of bumblebees foraging on oil-seed rape: a comparison of three models. *Functional Ecology* 9, 829-841.

Cribb, D. M., Hand, D. W. and Edmondson, R. N. (1993) A comparative study of the effects of using the honeybee as a pollinating agent of glasshouse tomato. *Journal of Horticultural Science* 68, 79-88.

Crum, C. P. (1941) Bees on clover, value of bees as pollinators. *American Bee Journal* 81, 270-272.

Currence, T. M. and Jenkins, J. M. (1942) Natural crossing in tomatoes as related to distance and direction. *Proceedings of the American Society for Horticultural Science* 41, 273-276.

Currie, R. W., Winston, M. L. and Slessor, K. N. (1992a) Effect of synthetic queen mandibular pheromone sprays on honey bee (Hymenoptera: Apidae) pollination of berry crops. *Journal of Economic Entomology* 85, 1300-1306.

Currie, R. W., Winston, M. L., Slessor, K. N. and Mayer, D. F. (1992b) Effect of synthetic queen mandibular pheromone sprays onpollination of fruit crops by honey bees (Hymenoptera: Apidae). *Journal of Economic Entomology* 85, 1293-1299.

Currie, R. W., Winston M. L. and Slessor, K. N. (1995) The effect of honey bee (*Apis mellifera* L.) synthetic queen mandibular compound on queenless 'disposable' pollination units. *American Bee Journal* 134, 200-202.

Dafni, A. (1992) *Pollination Ecology: A Practical Approach*. Oxford University Press, New York.

Dafni, A. (1998) The threat of *Bombus terrestris* spread. *Bee World* 79, 113-114.

Dag, A. and Eisikowitch, D. (1995) The influence of hive location on honeybee foraging activity and fruit set in melons grown in plastic greenhouses. *Apidologie* 26, 511-519.

Danka, R. G. and Rinderer, T. E. (1986) Africanized bees and pollination. *American Bee Journal* 126, 680-682.

Danka, R. G., Collison, C. H. and Hull, L. A. (1985) Honey bee (Hymenoptera: Apidae) foraging during bloom in dimethoate-treated apple orchards. *Journal of Economic Entomology* 78, 1042-1047.

Danka, R. G., Rinderer, T. E., Hellmich II, R. L. and Collins, A. M. (1986a) Comparative toxicities of four topically applied insecticides to Africanized and European honey bees (Hymenoptera: Apidae). *Journal of Economic Entomology* 79, 18-21.

Danka, R. G., Rinderer, T. E., Hellmich II, R. L. and Collins, A. M. (1986b) Foraging population sizes of Africanized and European honey bee (*Apis mellifera* L.) colonies. *Apidologie* 17, 193-202.

Danka, R. G., Rinderer, T. E., Collins, A. M. and Hellmich II, R. L. (1987) Responses of Africanized honeybees (Hymenoptera: Apidae) to pollination-management stress. *Journal of Economic Entomology* 80, 621-624.

Danka, R. G., Villa, J. D. and Gary, N. E. (1993a) Comparative foraging distances of Africanized, European and hybrid honey bees (*Apis mellifera* L.) during pollination of cantaloupe (*Cucumis melo* L.). *BeeScience* 3, 16-21.

Danka, R. G., Lang, G. A. and Gupton, C. L. (1993b) Honey bee (Hymenoptera: Apidae) visits and pollen source effects on fruiting of 'Gulfcoast' southern highbush blueberry. *Journal of Economic Entomology* 86, 131-136.

Darrow, G. M. (1966) *The Strawberry*. Holt, Rinehart and Winston, New York.

Davenport, T. L., Parnitzki, P., Fricke, S. and Hughes, M. S. (1994) Evidence and significance of self-pollination of avocados in Florida. *Journal of the American Society for Horticultural Science* 119, 1200-1207.

de Oliveira, D., Savoie, L. and Vincent, C. (1991) Pollinators of cultivated strawberry in Québec. *Acta Horticulturae* 288, 420-424.

DeGrandi-Hoffman, G. and Martin, J. H. (1993) The size and distribution of the honey bee (*Apis mellifera* L.) cross-pollinating population on male-sterile sunflowers (*Helianthus annus* L.). *Journal of Apicultural Research* 32, 135-142.

DeGrandi-Hoffman, G. and Morales, F. (1989) Identification and distribution of pollinating honeybees (Hymenoptera: Apidae) on sterile male cotton. *Journal of Economic Entomology* 82, 580-583.

DeGrandi-Hoffman, G., Hoopingarner, R. A. and Baxter, K. K. (1984) Identification and distribution of cross-pollinating honeybees (Hymenoptera: Apidae) in apple orchards. *Environmental Entomology* 13, 757-764.

DeGrandi-Hoffman, G., Hoopingarner, R. A. and Klomparens, K. (1986) Influence of honey bee (Hymenoptera: Apidae) in-hive pollen transfer on cross-pollination and fruit set in apple. *Environmental Entomology* 15, 723-725.

Delaplane, K. S. (1992) Controlling tracheal mites (Acari: Tarsonemidae) in colonies of honeybees

(Hymenoptera: Apidae) with vegetable oil and menthol. *Journal of Economic Entomology* 85, 2118-2124.

Delaplane, K. S. (1995) Bee foragers and their pollen loads insouth Georgia rabbiteye blueberry. *American Bee Journal* 135, 825-826.

Delaplane, K. S. (1996) *Honey Bees and Beekeeping: A Year in the Life of an Apiary*, 2nd edn. The Georgia Center for Continuing Education, Athens, Georgia.

Delaplane, K. S. and Harbo, J. P. (1987) Effect of queenlessness on worker survival, honey gain, and defence behaviour in honeybees. *Journal of Apicultural Research* 26, 37-42.

Delaplane, K. S. and Hood, W. M. (1997) Effects of delayed acaricide treatment in honey bee colonies parasitized by *Varroa jacobsoni* and a late-season treatment threshold for the southeastern USA. *Journal of Apicultural Research* 36, 125-132.

Delaude, A. and Rollier, M. (1977) Pollinisationet modalites de production des semences hybrides de tournesol. *Information Technique Centre Technique Interprofessionnel des Oleagineux Metropolitains* 56, 15-24.

Delaude, A., Tasei, J. N. and Rollier, M. (1979) Pollinator insects of sunflower (*Helianthus annuus* L.) in France: pollination of male-sterile lines for hybrid seed production. In: *Proceedings of the 4th International Symposium on Pollination*, pp. 29-40.

Dietz, A. and Hermann, H. R. (1988) *Biology, Detection and Control of* Varroa jacobsoni: *A Parasitic Mite on Honey Bees*. Lei-Act Publishers, Commerce, Georgia.

Dogterom, M. H., Matteoni, J. A. and Plowright, R. C. (1998) Pollination of greenhouse tomatoes by the North American *Bombus vosnesenskii* (Hymenoptera: Apidae). *Journal of Economic Entomology* 91, 71-75.

Donovan, B. J. (1980) Interactions between native and introduced bees in New Zealand. *New Zealand Journal of Ecology* 3, 104-116.

Donovan, B. J. and Read, P. E. C. (1988) The alfalfa leafcutting bee, *Megachile rotundata* (Megachilidae), does not pollinate kiwifruit, *Actinidia deliciosa* var. *deliciosa* (Actinidiaceae). *Journal of Apicultural Research* 27, 9-12.

Donovan, B. J. and Read, P. E. C. (1991) Efficacy of honeybees as pollinators of kiwifruit. *Acta Horticulturae* 288, 220-224.

Doorn, W. G. van (1997) Effects of pollination on floral attraction and longevity. *Journal of Experimental Botany* 48, 1615-1622.

Dramstad, W. and Fry, G. (1995) Foraging activity of bumblebees (*Bombus*) in relation to flower resources on arable land. *Agricultural Ecosystems and Environment* 53, 123-135.

Dramstad, W. E. (1996) Do bumblebees (Hymenoptera: Apidae) really forage close to their nests? *Journal of Insect Behaviour* 9, 163-182.

Duffield, G. E., Gibson, R. C., Gilhooly, P. M., Hesse, A. J., Inkley, C. R., Gilbert, F. S. and Barnard, C. J. (1993) Choice of flowers by foraging honey bees (*Apis mellifera*): possible morphological cues. *Ecological Entomology* 18, 191-197.

Dunham, W. E. (1939) The importance of honeybees in alsike seed production. *Gleanings in Bee Culture* 67, 356-358, 394.

Dunham, W. E. (1957) Pollination of clover fields. *Gleanings in Bee Culture* 85, 218-219.

Eck, P. (1988) *Blueberry Science*. Rutgers University Press, New Brunswick, New Jersey.

Eijnde, J. van den, de Ruijter, A. and van der Steen, J. (1991) Method for rearing*Bombus terrestris* continuously and the production of bumblebee colonies for pollination purposes. *Acta Horticulturae* 288,

154-158.

Eischen, F. A. and Underwood, B. A. (1991) Cantaloupe pollination trials in the lower Rio Grande valley. *American Bee Journal* 131, 775.

Eischen, F. A., Underwood, B. A. and Collins, A. M. (1994) The effect of delaying pollination on cantaloupe production. *Journal of Apicultural Research* 33, 180-184.

Eisikowitch, D. (1981) Some aspects of pollination of oil-seed rape (*Brassica napus* L.). *Journal of Agricultural Science, Cambridge* 96, 321-326.

El-Agamy, S. Z. A., Lyrene, P. M. and Sherman, W. B. (1979) Effect of mating system on time of ripening and fruit weight in blueberry. *Proceedings of the Florida State Horticultural Society* 92, 258-259.

Engles, W., Schultz, U. and Radle, M. (1994) Use of the Tübingen mix for bee pasture in Germany. In: Matheson, A. (ed.) *Forage for Bees in an Agricultural Landscape*. International Bee Research Association, Cardiff.

Erickson, E. H. (1975a) Effect of honey bees on yield of three soybean cultivars. *Crop Science* 15, 84-86.

Erickson, E. H. (1975b) Honeybees and soybeans. *American Bee Journal* 115, 351-353, 372.

Erickson, E. H. (1975c). Variability of floral characteristics influences honey bee visitation to soybean blossoms. *Crop Science* 15, 767-771.

Erickson, E. H. (1982) The soybean for bees and bee-keeping. *Apiacta* 18, 1-7.

Erickson, E. H. and Atmowidjojo, A. H. (1997) Bermuda grass (*Cynodon dactylon*) as a pollen resource for honey bee colonies in the lower Colorado River agroecosystem. *Apidologie* 28, 57-62.

Erickson, E. H. and Peterson, C. E. (1979a) Asynchrony of floral events and other differences in pollinator foraging stimuli between fertile and male-sterile carrot inbreds. *Journal of the American Society for Horticultural Science* 104, 639-643.

Erickson, E. H. and Peterson, C. E. (1979b) Problems encountered in the pollination of cytoplasmically male-sterile hybrid carrot seed parents. In: *Proceedings of the 4th International Symposium on Pollination*, pp. 59-63.

Erickson, E. H., Thorp, R. W. and Briggs, D. L. (1975) Comparisons of foraging patterns among honeybees in disposable pollination units and in overwintered colonies. *Environmental Entomology* 4, 527-530.

Erickson, E. H., Thorp, R. W. and Briggs, D. L. (1977) The use of disposable pollination units in almond orchards. *Journal of Apicultural Research* 16, 107-111.

Erickson, E. H., Berger, G. A., Shannon, J. G. and Robins, J. M. (1978) Honey bee pollination increases soybean yields in the Mississippi delta region of Arkansas and Missouri. *Journal of Economic Entomology* 71, 601-603.

Erickson, E. H., Jr, Erickson, B. J. and Wyman, J. A. (1994) Effects on honeybees of insecticides applied to snap beans in Wisconsin: chemical and biotic factors. *Journal of Economic Entomology* 87, 596-600.

Erickson, H. T. and Gabelman, W. H. (1956) The effect of distance and direction on cross-pollination in onions. *Proceedings of the American Society for Horticultural Science* 68, 351-357.

Fairey, D. T. and Lefkovitch, L. P. (1994) Collection of leaf pieces by*Megachile rotundata*: proportion used in nesting. *BeeScience* 3, 79-85.

Fairey, D. T., Lieverse, J. A. C. and Siemens, B. (1984) Management of the alfalfa leafcutting bee in Northwest Canada. *Agriculture Canada*, Research Station Beaverlodge, Alberta, contribution no. 84-21, pp. 1-31.

Fairey, D. T., Lefkovitch, L. P. and Lieverse, J. A. C. (1989) The leafcutting bee, *Megachile rotundata* (F.): a potential pollinator for red clover. *Journal of Applied Entomology* 107, 52-57.

Fairey, D. T., Lefkovitch, L. P. and Owen, R. E. (1992) Resource partitioning: bumble bee (*Bombus*) species and corolla lengths in legume seed fields in the Peace River region. *BeeScience* 2, 170-174.

Fell, R. D. (1986) Foraging behaviors of *Apis mellifera* L. and *Bombus* spp. on oilseed sunflower (*Helianthus annuus* L.). *Journal of the Kansas Entomological Society* 59, 72-81.

Ferguson, I. B. and Watkins, C. B. (1989) Bitter pit in apple fruit. *Horticultural Review* 11, 289-355.

Finnamore, A. T. and Neary, M. E. (1978) Blueberry pollinators of Nova Scotia, with a checklist of the blueberry pollinators in eastern Canada and northeastern United States. *Annals of the Society for Entomology, Québec* 23, 168-181.

Fisher, R. M. and Pomeroy, N. (1989) Pollination of greenhouse muskmelon by bumble bees (Hymenoptera: Apidae). *Journal of Economic Entomology* 82, 1061-1066.

Ford, I. (1970) Investigations into the pollination of Chinese gooseberries. *New Zealand Ministry of Agricultural and Fisheries Mimeograph*, pp. 1-12.

Free, J. B. (1965) Attempts to increase pollination by spraying crops with sugar syrup. *Journal of Apicultural Research* 4, 61-64.

Free, J. B. (1968a) The foraging behaviour of honeybees (*Apis mellifera*) and bumblebees (*Bombus* spp.) on blackcurrant (*Ribes nigrum*), raspberry (*Rubus idaeus*) and strawberry (*Fragaria* × *ananassa*) flowers. *Journal of Applied Ecology* 5, 157-168.

Free, J. B. (1968b) The pollination of strawberries by honeybees. *Journal of Horticultural Science* 43, 107-111.

Free, J. B. (1993) *Insect Pollination of Crops*, 2nd edn. Academic Press, San Diego.

Free, J. B. and Nuttall, P. M. (1968) The pollination of oilseed rape (*Brassica napus*) and the behaviour of bees on the crop. *Journal of Agricultural Science, Cambridge* 71: 91-94.

Free, J. B., Williams, I. H., Longden, P. C. and Johnson, M. G. (1975) Insect pollination of sugar beet (*Beta vulgaris* L.) seed crops. *Annals of Applied Biology* 81, 127-134.

Free, J. B., Paxton, R. J. and Waghchoure, E. S. (1991) Increasing the amount of foreign pollen carried by honey bee foragers. *Journal of Apicultural Research* 30, 132-136.

Fries, I. and Stark, J. (1983) Measuring the importance of honeybees in rape seed production. *Journal of Apicultural Research* 22, 272-276.

Frisch, K. von (1971) *Bees: Their Vision, Chemical Senses, and Language*. Cornell University Press, Ithaca, New York.

Furgala, B. (1954) Honeybees increase seed yields of cultivated sunflowers. *Gleanings in Bee Culture* 82, 532-534.

Furgala, B., Noetzel, D. M. and Robinson, R. G. (1979) Observations on thepollination of hybrid sunflowers. In: *Proceedings of the 4th International Symposium on Pollination*, pp. 45-48.

Fussell, M. and Corbet, S. A. (1991) Forage for bumble bees and honey bees in farmland: a case study. *Journal of Apicultural Research* 30, 87-97.

Fussell, M. and Corbet, S. A. (1992) Flower usage by bumble-bees: a basis for forage plant management. *Journal of Applied Ecology* 29, 451-465.

Gary, N. E. and Witherell, P. C. (1977) Distribution of foragingbees of three honey bee stocks located near onion and sunflower fields. *Environmental Entomology* 6, 785-788.

Gary, N. E., Witherell, P. C. and Marston, J. (1972) Foraging range and distribution of honeybees used for carrot and onion pollination. *Environmental Entomology* 1, 71-78.

Gathmann, A., Greiler, H.-J. and Tscharntke, T. (1994) Trap-nesting bees and wasps colonizing set-aside fields: succession and body size, management by cutting and sowing. *Oecologia* 98, 8-14.

Gautier-Hion, A. and Maisels, F. (1994) Mutualism between a leguminous tree and large African monkeys as pollinators. *Behavioural Ecology and Sociobiology* 34, 203-210.

Gaye, M. M., Maurer, A. R. and Seywerd, F. M. (1991) Honeybees placed under row covers affect muskmelon yield and quality. *Scientia Horticulturae* 47, 59-66.

Gerber, H. S. and Klostermeyer, E. C. (1972) Factors affecting the sex ratio and nesting behavior of the alfalfa leafcutter bee. *Washington Agricultural Experimental Station Technical Bulletin* 73.

Gerling, D. and Hermann, H. R. (1978) Biology and mating behavior of *Xylocopa virginica* L. (Hymenoptera: Anthophoridae). *Behavioural Ecology and Sociobiology* 3, 99-111.

Gingras, D., Gingras, J. and de Oliveira, D. (1999) Visits of honeybees (Hymenoptera: Apidae) and their effects on cucumber yields in the field. *Journal of Economic Entomology* 92, 435-438.

Ginsberg, H. S. (1983) Foraging ecology ofbees on an old field. *Ecology* 64, 165-175.

Girardeau, J. H. (1958) The mutual value of crimson clover and honey bees for seed and honey production in south Georgia. *Mimeograph Georgia Agricultural Experimental Station*, NS 63.

Girish, P. P. (1981) Role of bees in the pollination of summer squash (*Cucurbita pepo* Linne) with special reference to *Apis cerana* (Fabricius) (Hymenoptera: Apidae). MS thesis, University Agricultural Sciences, Bangalore, India.

Goebel, R. (1984) Honeybees for pollination. *Australasian Beekeeper* 85, 166-174.

Goerzen, D. W. and Murrell, D. C. (1992) Effect of fall dichlorvos treatment for control of a chalcid parasitoid on viability of the alfalfa leafcutting bee, *Megachile rotundata* (Fabr.) (Hymenoptera: Megachilidae). *BeeScience* 2, 37-42.

Goerzen, D. W. and Watts, T. C. (1991) Efficacy of the fumigant paraformaldehyde for control of microflora associated with the alfalfa leafcutting bee, *Megachile rotundata* (Fabricius) (Hymenoptera: Megachilidae). *BeeScience* 1, 212-218.

Goettel, M. S., Richards, K. W. and Goerzen, D. W. (1993) Decontamination of *Ascosphaera aggregata* spores from alfalfa leafcutting bee (*Megachile rotundata*) nesting materials by fumigation with paraformaldehyde. *BeeScience* 3, 22-25.

Goff, C. C. (1937) Importance ofbees in the production of watermelons. *The Florida Entomologist* 20, 30-31.

Goff, C. C. (1947) Bees aid watermelon growers. *Florida Grower* 56, 13, 27.

Goldman, D. A. (1976) Sunflower configuration in relation to the behavior of pollinating insects. MS thesis, Ohio State University.

González, A., Rowe, C. L., Weeks, P. J., Whittle, D., Gilbert, F. S. and Barnard, C. J. (1995) Flower choice by honeybees (*Apis mellifera* L.): sex-phase of flowers and preferences among nectar and pollen foragers. *Oecologia* 101, 258-264.

González, M. V., Coque, M. and Herrero, M. (1995) Stigmatic receptivity limits the effectivepollination period in kiwifruit. *Journal of the American Society for Horticultural Science* 120, 199-202.

Goodman, R. D. (1974) The rate of brood rearing and the effect of pollen trapping on honeybee colonies. *Australasian Beekeeper* 76, 39-41.

Goodman, R. D. and Williams, A. E. (1994) Honeybee pollination of white clover (*Trifolium repens* L.) cv. Haifa. *Australian Journal of Experimental Agriculture* 34, 1121-1123.

Goodwin, R. M. (1985) Honeybee habits under scientific scrutiny. *New Zealand Kiwifruit*, May.

Goodwin, R. M. (1986a) Kiwifruit flowers: anther dehiscence and daily collection of pollen by honey bees. *New Zealand Journal of Experimental Agriculture* 14, 449-452.

Goodwin, R. M. (1986b) Learning more about the honey bee and the flowers we hope it will pollinate. *New Zealand Kiwifruit*, February, 9.

Goodwin, R. M. (1989) Pollination hints for Hi-Cane vines. *New Zealand Kiwifruit*, September, 16.

Goodwin, R. M. (1995) Afternoon decline in kiwifruit pollen collection. *New Zealand Journal of Crop and Horticultural Science* 23, 163-171.

Goodwin, R. M. and Steven, D. (1993) Behaviour of honeybees visiting kiwifruit flowers. *New Zealand Journal of Crop and Horticultural Science* 21, 17-24.

Goodwin, R. M. and ten Houten, A. (1991) Feeding sugar syrup to honey bee (*Apis mellifera*) colonies to increase kiwifruit (*Actinidia deliciosa*) pollen collection: effects of frequency, quantity and time of day. *Journal of Apicultural Research* 30, 41-48.

Goodwin, R. M., ten Houten, A. and Perry, J. H. (1990) Hydrogen cyanamide and kiwifruit pollination. *New Zealand Kiwifruit Special Publication* 3, 14.

Goodwin, R. M., ten Houten, A. and Perry, J. H. (1991) Effect of variations in sugar presentation to honeybees (*Apis mellifera*) on their collection of kiwifruit (*Actinidia deliciosa*) pollen. *New Zealand Journal of Crop and Horticultural Science* 19, 259-262.

Goodwin, R. M., ten Houten, A. and Perry, J. H. (1994) Effect of feeding pollen substitutes to honey bee colonies used for kiwifruit pollination and honey production. *New Zealand Journal of Crop and Horticultural Science* 22, 459-462.

Goodwin, R. M., ten Houten, A. and Perry, J. H. (1999) Effect of staminate kiwifruit vine distribution and flower number on kiwifruit pollination. *New Zealand Journal of Crop and Horticultural Science* 27, 63-67.

Gordon, D. M., Barthell, J. F., Page, R. E., Jr, Fondrk, M. K. and Thorp, R. W. (1995) Colony performance of selected honey bee (Hymenoptera: Apidae) strains used for alfalfapollination. *Journal of Economic Entomology* 88, 51-57.

Graham, J. M. (ed.) (1992) *The Hive and the Honey Bee*. Dadant & Sons, Hamilton, Illinois.

Greig-Smith, P. W., Thompson, H. M., Hardy, A. R., Bew, M. H., Findlay, E. and Stevenson, J. H. (1994) Incidents of poisoning of honeybees (*Apis mellifera*) by agricultural pesticides in Great Britain 1981-1991. *Crop Protection* 13, 567-581.

Griffin, B. L. (1993) *The Orchard Mason Bee*. Knox Cellars Publishing, Bellingham, Washington.

Griffin, R. P., Macfarlane, R. P. and van den Ende, H. J. (1991) Rearing and domestication of long tongued bumble bees in New Zealand. *Acta Horticulturae* 288, 149-153.

Groenewegen, C., King, G. and George, B. F. (1994) Natural crosspollination in California commercial tomato fields. *HortScience* 29, 1088.

Gross, H. R., Hamm, J. J. and Carpenter, J. E. (1994) Design and application of a hive-mounted device that uses honey bees (Hymenoptera: Apidae) to disseminate *Heliothis* nuclear polyhedrosis virus. *Environmental Entomology* 23, 492-501.

Gupton, C. L. and Spiers, J. M. (1994) Interspecific and intraspecific pollination effects in rabbiteye and southern highbush blueberry. *HortScience* 29, 324-326.

Gustafson, F. G. (1939) The cause of natural parthenocarpy. *American Journal of Botany* 26, 135-138.

Gyan, K. Y. and Woodell, S. R. J. (1987) Analysis of insect pollen loads and pollination efficiency of some common insect visitors for four species of woody Rosaceae. *Functional Ecology* 1，269-274.

Hagler，J. R. and Waller，G. D. （1991） Intervarietal differences in onion seed production. *BeeScience* 1，100-105.

Hall，I. V. and Aalders，L. E. （1961） Cytotaxonomy of lowbush blueberries in eastern Canada. *American Journal of Botany* 48，199-201.

Hammer，O. （1950） Bees do work red clover - experiments in Denmark prove. *Canadian Bee Journal* 58，4-14.

Hanna，H. Y. （1999） Assisting natural wind pollination of field tomatoes with an air blower enhances yield. *HortScience* 34，846-847.

Harbo，J. R. （1985） Instrumental insemination of queenbees - 1985. *American Bee Journal* 125，197-202，282-287.

Harbo，J. R. and Hoopingarner，R. A. （1997） Honeybees（Hymenoptera：Apidae） in the United States that express resistance to *Varroa jacobsoni* （Mesostigmata：Varroidae）. *Journal of Economic Entomology* 90，893-898.

Háslbachová，H.，Kubiǎová，S.，Lamla，L. and Stehlík，F. （1980） činnost včely medonosnéna květech jetele zvrhlého (*Apis mellifera* L.) (*Trifolium hybridum* L. spp. fistulosum （Gilib.） Rouy). *Rostlinná Vyroba* 26，257-265.

Hawthorn，L. R.，Bohart，G. E.，Toole，E. H.，Nye，W. P. and Levin，M. D. （1960） Carrot seed production as affected by insectpollination. *Utah Agricultural Experimental Station Bulletin* 422.

Heinrich，B. （1979） *Bumblebee Economics*. Harvard University Press，Cambridge，Massachusetts.

Hellmich，R. L.，Kulincevic，J. M. and Rothenbuhler，W. C. （1985） Selection for high and low pollen-hoarding honeybees. *Journal of Heredity* 76，155-158.

Herbert，E. W. and Shimanuki，H. （1980） An evaluation of seven potential pollen substitutes for honey bees. *American Bee Journal* 120，349-350.

Higo，H. A.，Winston，M. L. and Slessor，K. N. （1995） Mechanism by which honey bee（Hymenoptera：Apidae） queen pheromone sprays enhancepollination. *Annals of the Entomological Society of America* 88，366-373.

Hingston，A. B. and McQuillan，P. B. （1998） Does the recently introduced bumblebee *Bombus terrestris* （Apidae） threaten Australian ecosystems? *Australian Journal of Ecology* 23，539-549.

Hingston，A. B. and McQuillan，P. B. （1999） Displacement of Tasmanian native megachilidbees by the recently introduced bumblebee *Bombus terrestris* （Linnaeus，1758）（Hymenoptera：Apidae）. *Australian Journal of Zoology* 47，59-65.

Hobbs，G. A. （1967） Obtaining and protecting red-clover pollinating species of *Bombus* （Hymenoptera：Apidae）. *Canadian Entomologist* 99，943-951.

Hobbs，G. A. and Lilly，C. E. （1955） Factors affecting efficiency of honey bees（Hymenoptera：Apidae） as pollinators of alfalfa in southern Alberta. *Canadian Journal of Agricultural Science* 35，422-432.

Hobbs，G. A.，Virostek，J. F. and Nummi，W. O. （1960） Establishment of *Bombus* spp. （Hymenoptera：Apidae） in artificial domiciles in southern Alberta. *Canadian Entomologist* 92，868-872.

Hoff，F. L. and Willett，L. S. （1994） The U. S. Beekeeping Industry. *US Department of Agriculture*，*Agriculture Economic Report* 680.

Holdaway，F. G.，Burson，P. M.，Peterson，A. G. *et al*. （1957） Three-way approach brings better legume seed production. *Minnesota Farm Home Science* 14，11-13.

Holm，S. N.，Rahman，M. H.，Stølen，O. and Sørensen，H. （1985） Studies onpollination requirements in rapeseed (*Brassica campestris*). In: Sørensen, H. (ed.) *Advances in the Production and Utilization of Cruciferous Crops*. W. Junk Publishers, Dordrecht, The Netherlands.

Hopping, M. E. (1976) Effect of exogenous auxins, gibberellins and cytokinins on fruit development in Chinese gooseberry (*Actinidia chinensis* Planch.). *New Zealand Journal of Botany* 14, 69-75.

Hopping, M. E. (1982) *Kiwifruit Hand Pollination for Size Improvement*. New Zealand Ministry of Agriculture and Fisheries Aglink HPP 260.

Hopping, M. E. and Hacking, N. J. A. (1983) A comparison of pollen application methods for artificial pollination of kiwifruit. *Acta Horticulturae* 139, 41-50.

Hopping, M. E. and Jerram, E. M. (1979) Pollination of kiwifruit (*Actinidia chinensis* Planch.): stigma-style structure and pollen tube growth. *New Zealand Journal of Botany* 17, 233-240.

Horskins, K. and Turner, V. B. (1999) Resource use and foraging patterns of honeybees, *Apis mellifera*, and native insects on flowers of *Eucalyptus costata*. *Australian Journal of Ecology* 24, 221-227.

Horton, D., Delaplane, K., Dobson, J., Hendrix, F., Jackson, J., Brown, S. and Myers, S. (1990) Georgia apple management and production guide. *University of Georgia Cooperative Extension Service Bulletin* 643.

Huang, Y. H., Johnson, C. E., Lang, G. A. and Sundberg, M. D. (1997) Pollen sources influence early fruit growth of southern highbush blueberry. *Journal of the American Society for Horticultural Science* 122, 625-629.

Hughes, G. R., Sorensen, K. A. and Ambrose, J. T. (1982) Pollination in vine crops. North Carolina Agricultural Extension Service, AG-84.

Humphry-Baker, P. (1975) *Pollination and Fruit Set in Tree Fruits*. British Columbia Department of Agriculture, Victoria.

Hutson, R. (1925) The honeybee as an agent in the pollination of pears, apples and cranberries. *Journal of Economic Entomology* 18, 387-391.

Ish-Am, G. and Eisikowitch, D. (1991) [Inter- and intra-cultivarpollination of avocado]. *Alon Hanotea* 46, 5-15 (in Hebrew).

Ish-Am, G. and Eisikowitch, D. (1993) The behaviour of honey bees (*Apis mellifera*) visiting avocado (*Persea americana*) flowers and their contribution to its pollination. *Journal of Apicultural Research* 32, 175-186.

Ish-Am, G. and Eisikowitch, D. (1998) Low attractiveness of avocado (*Persea americana* Mill.) flowers to honeybees (*Apis mellifera* L.) limits fruit set in Israel. *Journal of Horticultural Science and Biotechnology* 73, 195-204.

Jakobsen, H. B. and Martens, H. (1994) Influence of temperature and ageing of ovules and pollen on reproductive success in *Trifolium repens* L. *Annals of Botany* 74: 493-501.

Jarlan, A., de Oliveira, D. and Gingras, J. (1997) Effects of *Eristalis tenax* (Diptera: Syrphidae) pollination on characteristics of greenhouse sweet pepper fruits. *Journal of Economic Entomology* 90, 1650-1654.

Jay, D. and Jay, C. (1984) Observations of honeybees on Chinese gooseberries ('Kiwifruit') in New Zealand. *Bee World* 65, 155-166.

Jay, S. C. (1986) Spatial management of honey bees on crops. *Annual Reviews of Entomology* 31, 49-65.

Jay, S. C. and Jay, D. H. (1993) The effect of kiwifruit (*Actinidia deliciosa* A Chev) and yellow flowered broom (*Cytisus scoparius* Link) pollen on the ovary development of worker honey bees (*Apis mellifera* L.). *Apidologie* 24, 557-563.

Jaycox, E. R., Guynn, G., Rhodes, A. M. and Vandemark, J. S. (1975) Observations on pumpkin pollination in Illinois. *American Bee Journal* 115, 139-140.

Jenkins, J. M., Jr (1942) Natural self-pollination in cucumbers. *Proceedings of the American Society for Horticultural Science* 40, 411-412.

Jennings, D. L. (1988) *Raspberries and Blackberries: Their Breeding, Diseases and Growth*. Academic Press, London.

Johansen, C. A. (1960) Insect pest control and pollination of red clover grown for seed in central Washington. Washington State University Agricultural Extension Service, EM 1985.

Johansen, C. A. (1974) Honey bees and alfalfa seed production in eastern Washington. Washington State University Cooperative Extension Service, EM 3475.

Johansen, C. A. and Mayer, D. F. (1990) *Pollinator Protection: A Bee and Pesticide Handbook*. Wicwas Press, Cheshire, Connecticut.

Johansen, C. A. and Retan, A. H. (1971) Increase clover seed yields with adequate pollination. Washington State University Cooperative Extension Service, EM 3444.

Johnson, W. C. and Nettles, W. C. (1953) Pollination of crimson clover: 1952 demonstration results. *South Carolina Cooperative Extension Service, Miscellaneous Publication*.

Johnston, S. (1929) Insects aid fruit setting of raspberry. *Michigan Agricultural Experimental Station Quarterly Bulletin* 11, 105-106.

Jones, L. G. (1958) Recent studies on the role of honey bees in the cross-pollination of small-seeded legume crops. In: *Proceedings of the 10th International Congress of Entomology*, Montreal, Aug. 1956, 967-970.

Kakutani, T., Inoue, T., Tezuka, T. and Maeta, Y. (1993) Pollination of strawberry by the stingless bee, *Trigona minangkabau*, and the honey bee, *Apis mellifera*: an experimental study of fertilization efficiency. *Research in Population Ecology* 35, 95-111.

Kaminski, L.-A., Slessor, K. N., Winston, M. L., Hay, N. W. and Borden, J. H. (1990) Honey bee response to queen mandibular pheromone in a laboratory bioassay. *Journal of Chemical Ecology* 16, 841-849.

Kauffeld, N. M. and Williams, P. H. (1972) Honey bees as pollinators of pickling cucumbers in Wisconsin. *American Bee Journal* 112, 252-254.

Kauffeld, N. M., Levin, M. D., Roberts, W. C. and Moeller, F. E. (1970) Disposable pollination units, a revived concept of crop pollination. *American Bee Journal* 110, 88-89.

Kearney, T. H. (1923) Self-fertilisation and cross-fertilisation in Pima cotton. *US Department of Agriculture Bulletin* 1134.

Kester, D. E., Micke, W. C. and Viveros, M. (1994) A mutation in 'Nonpareil' almond conferring unilateral incompatibility. *Journal of the American Society for Horticultural Science* 119, 1289-1292.

Kevan, P. G. (1988) Pollination: crops and bees. *Ontario Ministry of Agriculture and Food, Publication* 72.

Kevan, P. G. (1999) Pollinators as bioindicators of the state of the environment: species, activity and diversity. *Agricultural Ecosystems and Environment* 74, 373-393.

Kevan, P. G., Gadawski, R. M., Kevan, S. D. and Gadawski, S. E. (1983) Pollination of cranberries, *Vaccinium macrocarpon*, on cultivated marshes in Ontario. *Proceedings of the Entomological Society Ontario* 114, 45-53.

Kihara, H. (1951) Triploid watermelons. *Proceedings of the American Society for Horticultural Science*

58，217-230.

Killinger，G. B. and Haynie，J. D. （1951） Honeybees in Florida's pasture development. *Special Series Florida Department of Agriculture* 66，112-115.

Knight，W. E. and Green，H. B. （1957） Bees needed for pollination of crimson clover. *Mississippi Farm Research* 20，7.

Knutson，R. D.，Taylor，C. R.，Penson，J. B. and Smith，E. G. （1990） *Economic Impacts of Reduced Chemical Use*. Knutson and Associates，College Station，Texas.

Kraai，A. （1962） How long do honey-bees carry germinable pollen on them? *Euphytica* 11，53-56.

Kraus，B. and Page，R. E.，Jr (1995) Effect of *Varroa jacobsoni* （Mesostigmata：Varroidae） on feral *Apis mellifera* （Hymenoptera：Apidae） in California. *Environmental Entomology* 24，1473-1480.

Krewer，G.，Myers，S.，Bertrand，P.，Horton，D.，Murphy，T. andAustin，M. （1986） Commercial blueberry culture. *University of Georgia Cooperative Extension Service*，*Circular* 713.

Krewer，G. W.，Ferree，M. E. and Myers，S. C. （1993） Home garden blueberries. *University of Georgia Cooperative Extension Service*，*Leaflet* 106.

Krewer，G. W.，Delaplane，K. S. and Thomas，P. A. （1996） Screening plants as supplemental forages for pollinating bumblebees （*Bombus* spp.）. *HortScience* 31，750.

Krieg，P. （1994） Queen substitutes for small pollination colonies of the honey bee，*Apis mellifera* （Hymenoptera：Apidae）. *European Journal of Entomology* 91，205-212.

Kristjansson，K. and Rasmussen，K. （1991） Pollination of sweet pepper （*Capsicum annuum* L.） with the solitary bee *Osmia cornifrons* （Radoszkowski）. *Acta Horticulturae* 288，173-179.

Kubišová，S. and Háslbachová，H. （1991） Pollination of male-sterile green pepper line （*Capsicum annuum* L.） by honeybees. *Acta Horticulturae* 288，364-370.

Kühn，B. F. （1987） Bestøvningaf hindbærrsorten 'Willamette'. *Tidsskrift for Planteavl* 91，85-88.

Kuhn，E. D. and Ambrose，J. T. （1984） Pollination of 'Delicious' apple by megachilid bees of the genus *Osmia* （Hymenoptera：Megachilidae）. *Journal of the Kansas Entomological Society* 57，169-180.

Lang，G. A. and Danka，R. G. （1991） Honey-bee-mediated cross- versus self-pollination of 'Sharpblue' blueberry increases fruit size and hastens ripening. *Journal of the American Society for Horticultural Science* 116，770-773.

Langridge，D. F. and Goodman，R. D. （1975） Astudy on pollination of oilseed rape. *Australian Journal of Experimental Agriculture and Animal Husbandry* 15，285-288.

Langridge，D. F. and Goodman，R. D. （1982） Honeybee pollination of oilseed rape，cultivar Midas. *Australian Journal of Experimental Agriculture and Animal Husbandry* 22，124-126.

Laverty，T. M. （1992） Plant interactions for pollinator visits：a test of the magnet species effect. *Oecologia* 89，502-508.

Lemasson，M. （1987） Intérêt de l'abeille mellifère （*Apis mellifica*） dans la pollinisation de cultures en serre de cornichon （*Cucumis sativus*），de melon （*Cucumis melo*） et de tomate （*Lycopersicum esculentum*）. *Revue de l'Agriculture* 40，915-924.

Lesley，J. W. and Bringhurst，R. S. （1951） Environmental conditions affectingpollination of avocados. *Yearbook of the California Avocado Society*，pp. 169-173.

Levin，M. D. （1986） Using honeybees to pollinate crops. *US Department of Agriculture*，*Leaflet* 549.

Linsley，E. G. and McSwain，J. W. （1947） Factors influencing the effectiveness of insect pollinators of alfalfa in California. *Journal of Economic Entomology* 40，349-357.

Lomond，D. and Larson，D. J. （1983） Honeybees，*Apis mellifera* （Hymenoptera：Apidae），as pollinators of lowbush blueberry, *Vaccinium angustifolium*, on Newfoundland coastal barrens. *Canadian Entomologist* 115, 1647-1651.

Loper, G. M. (1987) Effect of distance on honey bee (*Apis mellifera* L.) dispersal of Pima (*Gossypium barbadense*) and Upland (*G. hirsutum*) cotton pollen. In: *Proceedings of the Beltwide Cotton Production Research Conference* 1987, pp. 119-121.

Loper, G. M. (1995) A documented loss of feralbees due to mite infestations in S. Arizona. *American Bee Journal* 135, 823-824.

Loper, G. M. and Danka, R. G. (1991) Pollination tests with Africanized honey bees in southern Mexico, 1986-88. *American Bee Journal* 131, 191-193.

Loper, G. M. and DeGrandi-Hoffman, G. (1994) Does in-hive pollen transfer by honeybees contribute to cross-pollination and seed set in hybrid cotton? *Apidologie* 25, 94-102.

Loper, G. M. and Roselle, R. M. (1991) Experimental use of Bee Scent® to influence honey bee visitation and yield of watermelon. *American Bee Journal* 131, 777.

Lord, W. G. (1985) Successful cucumber production will continue to depend on honeybees in the near future. *American Bee Journal* 125, 623-625.

Lorenzetti, F. and Cirica, B. (1974) Quota d'incrocio, struttura genetica delle popolazioni e miglioramento geneticodel peperone (*Capsicum annuum* L.). *Genetica Agraria* 28, 191-203.

Lötter, J. (1960) Recent developments in the pollination techniques of deciduous fruit trees. *Deciduous Fruit Growers* 10, 182-190, 212-224, 304-311.

Luce, W. A. and Morris, O. M. (1928) Pollination of deciduous fruits. *Washington Agricultural Experimental Station Bulletin* 223.

Luttso, V. P. (1956) The pollination of sunflowers. In: Krischumas, I. V. and Grubin, A. F. (eds) *The Pollination of Agricultural Crops*. State Publishing House for Agricultural Literature, Moscow (in Russian).

Lyrene, P. M. (1989) Pollen source influences fruiting of 'Sharpblue' blueberry. *Journal of the American Society for Horticultural Science* 114, 995-999.

Lyrene, P. M. (1994) Variation within and among blueberry taxa in flower size and shape. *Journal of the American Society for Horticultural Science* 119, 1039-1042.

Macfarlane, R. P. and Ferguson, A. M. (1984) Kiwifruit pollination: a survey of the insect pollinators in New Zealand. *Proceedings of the 5th International Symposium on Pollination*, pp. 367-373.

Macfarlane, R. P., Griffin, R. P. and Read, P. E. C. (1983) Bumble bee management options to improve 'Grasslands Pawera' red clover seed yields. *Proceedings of the New Zealand Grassland Association* 44, 47-53.

Macfarlane, R. P., van den Ende, H. J. and Griffin, R. P. (1991) Pollination needs of 'Grasslands Pawera' red clover. *Acta Horticulturae* 288, 399-404.

Macfarlane, R. P., Patten, K. D., Mayer, D. F. and Shanks, C. H. (1994) Evaluation of commercial bumble bee colonies for cranberrypollination. *Melanderia* 50, 13-19.

MacKenzie, K. E. (1994) The foraging behaviour of honey bees (*Apis mellifera* L.) and bumble bees (*Bombus* spp.) on cranberry (*Vaccinium macrocarpon* Ait). *Apidologie* 25, 375-383.

MacKenzie, K. E. (1997) Pollination requirements of three highbush blueberry (*Vaccinium corymbosum* L.) cultivars. *Journal of the American Society for Horticultural Science* 122, 891-896.

MacKenzie, K. E. and Averill, A. L. (1995) Bee (Hymenoptera: Apoidea) diversity and abundance on cranberry in southeastern Massachusetts. *Annals of the Entomological Society of America* 88, 334-341.

MacKenzie, K. E. and Eickwort, G. C. (1996) Diversity and abundance ofbees (Hymenoptera: Apoidea) foraging on highbush blueberry (*Vaccinium corymbosum* L.) in central New York. *Journal of the Kansas Entomological Society* 69, 185-194.

MacKenzie, K. E. and Winston, M. L. (1984) Diversity and abundance of native bee pollinators on berry crops and natural vegetation in the lower Fraser Valley, British Columbia. *Canadian Entomologist* 116, 965-974.

Maeterlinck, M. (1910) *The Life of the Bee*. Dodd, Mead & Co., New York.

Margalith, R., Lensky, Y. and Rabinowitch, H. D. (1984) An evaluation of Beeline® as a honeybee attractant to cucumbers and its effect on hybrid seed production. *Journal of Apicultural Research* 23, 50-54.

Márquez, J., Bosch, J. and Vicens, N. (1994) Pollens collected by wild and managed populations of the potential orchard pollinator*Osmia cornuta* (Latr.) (Hym., Megachilidae). *Journal of Applied Entomology* 117, 353-359.

Marshall, R. E., Johnston, S., Hootman, H. D. and Wells, H. M. (1929) Pollination of orchard fruits in Michigan. *Michigan Agricultural Experimental Station Special Bulletin* 188.

Marucci, P. E. and Moulter, H. J. (1977) Cranberry pollination in New Jersey. *Acta Horticulturae* 61, 217-222.

Mason, C. E. (1979) Honey bee foraging activity on soybeans in Delaware. In: *Proceedings of the 4th International Symposium on Pollination*, 117-122.

Matheson, A. G. (1991) Managing honey bee pollination of kiwifruit (*Actinidia deliciosa*) in New Zealand - a review. *Acta Horticulturae* 288, 213-219.

Matheson, A. (1993) World bee health report. *Bee World* 74, 176-212.

Matheson, A. (1995) World bee health update. *Bee World* 76, 31-39.

Mathewson, J. A. (1968) Nest construction and life history of the Eastern cucurbit bee, *Peponapis pruinosa* (Hymenoptera: Apoidea). *Journal of the Kansas Entomological Society* 41, 255-261.

Matsuka, M. and Sakai, T. (1989) Bee pollination in Japan with special reference to strawberry production in greenhouses. *Bee World* 70, 55-61.

Mayer, D. F. (1980) Honeybees and peaches. *Research Report of the West Orchard Pesticide Conference* 54, 26.

Mayer, D. F. (1986) Pollination of crucifers. *Proceedings of the West Washington Horticultural Society* 76, 18-20.

Mayer, D. F. (1993) Pollen balls and immature mortality. *Irrigated Alfalfa Seed Producers Winter Newsletter*, Feb. 1993.

Mayer, D. F. (1994) Sequential introduction of honey bee colonies for pearpollination. *Acta Horticulturae* 367, 267-269.

Mayer, D. F. and Johansen, C. A. (1988) WSU research examines bee hive pollen dispensers. *Good Fruit Grower* 39, 32-33.

Mayer, D. F. and Lunden, J. D. (1983) Carrot seed production, pests, and pollination. *Proceedings of the Washington State Beekeepers Association* 90, 22-23.

Mayer, D. F. and Lunden, J. D. (1991) Honey bee foraging on dandelion and apple in apple orchards. *Journal of the Entomological Society of British Columbia* 88, 15-17.

Mayer, D. F. and Lunden, J. D. (1993) Alkali bee biology and management. *Proceedings of Northwest Alfalfa Seed School* 24, 31-36.

Mayer, D. F. and Lunden, J. D. (1997) A comparison of commercially managed bumblebees and honey bees (Hymenoptera: Apidae) for pollination of pears. *Acta Horticulturae* 437, 283-287.

Mayer, D. F. and Miliczky, E. R. (1998) Emergence, male behavior, and mating in the alkali bee, *Nomia melanderi* Cockerell (Hymenoptera: Halictidae). *Journal of the Kansas Entomological Society* 71, 61-68.

Mayer, D. F., Johansen, C. A. and Bach, J. C. (1982) Land-based honey production. *American Bee Journal* 122, 477-479.

Mayer, D. F., Johansen, C. A. and Burgett, D. M. (1986) Bee pollination of tree fruits. *Pacific Northwest Extension Publication*, PNW 0282.

Mayer, D. F., Lunden, J. D. and Kious, C. W. (1988a) Effects of dipping alfalfa leafcutting bee nesting materials on chalkbrood disease. *Applied Agricultural Research* 3, 167-169.

Mayer, D. F., Lunden, J. D. and Rathbone, L. (1988b) New ideas in cherry pollination. *Proceedings of the Washington State Horticultural Association* 83, 228-229.

Mayer, D. F., Britt, R. L. and Lunden, J. D. (1989a) Evaluation of BeeScent as a honeybee attractant. *American Bee Journal* 129, 41-42.

Mayer, D. F., Johansen, C. A. and Lunden, J. D. (1989b) Honey bee (*Apis mellifera* L.) foraging behavior on ornamental crab apple pollenizers and commercial apple cultivars. *HortScience* 24, 510-512.

Mayer, D. F., Miliczky, E. R. and Lunden, J. D. (1990) Pollination of pears. In: *Pear Production in the Pacific Northwest*. University of California Press, Davis, California.

Mayer, D. F., Lunden, J. D., Goerzen, D. W. and Simko, B. (1991) Fumigating alfalfa leafcutting bee [*Megachile rotundata* (Fabr.)] nesting materials for control of chalkbrood disease. *BeeScience* 1, 162-165.

Mayer, D. F., Miliczky, E. R. and Lunden, J. D. (1992) Stakes for control of *Zodion obliquefasciatum* Macquart (Diptera: Conopidae) a parasite of the alkali bee (*Nomia melanderi*) (Hymenoptera: Halictidae). *BeeScience* 2, 130-134.

Mayer, D. F., Lunden, J. D. and Jasso, M. R. (1993) Onion seed pollination research. In: *Integrated Pollinator and Pest Management Annual Report*, Washington State University.

Mayer, D. F., Patten, K. D. and Macfarlane, R. P. (1994a) Pear pollination with managed bumble bee (Hymenoptera: Apidae) colonies. *Melanderia* 50, 20-23.

Mayer, D. F., Patten, K. D., Macfarlane, R. P. and Shanks, C. H. (1994b) Differences between susceptibility of four pollinator species (Hymenoptera: Apoidea) to field weathered insecticide residues. *Melanderia* 50, 24-27.

Maynard, D. N. (1990) Watermelon Production Guide for Florida. *University of Florida Vegetable Crops Special Series* SSVEC-51.

Maynard, D. N. and Elmstrom, G. W. (1992) Triploid watermelon production practices and varieties. *Acta Horticulturae* 318, 169-178.

McCorquodale, D. B. and Owen, R. E. (1994) Laying sequence, diploid males, and nest usurpation in the leafcutter bee, *Megachile rotundata* (Hymenoptera: Megachilidae). *Journal of Insect Behaviour* 7, 731-738.

McCutcheon, D. (1978) Pollination of raspberries. *British Columbia Ministry of Agriculture, Apiary Branch, Leaflet* 503.

McCutcheon, D. (1983) Blueberry pollination. *British Columbia Department of Agriculture, Apiary Branch Bee Notes* 507.

McGregor, S. E. (1959) Cotton-flower visitation and pollen distribution by honeybees. *Science* 129, 97-98.

McGregor, S. E. (1976) *Insect Pollination of Cultivated Crop Plants*. US Department of Agriculture, Agriculture Handbook 496.

McGregor, S. E. (1981) Honeybees and alfalfa seed production. *American Bee Journal* 121, 193-194.

McGregor, S. E., Rhyne, C., Worley, S., Jr and Todd, F. E. (1955) The role of honey bees in cotton pollination. *Agronomy Journal* 47, 23-25.

McLellan, A. R. (1974) Some effects of pollen traps on colonies of honey-bees. *Journal of Apicultural Research* 13, 143-148.

Meier, F. C. and Artschwager, E. (1938) Airplane collection of sugar beet pollen. *Science*, *New York* 88, 507-508.

Mercado, J. A., Viñegla, B. and Quesada, M. A. (1997) Effects of hand-pollination, paclobutrazol treatments, root temperature and genotype on pollen viability and seed fruit content of winter-grown pepper. *Journal of Horticultural Science* 72, 893-900.

Mesquida, J. and Renard, M. (1982) Étude de la dispersion du pollen par levent et de l'importance de la pollinisation anémophile chez le colza (*Brassica napus* L., var. *oleifera* Metzger). *Apidologie* 13, 353-367.

Mesquida, J., Renard, M. and Pierre, J-S. (1988) Rapeseed (*Brassica napus* L.) productivity: the effect of honeybees (*Apis mellifera* L.) and different pollination conditions in cage and field tests. *Apidologie* 19, 51-72.

Meyer, V. G. (1969) Some effects of genes, cytoplasm, and environment on male sterility of cotton (*Gossypium*). *Crop Science* 9, 237-242.

Michaelson-Yeates, T. P. T., Marshall, A., Abberton, M. T. and Rhodes, I. (1997) Self-compatibility and heterosis in white clover (*Trifolium repens* L.). *Euphytica* 94, 341-348.

Michelbacher, A. E., Hurd, P. D., Jr and Linsley, E. G. (1971) Experimental introduction of squashbees (*Peponapis*) to improve yields of squashes, gourds and pumpkins. *Bee World* 52, 156-166.

Michener, C. D. (1974) *The Social Behavior of the Bees: A Comparative Study*. Harvard University Press, Cambridge, Massachusetts.

Michener, C. D., McGinley, R. J. and Danforth, B. N. (1994) *The bee genera of North and Central America (Hymenoptera: Apoidea)*. Smithsonian Institute Press, Washington DC.

Mikitenko, A. S. (1959) Bees increase the seed crop of sugar beet. *Pchelovodstvo* 36, 28-29.

Miliczky, E. R., Mayer, D. F. and Lunden, J. D. (1990) Notes on the nesting biology of *Andrena* (*Melandrena*) *nivalis* Smith (Hymenoptera: Andrenidae). *Journal of the Kansas Entomological Society* 63, 166-174.

Miller, C. C. (1915) *Fifty Years Among the Bees*. A. I. Root Co., Medina, Ohio.

Minckley, R. L., Wcislo, W. T., Yanega, D. and Buchmann, S. L. (1994) Behavior and phenology of a specialist bee (*Dieunomia*) and sunflower (*Helianthus*) pollen availability. *Ecology* 75, 1406-1419.

Mishra, R. C., Kumar, J. and Gupta, J. K. (1988) The effect of mode of pollination on yield and oil potential of *Brassica campestris* L. var. *sarson* with observations on insect pollinators. *Journal of Apicultural Research* 27, 186-189.

Moffett, J. O., Stith, L. S. and Shipman, C. W. (1978) Effect of honey bee visits on boll set, seeds produced, and yield of Pima cotton. In: *Proceedings of Beltwide Cotton Production Research Conference* 1978.

Mohr, N. A. and Jay, S. C. (1988) Nectar- and pollen-collecting behaviour of honeybees on canola (*Brassica campestris* L. and *Brassica napus* L.). *Journal of Apicultural Research* 27, 131-136.

Mohr, N. A. and Jay, S. C. (1990) Nectar production of selected cultivars of *Brassica campestris* L. and *Brassica napus* L. *Journal of Apicultural Research* 29, 95-100.

Monsevičius, V. (1995) Fauna of wildbees in Lithuania and trends of its changes. In: Banaszak, J. (ed.) *Changes in Fauna of Wild Bees in Europe*. Pedagogical University, Bydgoszez.

Morrissette, R., Francoeur, A. and Perron, J-M. (1985) Importance des abeilles sauvages (Apoidea) dans la pollinisation des bleuetiers nains (*Vaccinium* spp.) en Sagamie, Quebec. *Revue Entomologie Québec* 30, 44-53.

Morse, R. A. (1994) *The New Complete Guide to Beekeeping*. Countryman Press, Woodstock, Vermont.

Morse, R. A. and Gary, N. E. (1961) Insect invaders of the honeybee colony. *Bee World* 42, 179-181.

Morse, R. A. and Hooper, T. (eds) (1985) *The Illustrated Encyclopedia of Beekeeping*. E. P. Dutton, Inc., New York.

Morse, R. A. and Flottum, K. (eds) (1997) *Honey Bee Pests, Predators, and Diseases*, 3rd edn. A. I. Root Co., Medina, Ohio.

Murrell, D. C. and McCutcheon, D. M. (1977) Red raspberry pollination in British Columbia. *American Bee Journal* 117, 750.

Murthy, N. S. R. and Murthy, B. S. (1962) Natural cross-pollination in chili. *Andhra Agricultural Journal* 9, 161-165.

Mussen, E. (1994) Avocado pollination. From the U. C. Apiaries, Sept/Oct 1994. University of California Cooperative Extension Service.

Naumann, K., Currie, R. W. and Isman, M. B. (1994a) Evaluation of the repellent effects of a neem insecticide on foraging honey bees and other pollinators. *Canadian Entomologist* 126, 225-230.

Naumann, K., Winston, M. L., Slessor, K. N. and Smirle, M. J. (1994b) Synthetic honey bee (Hymenoptera: Apidae) queen mandibular gland pheromone applications affect pear and sweet cherry pollination. *Journal of Economic Entomology* 87, 1595-1599.

Nepi, M. and Pacini, E. (1993) Pollination, pollen viability and pistil receptivity in *Cucurbita pepo*. *Annals of Botany* 72, 527-536.

NeSmith, D. S., Krewer, G. and Lindstrom, O. M. (1999) Fruit set of rabbiteye blueberry (*Vaccinium ashei*) after subfreezing temperatures. *Journal of the American Society for Horticultural Science* 124, 337-340.

New Mexico Crop Improvement Association. (1992) *Official Seed Certification Handbook*. New Mexico State University, Las Cruces.

Nye, W. P. and Anderson, J. L. (1974) Insect pollinators frequenting strawberry blossoms and the effect of honeybees on yield and fruit quality. *Journal of the American Society for Horticultural Science* 99, 40-44.

Nye, W. P. and Mackenson, O. (1968) Selective breeding of honeybees for alfalfa pollination: fifth generation and backcross. *Journal of Apicultural Research* 7, 21-27.

Nye, W. P. and Mackenson, O. (1970) Selective breeding of honeybees for alfalfa pollination: with tests in high and low alfalfa pollen collecting regions. *Journal of Apicultural Research* 9, 61-64.

O'Toole, C. and Raw, A. (1991) *Bees of the World*. Blandford, London.

Osborne, J. L., Williams, I. H. and Corbet, S. A. (1991) Bees, pollination and habitat change in the European Community. *Bee World* 72, 99-116.

Osborne, J. L., Clark, S. J., Morris, R. J., Williams, I. H., Riley, J. R., Smith, A. D., Reynolds, D. R. and Edwards, A. S. (1999) A landscape-scale study of bumble bee foraging range and constancy, using harmonic radar. *Journal of Applied Ecology* 36，519-533.

Özbek，H. （1995） The decline of wild bee populations in Turkey. In：Banaszak，J. （ed.） *Changes in Fauna of Wild Bees in Europe*. Pedagogical University，Bydgoszez.

Palmer-Jones，T. and Clinch，P. G. （1968） Honeybees essential for pollination of apple trees. *New Zealand Journal of Agriculture* 11，32-33.

Palmer-Jones，T. and Clinch，P. G. （1974） Observations on thepollination of Chinese gooseberries variety 'Hayward'. *New Zealand Journal of Experimental Agriculture* 2，455-458.

Palmer-Jones，T.，Forster，I. W. and Jeffery，G. L. （1962） Observations on the role of the honey bee and bumble bee as pollinators of white clover（*Trifolium repens* Linn.）in the Timaru district and Mackenzie country. *New Zealand Journal of Agricultural Research* 5，318-325.

Pankiw，P. and Elliot，C. R. （1959） Alsike cloverpollination by honey bees in Peace River region. *Canadian Journal of Plant Science* 39，505-511.

Pankiw，T. and Jay，S. C. （1992） Aerially applied ultra-low-volume malathion effects on colonies of honey bees（Hymenoptera：Apidae）. *Journal of Economic Entomology* 85，692-699.

Parker，F. D. （1981） Sunflower pollination：abundance，diversity and seasonality of bees and their effect on seed yields. *Journal of Apicultural Research* 20，49-61.

Parker，F. D. and Potter，H. W. （1974） Methods of transferring and establishing the alkali bee. *Environmental Entomology* 3，739-743.

Parker，F. D.，Batra，S. W. T. and Tepedino，V. J. （1987） New pollinators for our crops. *Agricultural Zoology Review* 2，279-304.

Parrish，J. A. D. and Bazzaz，F. A. （1979） Difference inpollination niche relationships in early and late successional plant communities. *Ecology* 60，597-610.

Patten，K. D.，Shanks，C. H. and Mayer，D. F. （1993） Evaluation of herbaceous plants for attractiveness to bumblebees for use near cranberry farms. *Journal of Apicultural Research* 32，73-79.

Peach，M. L.，Alston，D. G. and Tepedino，V. J. （1994） Bees and bran bait：is carbaryl bran bait lethal to alfalfa leafcutting bees（Hymenoptera：Megachilidae）adults or larvae? *Journal of Economic Entomology* 87，311-317.

Peach，M. L.，Alston，D. G. and Tepedino，V. J. （1995） Sublethal effects of carbaryl bran bait on nesting performance，parental investment，and offspring size and sex ratio of the alfalfa leafcutting bee（Hymenoptera：Megachilidae）. *Environmental Entomology* 24，34-39.

Pedersen，M. W. （1953） Seed production in alfalfa as related to nectar production and honeybee visitation. *Botanical Gazette* 115，129-138.

Pellett，F. C. （1976） *American Honey Plants*. Dadant and Sons，Hamilton，Illinois.

Pesenko，Y. A. and Radchenko，V. D. （1993） The use of bees（Hymenoptera，Apoidea）for alfalfa pollination：the main directions and modes，with methods of evaluation of populations of wild bees and pollinator efficiency. *Entomology Review* 72，101-119.

Petanidou，T. and Smets，E. （1995） The potential of marginal lands for bees and apiculture：nectar secretion in Mediterranean shrublands. *Apidologie* 26，39-52.

Petanidou，T. and Smets，E. （1996） Does temperature stress induce nectar secretion in Mediterranean plants? *New Phytologist* 133，513-518.

Peterson，P. A. （1956） Flowering types in the avocado with relation to fruit production. *Yearbook of the California Avocado Society* 174-179.

Peterson，A. G.，Furgala，B. and Holdaway，F. G. （1960） Pollination of red clover in Minnesota. *Journal of Economic Entomology* 53, 546-550.

Peterson, S. S., Baird, C. R. and Bitner, R. M. (1992) Current status of the alfalfa leafcutting bee, *Megachile rotundata*, as a pollinator of alfalfa seed. *BeeScience* 2, 135-142.

Peterson, S. S., Baird, C. R. and Bitner, R. M. (1994) Heat retention during incubation in nests of the alfalfa leafcutting bee (Hymenoptera: Megachilidae). *Journal of Economic Entomology* 87, 345-349.

Petkov, V. G. and Panov, V. (1967) Study on the efficiency of applepollination by bees. In: *21st International Apiculture Congress Proceedings*, College Park, Maryland, USA, pp. 432-436.

Picard-Nizou, A. L., Grison, R., Olsen, L., Pioche, C., Arnold, G. and Pham-Delegue, M. H. (1997) Impact of proteins used in plant genetic engineering: toxicity and behavioral study in the honeybee. *Journal of Economic Entomology* 90, 1710-1716.

Pilling, E. D. and Jepson, P. C. (1993) Synergism between EBI fungicides and a pyrethroid insecticide in the honeybee (*Apis mellifera*). *Pesticide Science* 39, 293-297.

Plowright, C. M. S. and Plowright, R. C. (1997) The advantage of short tongues in bumblebees (*Bombus*) - analyses of species distributions according to flower corolla depth, and of working speeds on white clover. *Canadian Entomologist* 129, 51-59.

Plowright, R. C. and Jay, S. C. (1966) Rearing bumble bee colonies in captivity. *Journal of Apicultural Research* 5, 155-165.

Plowright, R. C. and Laverty, T. M. (1987) Bumblebees and crop pollination in Ontario. *Proceedings of the Entomological Society of Ontario* 118, 155-160.

Pomeroy, N. and Plowright, R. C. (1980) Maintenance of bumble bee colonies in observation hives (Hymenoptera: Apidae). *Canadian Entomologist* 112, 321-326.

Poppy, G. (1998) Transgenic plants and bees: the beginning of the end or a new opportunity? *Bee World* 79, 161-164.

Potts, S. G. and Willmer, P. (1997) Abiotic and biotic factors influencing nest-site selection by *Halictus rubicundus*, a ground-nesting halictine bee. *Ecological Entomology* 22, 319-328.

Praagh, J. P. van. (1988) Die Bestäubung der Brombeere 'Thornless Evergreen' (*Rubus laciniatus*) in Beziehung zum Fruchtwachstum. *Gartenbauwissenschaft* 53, 15-17.

Prescott-Allen, R. and Prescott-Allen, C. (1990) How many plants feed the world? *Conservation Biology* 4, 365-374.

Pressman, E., Shaked, R., Rosenfeld, K. and Hefetz, A. (1999) A comparative study of the efficiency of bumble bees and an electric bee in pollinating unheated greenhouse tomatoes. *Journal of Horticultural Science and Biotechnology* 74, 101-104.

Pyke, G. H. (1978) Optimal foraging: movement patterns of bumblebees between inflorescences. *Theoretical Population Ecology* 13, 72-98.

Pyke, G. H., Pulliam, H. R. and Charnov, E. L. (1977) Optimal foraging: a selective review of theory and tests. *Quarterly Reviews in Biology* 52, 137-154.

Pyke, N. B. and Alspach, P. A. (1986) Inter-relationships of fruit weight, seed number and seed weight in kiwifruit. *New Zealand Journal of Agricultural Science* 20, 153-156.

Quiros, C. F. and Marcias, A. (1978) Natural crosspollination and pollinator bees of the tomato in Celaya, Central Mexico. *HortScience* 13, 290-291.

Rabinowitch, H. D., Fahn, A., Meir, T. and Lensky, Y. (1993) Flower and nectar attributes of pepper (*Capsicum annuum* L.) plants in relation to their attractiveness to honeybees (*Apis mellifera* L.). *Annals of Applied Biology* 123, 221-232.

Radaeva，E. N. （1954）［Beepollination increases the yield of sunflower seeds（*Helianthus annuus*）］. *Pchelovodstvo* 31，33-38.

Rajagopal，D.，Veeresh，G. K.，Chikkadevaiah，Nagaraja，N. and Kencharaddi，R. N. （1999） Potentiality of honeybees in hybrid seed production of sunflower（*Helianthus annuus*）. *Indian Journal of Agricultural Science* 69，40-43.

Rajotte，E. G. and Fell，R. E. （1982） A commercial bee attractant ineffective in enhancing applepollination. *HortScience* 17，230-231.

Rank，G. H. and Goerzen，D. W. （1982） Effect of incubation temperatures on emergence of *Megachile rotundata*（Hymenoptera：Megachilidae）. *Journal of Economic Entomology* 75，467-471.

Ranta，E. and Tiainen，M. （1982） Structure in seven bumblebee communities in eastern Finland in relation to resource availability. *Holarctic Ecology* 5，48-54.

Rasmont，P. （1995） How to restore the apoid diversity in Belgium and France? Wrong and right ways，or the end of protection paradigm! In：Banaszak，J. （ed.） *Changes in Fauna of Wild Bees in Europe*. Pedagogical University Bydgoszez.

Rasmussen，K. （1985） Pollination of pepper：results from two years experiment. *Gartner Tidende* 101，830-831.

Ravestijn，W. van and van der Sande，J. （1991） Use of bumblebees for thepollination of glasshouse tomatoes. *Acta Horticulturae* 288，204-212.

Real，L. （1983） Introduction. In：Real，L. （ed.） *Pollination Biology*. Academic Press，Orlando.

Redalen，G. （1980） Morphological studies of raspberry flowers. *Science Report*，*Agricultural University*，*Norway* 59，1-11.

Reiche，R.，Horn，U.，Wölfl，St.，Dorn，W. and Kaatz，H. H. （1998） Bee as vector of gene transfer from transgenic plants into environment. *Apidologie* 29，401-403.

Reinhardt，J. F. （1953） Some responses of honey bees to alfalfa flowers. *American Naturalist* 86，257-275.

Ribeiro，M. F.，Duchateau，M. J. and Velthuis，H. H. W. （1996） Comparison of the effects of two kinds of commercially available pollen on colony development and queen production in the bumble bee *Bombus terrestris* L. （Hymenoptera：Apidae）. *Apidologie* 27，133-144.

Richards，K. W. （1991） Effectiveness of the alfalfa leafcutter bee as a pollinator of legume forage crops. *Acta Horticulturae* 288，180-184.

Richards，K. W. （1993） Non-*Apis* bees as crop pollinators. *Revue Suisse de Zoologie* 100，807-822.

Richards，K. W. （1996） Effect of environment and equipment on productivity of alfalfa leafcutterbees（Hymenoptera：Megachilidae） in southern Alberta，Canada. *Canadian Entomologist* 128，47-56.

Richards，K. W. （1997） Potential of the alfalfa leafcutter bee，*Megachile rotundata*（F.）（Hym.，Megachilidae） to pollinate hairy and winter vetches（*Vicia* spp.）. *Journal of Applied Entomology* 121，225-229.

Richardson，R. W. and Alvarez，E. （1957） Pollination relationships among vegetable crops in Mexico. I. Natural cross-pollination in cultivated tomatoes. *Proceedings of the American Society for Horticultural Science* 69，366-371.

Richmond，R. G. （1932） Red clover pollination by honey bees in Colorado. *Colorado Agricultural Experimental Station Bulletin* 391.

Riddick，E. W. （1992） Nest distribution of the solitary bee *Andrena macra* Mitchell（Hymenoptera：Andrenidae），with observations on nest structure. *Proceedings of the Entomological Society of Washington* 94，568-575.

Rinderer, T. E., Stelzer, J. A., Oldroyd, B. P., Buco, S. M. and Rubink, W. L. (1991) Hybridization between European and Africanized honeybees in the neotropical Yucatan peninsula. *Science* 253, 309-311.

Ritzinger, R. and Lyrene, P. M. (1999) Flower morphology in blueberry species and hybrids. *HortScience* 34, 130-131.

Robinson, W. S., Nowogrodzki, R. and Morse, R. A. (1989) The value of honey bees as pollinators of U. S. crops. *American Bee Journal* 129, 411-423, 477-487.

Rodet, G., Vaissière, B. E., Brévault, T. and Torre Grossa, J-P. (1998) Status of self-pollen in bee pollination efficiency of white clover (*Trifolium repens* L.). *Oecologia* 114, 93-99.

Roig-Alsina, A. and Michener, C. D. (1993) Studies of the phylogeny and classification of long-tonguedbees (Hymenoptera: Apoidea). *University of Kansas Science Bulletin* 55, 124-162.

Röseler, P-F. (1985) A technique for year-round rearing of *Bombus terrestris* (Apidae, Bombini) colonies in captivity. *Apidologie* 16, 165-170.

Ruijter, A. de, van den Eijnde, J. and van der Steen, J. (1991) Pollination of sweet pepper (*Capsicum annuum* L.) in greenhouses by honeybees. *Acta Horticulturae* 288, 270-274.

Ruszkowski, A. and Biliński, M. (1995) The trends of changes in bumblebee fauna in Poland. In: Banaszak, J. (ed.) *Changes in Fauna of Wild Bees in Europe*. Pedagogical University, Bydgoszez.

Sale, P. R. (1983) In: Williams, D. A. (ed.) *Kiwifruit Culture*. Government Printer, Wellington, New Zealand.

Sale, P. R. (1984) Kiwifruit pollination. New Zealand Ministry of Agriculture and Fisheries. Aglink HPP 233.

Sale, P. R. and Lyford, P. B. (1990) Cultural, management and harvesting practices for kiwifruit in New Zealand. In: Warrington, I. J. and Weston, G. C. (eds) *Kiwifruit Science and Management*. New Zealand Society of Horticultural Science.

Sammataro, D. and Avitabile, A. (1998) *Beekeepers Handbook*, 3rd edn. Cornell University Press, Ithaca, New York.

Sammataro, D., Erickson, E. H. and Garment, M. (1983) Intervarietal structural differences of sunflower (*Helianthus annuus*) florets and their importance to honey bee visitation. In: *Proceedings of the US National Sunflower Association Research Workshop* 1983, pp. 4-6.

Sammataro, D., Cobey, S., Smith, B. H. and Needham, G. R. (1994) Controlling tracheal mites (Acari: Tarsonemidae) in honey bees (Hymenoptera: Apidae) with vegetable oil. *Journal of Economic Entomology* 87, 910-916.

Sanford, M. T. (undated) Hints for the hive, no. 110. University of Florida Cooperative Extension Service.

Sanford, M. T. (1988) Florida bee botany. *University of Florida Cooperative Extension Service, Circular* 686.

Sanford, M. T. (1994) Shortage of bees? *APIS* 12 (1), 2. University of Florida Cooperative Extension Service.

Sano, Y. (1977) The pollination systems of *Melilotus* species. *Oecologia Plantarum* 12, 383-394.

Saville, N. M., Dramstad, W. E., Fry, G. L. A. and Corbet, S. A. (1997) Bumblebee movement in a fragmented agricultural landscape. *Agriculture, Ecosystems and Environment* 61, 145-154.

Schaffer, W. M., Zeh, D. W., Buchmann, S. L., Kleinhans, S., Schaffer, M. V. and Antrim, J. (1983) Competition for nectar between introduced honeybees and native North American bees and ants. *Ecology* 64, 564-577.

Schaper, F. (1998) Nectar production of different varieties of the sunflower, *Helianthus annuus*

L. *Apidologie* 29, 411-413.

Schelotto, B. and Pereyras, N. L. (1971) [An evaluation of the economic significance of pollinating sunflower withbees]. *Ciencia y Abejas* 1, 7-25 (in Spanish).

Schmid, R. (1978) Reproductive anatomy of *Actinidia chinensis* (Actinidiaceae). *Botanische Jahrbuecher fuer Systematik Pflanzengeschichte und Pflanzengeographie* 100, 149-195.

Schmid-Hempel, P. and Durrer, S. (1991) Parasites, floral resources and reproduction in natural populations of bumblebees. *Oikos* 62, 342-350.

Schuler, T. H., Poppy, G. M., Kerry, B. R. and Denholm, I. (1998) Insect-resistant transgenic plants. *Trends in Biotechnology* 16, 168-175.

Schultheis, J. R., Ambrose, J. T., Bambara, S. B. and Mangum, W. A. (1994) Selective bee attractants did not improve cucumber and watermelon yield. *HortScience* 29, 155-158.

Schupp, J. R., Koller, S. I. and Hosmer, W. D. (1997) Testing a power duster forpollination of 'McIntosh' apples. *HortScience* 32, 742.

Schuster, C. E. (1925) Pollination and growing of the cherry. *Oregon Agricultural College Experimental Station Bulletin* 212.

Scott, R. K. and Longden, P. C. (1970) Pollen release by diploid and tetraploid sugar-beet plants. *Annals of Applied Biology* 66, 129-135.

Scott-Dupree, C. D. and Winston, M. L. (1987) Wild bee pollinator diversity and abundance in orchard and uncultivated habitats in the Okanagan Valley, British Columbia. *Canadian Entomologist* 119, 735-745.

Scott-Dupree, C., Winston, M., Hergert, G., Jay, S. C., Nelson, D., Gates, J., Termeer, B. and Otis, G. (eds) (1995) *A Guide to Managing Bees for Crop Pollination*. Canadian Association of Professional Apiculturalists.

Scullen, H. A. (1956) Bees for legume seed production. *Oregon Agricultural Experimental Station Circular* 554.

Seaton, H. L., Hutson, R. and Muncie, J. H. (1936) The production of cucumbers for pickling purposes. *Michigan Agricultural Experimental Station Special Bulletin* 273.

Seeley, T. D. (1985) *Honeybee Ecology*. Princeton University Press, Princeton, New Jersey.

Sheppard, W. S., Jaycox, E. R. and Parise, S. G. (1979) Selection and management of honeybees for pollination of soybeans. In: *Proceedings of the 4th International Symposium on Pollination*, pp. 123-130.

Shifriss, C. and Frankel, R. (1969) A new male sterility gene in *Capsicum annuum* L. *Proceedings of the American Society for Horticultural Science* 94, 385-387.

Shimanuki, H. (1996) Africanized honeybees - the march north has slowed. *Agricultural Research* 44, 2.

Shipp, J. L., Whitfield, G. H. and Papadopoulos, A. P. (1994) Effectiveness of the bumble bee, *Bombus impatiens* Cr. (Hymenoptera: Apidae), as a pollinator of greenhouse sweet pepper. *Scientia Horticulturae* 57, 29-39.

Shuel, R. W. (1955) Nectar secretion in relation to nitrogen supply, nutritional status, and growth of the plant. *Canadian Journal of Agricultural Science* 35, 124-138.

Sihag, R. C. (1993) Behaviour and ecology of the subtropical carpenter bee, *Xylocopa fenestrata* F. 6. Foraging dynamics, crop hosts and pollination potential. *Journal of Apicultural Research* 32, 94-101.

Simon, J. L. and Wildavsky, A. (1992) Species loss revisited. *Society*, Nov/Dec 1992.

Singh, R. P. and Singh, P. N. (1992) Impact of bee pollination on seed yield, carbohydrate composition and lipid composition of mustard seed. *Journal of Apicultural Research* 31, 128-133.

Skinner, J. A. (1987) Abundance and spatial distribution ofbees visiting male-sterile and male-fertile sunflower cultivars in California. *Environmental Entomology* 16, 922-927.

Skinner, J. A. (1995) Squash pollination guidelines for Tennessee growers. *University of Tennessee Cooperative Extension Service*, *Leaflet* SP 409-B.

Skinner, J. A. and Lovett, G. (1992) Is one visit enough? Squash pollination in Tennessee. *American Bee Journal* 132, 815.

Skrebtsova, N. D. (1957) The role of bees in pollinating strawberries. *Pchelovodstvo* 34, 34-36.

Sladen, F. W. L. (1912) *The Humble-Bee: Its Life History and How to Domesticate it*. Macmillan, London.

Slessor, K. N., Kaminski, L.-A., King, G. G. S., Borden, J. H. and Winston, M. L. (1988) Semiochemical basis of the retinue response to queen honeybees. *Nature* 332, 354-356.

Slessor, K. N., Kaminski, L.-A., King, G. G. S. and Winston, M. L. (1990) Semiochemicals of the honeybee queen mandibular glands. *Journal of Chemical Ecology* 16, 851-860.

Small, E., Brookes, B., Lefkovitch, L. P. and Fairey, D. T. (1997) A preliminary analysis of the floral preferences of the alfalfa leafcutting bee, *Megachile rotundata*. *Canadian Field-Naturalist* 111, 445-453.

Southwick, E. E. and Southwick, L., Jr (1992) Estimating the economic value of honeybees (Hymenoptera: Apidae) as agricultural pollinators in the United States. *Journal of Economic Entomology* 85, 621-633.

Southwick, E. E., Loper, G. M. and Sadwick, S. E. (1981) Nectar production, composition, energetics and pollinator attractiveness in spring flowers of westernNew York. *American Journal of Botany* 68, 994-1002.

Spangler, H. G. and Moffett, J. O. (1979) Pollination of melons in greenhouses. *Gleanings in Bee Culture* 107, 17-18.

Spivak, M. and Gilliam, M. (1998) Hygienic behaviour of honeybees and its application for control of brood diseases and varroa. *Bee World* 79, 169-186.

Standifer, L. and McGregor, S. E. (1977) Using honeybees to pollinate crops. *US Department of Agriculture*, *Leaflet* 549.

Stanghellini, M. S., Ambrose, J. T. and Schultheis, J. R. (1997) The effects of honey bee and bumble bee pollination on fruit set and abortion of cucumber and watermelon. *American Bee Journal* 137, 386-391.

Stanghellini, M. S., Ambrose, J. T. and Schultheis, J. R. (1998) Seed production in watermelon: a comparison between two commercially available pollinators. *HortScience* 33, 28-30.

Stephen, W. A. (1970) Honeybees for cucumber pollination. *American Bee Journal* 110, 132-133.

Stephen, W. P. (1981) The design and function of field domiciles and incubators for leafcutting bee management (*Megachile rotundata* (Fabricius)). *Oregon State University Agricultural Experimental Station Bulletin* 654.

Stephen, W. P. (1982) Chalkbrood control in the leafcutting bee. In: *Proceedings of the 1st International Symposium of Alfalfa Leafcutting Bee Management*, pp. 98-107.

Stout, A. B. (1933) The pollination of avocados. *Florida Agricultural Experimental Station Bulletin* 257.

Strickler, K. (1996) Seed and bee yields as a function of forager populations: alfalfapollination as a model system. *Journal of the Kansas Entomological Society* 69, 201-215.

Strickler, K. (1997) Flower production andpollination in *Medicago sativa* L. grown for seed: model and monitoring studies. *Acta Horticulturae* 437, 109-113.

Strickler, K. and Freitas, S. (1999) Interactions between floral resources andbees (Hymenoptera: Megachilidae) in commercial alfalfa seed fields. *Environmental Entomology* 28, 178-187.

Strickler, K., Baird, C. and Bitner, R. (1996) Sampling alfalfa leafcutting bee cells to assess quality. University of Idaho Cooperative Extension Service CIS 1040.

Stubbs, C. S. and Drummond, F. A. (1997) Management of the alfalfa leafcutting bee, *Megachile rotundata* (Hymenoptera: Megachilidae), for pollination of wild lowbush blueberry. *Journal of the Kansas Entomological Society* 70, 81-93.

Stubbs, C. S., Drummond, F. A. and Osgood, E. A. (1994) *Osmia ribifloris biedermannii* and *Megachile rotundata* (Hymenoptera: Megachilidae) introduced into the lowbush blueberry agroecosystem in Maine. *Journal of the Kansas Entomology Society* 67, 173-185.

Tasei, J. N. (1994) Effect of different narcosis procedures on initiating oviposition of prediapausing *Bombus terrestris* queens. *Entomologia Experimentalis et Applicata* 72, 273-279.

Tasei, J. N. and Aupinel, P. (1994) Effect of photoperiodic regimes on the oviposition of artificially overwintered *Bombus terrestris* L. queens and the production of sexuals. *Journal of Apicultural Research* 33, 27-33.

Tepedino, V. J. (1981) The pollination efficiency of the squash bee (*Peponapis pruinosa*) and the honey bee (*Apis mellifera*) on summer squash (*Cucurbita pepo*). *Journal of the Kansas Entomological Society* 54, 359-377.

Teuber, L. R. and Thorp, R. W. (1987) The relationship of alfalfa nectar production to seed yield and honey bee visitation. In: *Proceedings of the Alfalfa Seed Production Symposium*, Davis, California.

Tew, J. E. and Caron, D. M. (1988a) Measurement of apple pollination efficiency by honey bees hived in a prototypic pollination unit. In: *Fruit Crops* 1987: *A Summary of Research*. Ohio State University Research Circular 295, 32-37.

Tew, J. E. and Caron, D. M. (1988b) Measurements of cucumber and soybean pollination efficiency by honey bees hived in a prototypic pollination unit. In: *Fruit Crops* 1987: *A Summary of Research*. Ohio State University Research Circular 295, 38-41.

Thoenes, S. C. (1993) Fatal attraction of certain large-bodied native bees to honey bee colonies. *Journal of the Kansas Entomological Society* 66, 210-213.

Thomas, R. G. (1987) Reproductive development. In: Baker, M. J. and Williams, W. M. (eds) *White Clover*. CAB International, Wallingford, UK.

Thomas, W. (1951) Bees for pollinating red clover. *Gleanings in Bee Culture* 79, 137-141.

Thomson, J. D. (1978) Effects of stand composition on insect visitation in twospecies mixtures of *Hieracium*. *American Midland Naturalist* 100, 431-440.

Thomson, S. V., Hansen, D. R., Flint, K. M. and Vandenberg, J. D. (1992) Dissemination of bacteria antagonistic to *Erwinia amylovora* by honey bees. *Plant Diseases* 76, 1052-1056.

Thorp, R. W. and Mussen, E. (1979) Honeybees in almond pollination. *University of California Cooperative Extension Service*, *Leaflet* 2465.

Thorp, R. W., Erickson, E. H., Moeller, F. E., Levin, M. D., Stanger, W. and Briggs, D. L. (1973) Flight activity and uniformity comparisons between honeybees in disposable pollination units (DPUs) and overwintered colonies. *Environmental Entomology* 2, 525-529.

Thurston, H. D. (1969) Tropical agriculture - a key to the world food crisis. *Bioscience* 19, 29-34.

Todd, F. E. and Vansell, G. H. (1952) *Proceedings of the 6th International Grassland Congress* 1952, 835-840.

Torchio, P. F. (1966) A survey of alfalfa pollinators andpollination in the San Joaquin Valley of California with emphasis on establishment of the alkali bee. MS thesis, Oregon State University.

Torchio, P. F. (1981a) Field experiments with the pollinator species, *Osmia lignaria propinqua* Cresson in almond orchards: Ⅰ, 1975 studies (Hymenoptera: Megachilidae). *Journal of the Kansas Entomological Society* 54, 815-823.

Torchio, P. F. (1981b) Field experiments with the pollinator species, *Osmia lignaria propinqua* Cresson in almond orchards: Ⅱ, 1976 studies (Hymenoptera: Megachilidae). *Journal of the Kansas Entomological Society* 54, 824-836.

Torchio, P. F. (1982) Field experiments with *Osmia lignaria propinqua* Cresson as a pollinator in almond orchards: Ⅲ, 1977 studies (Hymenoptera: Megachilidae). *Journal of the Kansas Entomological Society* 55, 101-116.

Torchio, P. F. (1985) Field experiments with the pollinator species, *Osmia lignaria propinqua* Cresson, in apple orchards: Ⅴ, (1979-1980). Methods of introducing bees, nesting success, seed counts, fruit yields (Hymenoptera: Megachilidae). *Journal of the Kansas Entomological Society* 58, 448-464.

Torchio, P. F. (1987) Use of non-honey bee species as pollinators of crops. *Proceedings of the Entomological Society of Ontario* 118, 111-124.

Torchio, P. F. (1990a) Diversification of pollination strategies for US crops. *Environmental Entomology* 19, 1649-1656.

Torchio, P. F. (1990b) *Osmia ribifloris*, a native bee species developed as a commercially managed pollinator of highbush blueberry (Hymenoptera: Megachilidae). *Journal of the Kansas Entomological Society* 63, 427-436.

Torchio, P. F., Asensio, E. and Thorp, R. W. (1987) Introduction of the European bee, *Osmia cornuta*, into California almond orchards (Hymenoptera: Megachilidae). *Environmental Entomology* 16, 664-667.

Traynor, J. (1993) *Almond Pollination Handbook*. Kovac Books, Bakersfield, California.

Tufts, W. P. and Philp, G. L. (1925) Pollination of the sweet cherry. *California Agricultural Experimental Station Bulletin* 385.

Underwood, B. A. and Eischen, F. A. (1992) High-density cucumber trials in the lowerRio Grande valley. *American Bee Journal* 132, 816-817.

Vaissière, B. E. and Froissart, R. (1996) Pest management andpollination of cantaloupes grown under spunbonded row covers in West Africa. *Journal of the Horticultural Society* 71, 755-766.

Vaissière, B. E. and Vinson, S. B. (1994) Pollen morphology and its effect on pollen collection by honeybees, *Apis mellifera* L. (Hymenoptera: Apidae), with special reference to upland cotton, *Gossypium hirsutum* L. (Malvaceae). *Grana* 33, 128-138.

Vaissière, B. E., Rodet, G., Cousin, M., Botella, L. and Torré Grossa, J-P. (1996) Pollination effectiveness of honey bees (Hymenoptera: Apidae) in a kiwifruit orchard. *Journal of Economic Entomology* 89, 453-461.

Vandame, R., Meled, M., Colin, M-E. and Belzunces, L. P. (1995) Alteration of the homing-flight in the honey bee *Apis mellifera* L. exposed to sublethal dose of deltamethrin. *Environmental Toxicology and Chemistry* 14, 855-860.

Vansell, G. H. and Todd, F. E. (1946) Alfalfa tripping by insects. *Journal of the American Society of Agronomy* 38, 470-488.

Verkerk, K. (1957) The pollination of tomatoes. *Netherlands Journal of Agricultural Science* 5, 37-54.

Villanueva-G, R. (1994) Nectar sources of European and Africanized honeybees (*Apis mellifera* L.) in the Yucatán peninsula, Mexico. *Journal of Apicultural Research* 33, 44-58.

Vithanage, V. (1988) *Honey Bee Pollination in Tropical/Subtropical Horticulture*. Second Australian and

International Beekeeping Congress, Gold Coast, Australia.

Volz, R.K., Tustin, D.S. and Ferguson, I.B. (1996) Pollination effects on fruit mineral composition, seeds and cropping characteristics of 'Braeburn' apple trees. *Scientia Horticulturae* 66, 169-180.

Waddington, K.D. (1980) Flight patterns of foragingbees relative to density of artificial flowers and distribution of nectar. *Oecologia* 44, 199-204.

Wafa, A.K. and Ibrahim, S.H. (1960) The effect of the honeybee as a pollinating agent on the yield of clover and cotton. *Cairo University, Faculty of Agriculture Bulletin* 206.

Waller, G.D. (1983) Pollination of entomophilous hybrid seed parents: hybrid onions. In: Jones, C.E. and Little, R.J. (eds) *Handbook of Experimental Pollination Biology*. van Nostrand Reinhold Co., New York.

Waller, G.D. and Mamood, A.N. (1991) Upland and Pima cotton as pollen donors for male-sterile Upland seed parents. *Crop Science* 31, 265-266.

Waller, G.D., Moffett, J.O., Loper, G.M. and Martin, J.H. (1985a) An evaluation of honey bee foraging activity and pollination efficacy for male-sterile cotton. *Crop Science* 25, 211-214.

Waller, G.D., Vaissière, B.E., Moffett, J.O. and Martin, J.H. (1985b) Comparison of carpenterbees (*Xylocopa varipuncta* Patton) (Hymenoptera: Anthophoridae) and honey bees (*Apis mellifera* L.) (Hymenoptera: Apidae) as pollinators of male-sterile cotton in cages. *Journal of Economic Entomology* 78, 558-561.

Watanabe, M.E. (1994) Pollination worries rise as honey bees decline. *Science* 265, 1170.

Weaver, N. and Ford, R.N. (1953) Pollination of crimson clover by honeybees. *Texas Agricultural Experimental Station Progress Report* 1557.

Weaver, N., Alex, A.H. and Thomas, F.L. (1953) Pollination of Hubam clover by honeybees. *Texas Agricultural Experimental Station Progress Report* 1559.

Webster, T.C., Thorp, R.W., Briggs, D., Skinner, J. and Parisian, T. (1985) Effects of pollen traps on honey bee (Hymenoptera: Apidae) foraging and brood rearing during almond and prunepollination. *Environmental Entomology* 14, 683-686.

Wenholz, H. (1933) Plant breeding in New South Wales. (Sixth year of progress 1931-32). *New South Wales Department of Agriculture, Science Bulletin* 41.

Whitaker, T.W. and Davis, G.N. (1962) *Cucurbits*. Leonard Hill, London.

Wichelns, D., Weaver, T.F. and Brooks, P.M. (1992) Estimating the impact of alkalibees on the yield and acreage of alfalfa seed. *Journal of Productive Agriculture* 5, 512-518.

Williams, I.H. (1978) The pollination requirements of swede rape (*Brassica napus* L.) and of turnip rape (*Brassica campestris* L.). *Journal of Agricultural Science Cambridge* 91, 343-348.

Williams, I.H. (1980) Oil-seed rape and bee-keeping, particularly inBritain. *Bee World* 61, 141-153.

Williams, I.H. (1985) The pollination of swede rape (*Brassica napus* L.). *Bee World* 66, 16-21.

Williams, I.H. (1994) The dependence of crop production within the European Union on pollination by honey bees. *Agricultural Zoology Reviews* 6, 229-257.

Williams, I.H., Corbet, S.A. and Osborne, J.L. (1991) Beekeeping, wildbees and pollination in the European community. *Bee World* 72, 170-180.

Williams, I.H., Carreck, N. and Little, D.J. (1993) Nectar sources for honeybees and the movement of honey bee colonies for crop pollination and honey production in England. *Bee World* 74, 160-175.

Williams, P.H. (1982) The distribution and decline of British bumble bees (*Bombus* Latr.). *Journal of Apicultural Research* 21, 236-245.

Williams, P. H. (1986) Environmental change and the distributions of Britishbumble bees (*Bombus* Latr.). *Bee World* 67, 50-61.

Willmer, P. G., Bataw, A. A. M. and Hughes, J. P. (1994) The superiority of bumblebees to honeybees as pollinators: insect visits to raspberry flowers. *Ecological Entomology* 19, 271-284.

Wilson, E. O. (1971) *The Insect Societies*. Belknap Press, Harvard University Press, Cambridge, Massachusetts.

Wilson, E. O. (1992) *The Diversity of Life*. Belknap Press, Harvard University Press, Cambridge, Massachusetts.

Winsor, J. A., Davis, L. E. and Stephenson, A. G. (1987) The relationship between pollen load and fruit maturation and the effect of pollen load on offspring vigor in *Cucurbita pepo*. *American Naturalist* 129, 643-656.

Winston, M. L. (1987) *The Biology of the Honey Bee*. Harvard University Press, Cambridge, Massachusetts.

Winston, M. L. and Graf, L. H. (1982) Native bee pollinators of berry crops in the Fraser Valley of British Columbia. *Journal of the Entomological Society of British Columbia* 79, 14-20.

Winston, M. L. and Slessor, K. N. (1993) Applications of queen honey bee mandibular pheromone for beekeeping and crop pollination. *Bee World* 74, 111-128.

Wolf, S., Lensky, Y. and Paldi, N. (1999) Genetic variability in flower attractiveness to honeybees (*Apis mellifera* L.) within the genus *Citrullus*. *HortScience* 34, 860-863.

Wood, G. W. (1968) Self-fertility in the lowbush blueberry. *Canadian Journal of Plant Science* 48, 431-433.

Wood, G. W. (1979) Recuperation of native bee populations in blueberry fields exposed to drift of fenitrothion from forest spray operations in New Brunswick. *Journal of Economic Entomology* 72, 36-39.

Woodward, D. R. (1996) Monitoring for impact of the introduced leafcutting bee, *Megachile rotundata* (F.) (Hymenoptera: Megachilidae), near release sites in South Australia. *Australian Journal of Entomology* 35, 187-191.

Wroblewska, A., Ayers, G. S. and Hoopingarner, R. A. (1993) Nectar production dynamics and bee reward: a comparison between Chapman's honey plant (*Echinops sphaerocephalus* L.) and blue globe thistle (*Echinops ritro* L.). *American Bee Journal* 133, 789-796.

Yakovleva, L. P. (1975) Utilization ofbees for pollination of entomophilous farm crops in the USSR. In: *Proceedings of the 3rd International Symposium on Pollination*, 199-208.

Zebrowska, J. (1998) Influence ofpollination modes on yield components in strawberry (*Fragaria* × *ananassa* Duch.). *Plant Breeding* 117, 255-260.

图书在版编目（CIP）数据

作物蜂类授粉 /（美）基思·S. 德拉普拉内，（美）丹尼尔·F. 迈尔著；董坤，王玲主译．—北京：中国农业出版社，2019.10
ISBN 978-7-109-26059-7

Ⅰ. ①作… Ⅱ. ①基… ②丹… ③董… ④王… Ⅲ. ①蜜蜂授粉－研究 Ⅳ. ①Q944.43

中国版本图书馆 CIP 数据核字（2019）第 234527 号

Crop Pollination by Bees
By Keith S. Delaplane，Daniel F. Mayer

合同登记号：图字 01-2017-8695 号

中国农业出版社出版
地址：北京市朝阳区麦子店街 18 号楼
邮编：100125
责任编辑：何 微　　文字编辑：耿韶磊
版式设计：王 晨　　责任校对：吴丽婷
印刷：中农印务有限公司
版次：2019 年 10 月第 1 版
印次：2019 年 10 月北京第 1 次印刷
发行：新华书店北京发行所
开本：787mm×1092mm　1/16
印张：15.75
字数：386 千字
定价：78.00 元